新能源材料

主　编　袁吉仁
副主编　姚　凯　孙喜莲　汤　昊

U0230464

科学出版社
北　京

内 容 简 介

全书共五章，首先概述了各种能源、新能源和新能源材料，然后介绍了锂离子电池材料、储氢材料、燃料电池材料和节能材料等新能源材料的组成、结构、制备方法及其性能，同时对这些新能源材料的发展现状和应用前景等进行了介绍。

本书可作为高等院校新能源类专业和无机非金属材料、应用物理、材料物理等专业学生的教材，也可供有关工程技术人员和管理干部参考。

图书在版编目（CIP）数据

新能源材料／袁吉仁主编. —北京：科学出版社，2020.11
ISBN 978-7-03-066874-5

Ⅰ．①新… Ⅱ．①袁… Ⅲ．①新能源-材料-高等学校-教材
Ⅳ．①TK01

中国版本图书馆 CIP 数据核字（2020）第 224938 号

责任编辑：窦京涛　田轶静／责任校对：杨聪敏
责任印制：赵　博／封面设计：蓝正设计

科 学 出 版 社 出版

北京东黄城根北街 16 号
邮政编码：100717
http://www.sciencep.com

固安县铭成印刷有限公司印刷
科学出版社发行　各地新华书店经销

＊

2020 年 11 月第 一 版　开本：720×1000　B5
2025 年 1 月第六次印刷　印张：12 1/2
字数：252 000

定价：49.00 元
（如有印装质量问题，我社负责调换）

前　言

目前，世界能源的消耗主要来自于煤、石油、天然气等化石能源，一方面化石能源的使用造成了严重的环境污染，另一方面化石能源属于非可再生能源，过度使用化石能源使得人类正面临着能源短缺，甚至能源枯竭的现状。发展应用新能源是解决环境污染和能源短缺问题的关键。新能源是指传统能源之外的各种能源形式，目前正在积极开发、应用的新能源主要包括太阳能、风能、海洋能、地热能、生物质能、氢能和核能等。相对于传统能源，新能源具有储量大、可再生、污染少等特点，因此也常被称为可再生能源或清洁能源。新能源材料是实现新能源转化和利用以及发展新能源技术的关键，新能源产业的发展离不开新能源材料的开发和应用。

本书旨在响应国家发展战略，围绕战略性新兴产业发展需求，给学生传授新能源材料知识以培养相关的人才。新能源材料主要涵盖了锂离子电池材料、储氢材料、燃料电池材料、反应堆核能材料、镍氢电池材料、新型相变储能和节能材料等。本书重点介绍了锂离子电池材料、储氢材料、燃料电池材料和节能材料的组成、结构、制备方法及其性能等。本书编写过程按照高等院校新能源类相关专业的特点，将基础知识与应用前沿相结合，力求体现时代性、创新性、应用性和针对性，并尽力做到层次分明、条理清晰、结构合理、重点突出，为读者提供更多实用的新能源材料的相关信息。

本书由南昌大学袁吉仁、姚凯、孙喜莲和汤昊编写。具体编写情况如下：第1章由袁吉仁编写；第2章由汤昊编写；第3章由姚凯编写；第4章由袁吉仁编写；第5章由孙喜莲编写。全书由袁吉仁统稿。编写过程中参阅了有关著作和文章，在参考文献中未能一一列出，在此一并向文献的作者表示衷心感谢！

由于编者水平有限，书中难免有疏漏和不妥之处，恳请各位读者和同仁批评指正。

本书获得南昌大学教材出版资助。

编　者

2020 年 2 月

目　　录

第1章 绪 论

1.1 能 源 概 况

能源是指能提供能量的自然资源，它可以直接或间接地提供人们所需要的电能、热能、机械能、光能、声能等。能源资源是指已探明或估计的自然储存的富集能源。已探明或估计可经济开采的能源资源称为能源储量。各种可利用的能源资源包括煤炭、石油、天然气、水能、风能、核能、太阳能、地热能、海洋能、生物质能等。

能源按其来源可分为四类：第一类是来自地球以外与太阳能有关的能源；第二类是与地球内部的热能有关的能源；第三类是与核反应有关的能源；第四类是与地球-月球-太阳相互联系的能源。按能源的生成方式，一般可分为一次能源和二次能源。一次能源是可直接利用的自然界的能源；二次能源是将自然界提供的直接能源加工以后所得到的能源。一次能源又分为可再生能源和非再生能源。可再生能源是指不需要经过人工方法再生就能够重复取得的能源。非再生能源有两重含义：一重含义是指消耗后短期内不能再生的能源，如煤、石油和天然气等；另一重含义是除非用人工方法再生，否则消耗后就不能再生的能源，如核能。能源分类见表 1.1。

表 1.1 能源分类表

能源类别		一	二	三	四
一次能源	可再生能源	太阳能 风能 水能 生物质能 海洋能	地热能	—	潮汐能
	非再生能源	煤炭 石油 天然气 油页岩	—	核能	—
二次能源		焦炭 煤气	—	—	—

能源类别	一	二	三	四
二次能源	电力 蒸汽 沼气 酒精 汽油 柴油 重油 液化气 氢气 其他	—	—	—

由表 1.1 可见,在一次能源中,第一类是太阳能及由太阳能间接形成的可再生能源,第二类是地热能,第三类是核能,第四类是潮汐能。太阳能是地球上可再生能源的主要来源。风能、水能、生物质能和海洋能是太阳能的几种间接形式。地热能是地球内部的热能释放到地表的能量,如地下热水、地下蒸汽、干热岩体、岩浆等。潮汐能是地球-月球-太阳的引力相互作用引起海水做周期性涨落运动所形成的能量。综上所述,在一次能源的可再生能源中,太阳能是最主要的可再生能源。

煤炭、石油、天然气和油页岩等是短期内无法生产的非再生能源,是很久以前的太阳能间接形成的,因此也属于第一类能源。属于第三类的非再生能源是核能,已探明的铀储量约为 $4.9 \times 10^6 t$,钍储量约为 $2.75 \times 10^6 t$。聚变核燃料有氘和锂-6,海水中氘的含量为 $0.03 g/L$,故全世界有氘约 $4 \times 10^7 t$,锂-6 的储量约为 $7.4 \times 10^4 t$。这些核聚变材料所释放的能量比全世界现有总能量还要大千万倍,可以看作是取之不尽的能源。

能源又可分为常规能源和新能源。已经被人类长期广泛利用的能源称为常规能源,如煤炭、石油、天然气、水能等。常规能源与新能源是相对而言的,现在的常规能源过去也曾是新能源,今天的新能源将来又可成为常规能源。

从使用能源时对环境污染的大小,可把无污染或污染小的能源称为清洁能源,如太阳能、水能、氢能等;对环境污染较大的能源称为非清洁能源,如煤炭、油页岩等。石油的污染比煤炭小,但也产生氮氧化物、硫化物等有害气体,所以清洁能源与非清洁能源的划分也是相对的。

在商品经济时代,按照能源在流通领域的地位分为商品能源和非商品能源,如煤炭、石油、焦炭、电力等均属于商品能源。非商品能源是指不通过市场买卖而获得的能源,如农村能源中的秸秆、薪柴、牲口粪便等。

能源是人类社会存在和发展的物质基础。在过去的二百多年里，建立在煤炭、石油、天然气等化石燃料基础上的能源体系极大地推动了人类社会的发展。以煤炭为燃料的蒸汽机的诞生，大幅度提高了生产率，引起了第一次工业革命，使采用蒸汽机的国家的经济得到了快速发展。随着石油与天然气的开发和利用，电力、石油化工、汽车等许多行业的产量和生产率得到了大幅度的提高，促进了世界范围内的经济快速发展，大幅度提高了人们的生活水平。人类在大量使用化石燃料发展经济的同时，也产生了严重的环境污染和生态系统破坏。经济规模的扩大和经济的快速发展，加快了一次能源的消耗，使非再生能源化石燃料面临资源枯竭的严峻局面。在全世界以石油为主要一次能源的情况下，石油作为重要的战略物资，与国家的繁荣和安全紧密地联系在一起。由于世界上的石油资源分布存在着严重的不均衡，而且石油是不可再生的资源，数量有限，获得和控制足够的石油资源成为国家能源安全战略的重要目标之一。因此，石油作为一次能源成为许多局地战争的焦点，一百多年来，多次局地武装冲突和战争都与石油问题有关。人类已经进入 21 世纪，解决能源的需求问题显得越来越紧迫。在节约现有一次能源的同时，有必要开发和利用新能源和可再生能源，寻求新的、清洁、安全、可靠的可持续能源系统，走能源、环境、经济和谐发展的道路。

1.2 新能源的概念

新能源又称非常规能源，是指传统能源之外的各种能源形式，指刚开始开发利用或正在积极研究、有待推广的能源，如太阳能、地热能、风能、海洋能、生物质能和核能等。

新能源的各种形式都直接或者间接地来自太阳或地球内部所产生的热能，包括太阳能、风能、生物质能、地热能、核能、水能和海洋能以及由可再生能源衍生的生物燃料和氢所产生的能量。也可以说，新能源包括各种可再生能源和核能。相对于传统能源，新能源普遍具有污染少、储量大的特点。新能源的开发对于解决目前严重的环境污染问题和资源(特别是化石能源)枯竭问题，具有重要的意义。同时，新能源分布均匀对于避免由能源引发的战争也有着重要的意义。

一般地说，常规能源是指技术上比较成熟且已被大规模利用的能源，而新能源通常是指尚未大规模利用、正在积极研究开发的能源。煤、石油、天然气以及水能都被看作常规能源，而太阳能、风能、现代生物质能、地热能、海洋能、核能和氢能等常被看作是新能源。随着技术的进步和可持续发展观念的树立，过去一直被视为垃圾的工业与生活有机废弃物被重新认识，作为一种能源资源化利用的物质而获得深入的研究和开发利用，因此，废弃物的资源化利用也可以看成新能源技术的一种形式。

1.3　新能源材料

能源材料是材料学科一个重要的研究方向，有的学者将能源材料划分为新能源技术材料、能量转换与储能材料和节能材料等。综合国内外的一些观点，新能源材料是指实现新能源的转化和利用以及发展新能源技术中所要用到的关键材料，它是发展新能源技术的核心和其应用的基础。从材料学的本质和能源发展的观点看，能源储存和有效利用现有传统能源的新型材料也可以归属为新能源材料。新能源材料覆盖了太阳能电池材料、锂离子电池材料、储氢材料、燃料电池材料、节能材料、反应堆核能材料、风能材料、发展生物质能所需的重点材料等。本书主要介绍锂离子电池材料、储氢材料、燃料电池材料和节能材料等。太阳能电池材料是新能源材料的典型代表之一，我们将另文专门做详细介绍。

1. 锂离子电池材料

锂离子电池是一种新型的能源体系，具有电压高、能量高、循环性能好、自放电小、无记忆效应等优点，被广泛应用于手机、笔记本电脑等各种便携式仪表和工具，在电动汽车领域也有良好的应用前景，因而具有广阔的应用前景和潜在的巨大经济效益，成为各国研究和开发的热点。

锂离子电池的性能主要取决于所用电池内部材料的结构和性能。这些电池内部材料包括正极材料、负极材料、电解质和隔膜等，其中正负极材料的选择和质量直接决定锂离子电池的性能与价格，因此廉价、高性能的正负极材料的研究一直是锂离子电池行业发展的重点。负极材料一般选用碳材料，目前碳材料的发展比较成熟，而新的负极材料的研究方向是非碳材料(如钛酸锂)。而正极材料的开发已经成为制约锂离子电池性能进一步提高、价格进一步降低的重要因素。在目前商业化生产的锂离子电池中，正极材料的成本大约占整个电池成本的 40%，正极材料价格的降低直接决定着锂离子电池价格的降低，对锂离子动力电池尤其如此。

2. 储氢材料

氢气的存储有三种方式：液态、高压气态和固态，它们有各自的优点和缺点。利用储氢材料与氢气发生物理或化学作用将氢气存储于固体材料中的固态储氢方式，能有效克服气、液两种存储方式的不足，且储氢体积密度大、安全度高、运输方便、操作容易，特别适合于对体积要求较严格的场合。固态储氢材料主要有：金属氢化物、配位氢化物和多孔吸附材料等，其中金属氢化物储氢的研究已有三十多年，而后两种的研究较晚。金属氢化物储氢材料主要有稀土系、Laves 相系、镁系和钛系等；配位氢化物是由碱金属(如 Li、Na、K)或碱土金属(如 Mg、Ca)与第ⅢA 族元素(如 B、Al)或非金属元素(如 N)形成的；多孔吸附材料分为物理吸附和化学吸附两大类，如碳纳米管、BN 纳米管、硫化物纳米管、金属有机骨架(MOF)材料和活性炭等。然而，传统的金属氢化物因密度大而限制了它们的实际应用。为了克服这一缺点，许多由轻元素组成的配位氢化物或复杂氢化物被广泛研究，像铝氢化物体系、硼氢化物体系和氨基-亚氨基体系等。

当今各种储氢材料的结构、性能、制备和应用等方面的研究均取得了大量研究成果，商业化进程也正在迅速推进。但到目前为止，储氢合金材料和储氢碳材料的总体性能仍需提高，其中包括进一步满足关于安全、高效、体积小、重量轻、成本低、密度高等需求；不同储氢材料的储氢机理也有待进一步深入研究。总之，储氢材料只有满足原料来源广、成本低、制造工艺简单、密度小、氢含量高、可逆吸放氢速度快、效率高、可循环使用、寿命长等条件，才能在更大程度上符合实用要求。

3. 燃料电池材料

固体氧化物燃料电池(SOFC)是一种全固体燃料电池，其中的电解质有氧化钇稳定氧化锆(YSZ)、CeO_2、Bi_2O_3、$LaGaO_3$ 等。目前，SOFC 中空气电极广泛采用锶掺杂的锰酸镧(LSM)钙铁矿材料，制作电极时常用丝网印刷(screen printing)、喷涂(spray)和浆料(slurry)涂布等方式将 LSM 浆料涂覆在 YSZ 板上，经高温(1000～1300℃)烧结成电极，电极厚度为 50～70μm。在管状 SOFC 中，则采用涂布技术将 LSM 沉积在 CaO 稳定的 ZrO_2 多孔支撑壁上，烧结成电极，电极厚度约 1.44mm。阳极材料主要集中在 Ni、Co、Ru、Pt 等适合做阳极的金属以及具有混合电导性能的氧化物(如 Y_2O_3-ZrO_2-TiO_2)上。金属 Co 是很好的阳极材料，其电催化性能甚至比 Ni 高，而且在防止硫中毒方面比 Ni 好，但由于价格昂贵，一般很少用在 SOFC 中，相反，由于 Ni 有便宜的价格及优良的电催化性能，在 SOFC 中被广泛用作阳极材料。Ni 通常用 YSZ 混合后制备成金属陶瓷电极。熔融碳酸盐燃料电池(MCFC)是使用固定液态熔融碳酸盐作为电解质的高温系统。碳酸盐包括碳酸锂、碳酸钾和碳酸钠。质子交换膜燃料电池(PEMFC)是以质子交换膜为电解质的一种燃料电池。目前，质子交换膜燃料电池大多采用全氟磺酸型聚合物作为质子交换膜。全氟磺酸膜具有极高的化学稳定性、很高的质子传导率(高湿度下)、良好的机械强度和相当低的气体透过率。目前，燃料电池关键部件的材料制备成为制约固体氧化物燃料电池发展的瓶颈，应突破的关键技术主要有：①高性能电极材料及其制备技术；②新型电解质材料及电极支撑电解质隔膜的制备技术。

4. 节能材料

常用来制造 LED 的半导体材料主要有砷化镓、磷化镓、镓铝砷、磷砷化镓、铟镓氮、铟镓铝磷等Ⅲ-Ⅴ族化合物半导体材料，其他还有ⅣA 族化合物半导体碳化硅，Ⅱ-Ⅵ族化合物硒化锌、氧化锌等。其中，采用 ZnSe 制作白光 LED 已获成功，但由于生产成本太高和技术较为复杂，目前尚无商品出售。从晶体质量、禁带宽度等多方面看，ZnO 应是蓝光、紫外线 LED 的合适材料，但从研究的实际情况看，要得到器件质量的 P 型 ZnO 和同质的 PN 结，有很高的难度，中国科学院上海硅酸盐研究所、南昌大学、浙江大学的课题组在这方面取得了较大进展。

1979 年，在美国柯达公司工作的华人科学家邓青云发现了具有发光特性的有机材料，随后于 1987 年获得了 OLED 设计的第一个专利。它是由非常薄的有机材料涂层和玻璃基板组成的。当有电荷通过时，这些有机材料就会发光。作为新一代平板显示器件，它具有体积小、重量轻、能耗低、视角广、主动发光等优点，如用柔性材料做衬底，还能制成可卷曲、折叠的显示器，是一种可以取代液晶显示器(LCD)的新型平板显示器件。按材料主要可分为两类：小分子 OLED 和高分子 OLED(也可称 PLED)。最近德国 NOVEA LED 公司将绿光 OLED 发光的效率提高到 110 lm/W(在 1000 cd/m² 时)。

以硅酸盐为基质的发光材料由于具有良好的化学稳定性和热稳定性，已经成为一类应用广泛的、重要的光致发光材料和阴极射线发光材料。同时硅酸盐发光材料具有较宽的激发光谱，可以被紫外线、近紫外线、蓝光激发而发出各种颜色的光，成为白光 LED 荧光粉的重要组成部分，其中以二价铕激活的焦硅酸盐、含镁正硅酸盐及其他碱土正硅酸盐为主要的发光材料。氮化物材料的化学和热稳定性高，且在可见光范围内有较强的吸收光谱，表现出优异的光致发光性质，已发展成为很有前景的发光材料。它们是制备白光 LED 较适合的基质材料，吸引了越来越多的关注。

由ⅢA 族阳离子铝、镓、铟和ⅤA 族阴离子砷、磷、氮中的一种阴离子组成的三元或四元合金是当前高亮度 LED 的基础。有关的三种体系 AlGaAs、AlInGaP 和 AlInGaN 具有组分范围宽、可分别制备 P 型和 N 型掺杂的合金、能制成高注入效率的异质结构和制备技术相对成熟的特点，已发展成为当前主流的高亮度 LED 材料体系。

参 考 文 献

Alcaide F, Pere-Lluis C, Brillas E. 2006. Fuel cells for chemicals and energy cogeneration. Journal of Power Sources, 153(1): 47-60.

Bak T, Nowotny J, Rekas M, et al. 2002. Photo-electrochemical hydrogen generation from water using solar energy. Materials-related aspects. International Journal of Hydrogen Energy, 27(10): 991-1022.

Bang J, Kim H S, Lee D H, et al. 2008. Study on operating characteristics of fuel cell powered electric vehicle with different air feeding systems. Journal of Mechanical Science and Technology, 22(8): 1602-1611.

Elmer T, Worall M, Wu S Y, et al. 2015. Fuel cell technology for domestic built environment applications: state of-the-art review. Renewable and Sustainable Energy Reviews, 42: 913- 931.

Feali M S, Fathipour M. 2014. Multi-objective optimization of microfluidic fuel cell. Russian Journal of Electrochemistry, 50(6): 561-568.

Ha M G, Jeong J S, Han K R, et al. 2012. Characterizations and optical properties of Sm^{3+}-doped Sr_2SiO_4 phosphors. Ceramics International, 38(7): 5521-5526.

Hu G L, Chen S. 2005. Three-dimensional numerical simulation of a straight channel proton exchange membrane fuel cell. Journal of Visualization, 8(3): 196.

Huang X X, Sun J C, Sheng X W, et al. 2017. Understanding the emission redshift in $Sr_2Si_5N_8$: Eu^{2+} with increasing Eu doping concentration from density functional calculations. Journal of Luminescence, 185: 187-191.

Ponmani K, Durga S, Gowdhamamoorthi M, et al. 2014. Influence of fuel and media on membraneless sodium percarbonate fuel cell. Ionics, 20(11): 1579-1589.

Rowsell J L C, Yaghi O M. 2005. Strategies for hydrogen storage in metal-organic frameworks. Angewandte Chemie International Edition, 44(30): 4670-4679.

Sharaf O Z, Orhan M F. 2014. An overview of fuel cell technology: fundamentals and applications. Renewable and Sustainable Energy Reviews, 32(5): 810-853.

Tshabalala M A, Dejene F B, Pitale S S, et al. 2014. Generation of white-light from Dy^{3+} doped Sr_2SiO_4 phosphor. Physica B: Condensed Matter, 439(15): 126-129.

Welaya Y M A, Mosleh M, Ammar N R. 2013. Energy analysis of a combined solid oxide fuel cell with a steam turbine power plant for marine applications. Journal of Marine Science and Application, 12(4): 473-483.

Yang C, Moon S, Kim Y. 2016. A fuel cell/battery hybrid power system for an unmanned aerial vehicle. Journal of Mechanical Science and Technology, 30(5): 2379-2385.

Zhang Y F, Li L, Zhang X S, et al. 2008. Temperature effects on photoluminescence of YAG: Ce^{3+} phosphor and performance in white light-emitting diodes. Journal of Rare Earths, 26(3): 446-449.

Zheng C H, Cha S W, Park Y I, et al. 2013. PMP-based power management strategy of fuel cell hybrid vehicles considering multi-objective optimization. International Journal of Precision Engineering and Manufacturing, 14(5): 845-853.

第2章 锂离子电池材料

2.1 锂离子电池概述

2.1.1 锂离子电池工作机理

锂离子电池主要是通过锂离子从正负极材料中的嵌入与脱出引起外电路电子的迁移从而进行充放电的，其工作原理如图 2-1 所示。充电过程中，锂离子从正极材料中脱出，通过电解质扩散到负极，并嵌入负极晶格中，同时得到由外电路从正极注入的电子，放电过程则与之相反。正负极材料一般均为嵌入化合物，这些化合物的晶体结构中存在着可供锂离子占据的空位。空位组成一维、二维或三维的离子输运通道。例如，钴酸锂(LiCoO$_2$)和石墨为具有二维通道的层状结构的典型嵌入化合物，分别以这两种材料为正负极活性材料组成锂离子电池，当充电时，在外部电场的作用下，锂离子从正极材料中脱出经过电解液最终嵌入石墨层中，同时外电路的电子则从正极运动到负极；在放电时，锂离子电池通过对外部负载做功，嵌入石墨层中的锂离子脱出，通过电解液的传输又回到 LiCoO$_2$ 晶格。

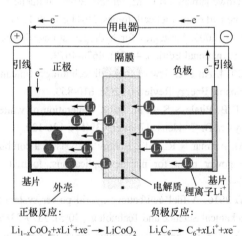

正极反应：

$$Li_{1-x}CoO_2 + xLi^+ + xe^- \longrightarrow LiCoO_2$$

负极反应：

$$Li_xC_6 \longrightarrow C_6 + xLi^+ + xe^-$$

图 2-1　锂离子电池的充放电示意图

2.1.2 锂离子电池工作特点

锂离子电池与其他二次电池相比，具有以下特点：

(1) 输出电压高。单体电池电压可达 3.6～3.8V，锂离子电池单体电压是镍镉电池和镍氢电池的 3 倍之多。

(2) 无记忆效应。锂离子电池可随时反复充电，并且充电前无须放电，不存在镍氢电池出现的记忆效应问题。

(3) 安全无污染。锂离子电池具有短路保护、过充过放保护等安全性能，并且不含镉、铅等对环境有害的物质。

(4) 循环寿命长。锂离子电池的工作电极稳定性较强，循环使用寿命能达到 1000 次以上。

(5) 倍率性能好。充放电效率非常高，可满足快速充放电需求。

(6) 工作温度范围宽。锂离子电池能在–20～55℃范围内工作。

(7) 自放电率小。锂离子电池在室温条件下，每月自放电率小于 12%，能够满足生产需求。

同时锂离子电池也存在一些不足之处：正极成本过高导致锂离子电池价格过高，电池工作过程中也会出现电压波动比较大的问题，仍然存在一些安全隐患等。因此仍需要更深入的研究来解决以上不足，加速锂离子电池的发展速度。

2.1.3　锂离子电池分类与结构

锂离子电池可以分为四类：圆柱形锂离子电池、纽扣式锂离子电池、棱柱式锂离子电池、薄形锂离子电池。锂离子电池的结构如图 2-2 所示，从图中可知锂离子电池主要由以下几部分组成：正极、负极、电解液、隔膜和电极壳；除此

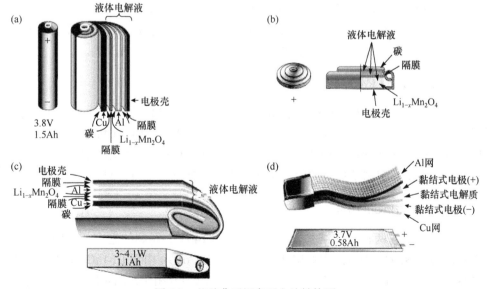

图 2-2　几种典型锂离子电池结构图

(a) 圆柱形；(b) 纽扣式；(c) 棱柱式；(d) 薄形

之外正负极引线、绝缘材料安全阀等也是其中必不可少的一部分。其中电极即正负电极，是电池的核心部分，由活性物质添加剂和导电骨架组成，锂离子的脱嵌即发生在此。电解液：传递正、负极之间的电荷。再加上避免正负极直接接触的隔膜和保持电池基本外形及一定机械强度的正负电极壳就是锂离子电池的主要构成材料。

2.2　锂离子电池正极材料

2.2.1　正极材料特点与分类

锂离子电池常用含锂的变价金属化合物作为正极材料。在锂离子电池充放电过程中，锂离子从正极材料的晶体结构中脱出，为了维持材料的电中性，变价金属离子会被氧化为更高价态的离子，以稳定材料晶体结构。作为理想的锂离子电池的正极材料一般需要具备如下几点特性：

(1) 较高的氧化还原电位，能够发生尽可能多的锂离子的嵌入、脱出；

(2) 在锂离子的嵌入、脱出过程中，材料的主体结构不改变或者只发生微小的变化；

(3) 良好的化学稳定性，不与电解液发生反应；

(4) 平稳的充放电电压平台，便于电池的控制管理；

(5) 自放电率低；

(6) 较高的锂离子扩散系数和电子的转移速率；

(7) 材料资源丰富、廉价、环境友好、合成工艺简单。

锂离子正极材料按照材料的晶体结构类型可以分为层状结构、尖晶石型及橄榄石型。大部分研究者的研究工作都是围绕着这几类材料而展开的。

2.2.2　层状结构(LiMO$_2$)材料

层状正极材料 LiMO$_2$(M=Co、Ni、Mn)的空间结构都比较类似，具有如图 2-3 所示的晶体结构，结构中的过渡金属原子与周围的六个氧原子构成一个八面体结构，M 原子位于八面体结构的中心位置，八面体结构可以形成供锂离子嵌入、脱出的三维通道，锂离子嵌入其中。层状结构主要有以下几种典型材料。

1. 钴酸锂(LiCoO$_2$)材料

钴酸锂存在两种晶体结构，分别是低温下(400℃)得到的立方相(LT-LiCoO$_2$)以及高温下(800℃)制备出来的层状六方相(HT-LiCoO$_2$)。由于 LT-LiCoO$_2$ 的晶体结构稳定性较差，电池比容量衰减很快，与 HT-LiCoO$_2$ 相比，LT-LiCoO$_2$ 的工作电压也较低，因此商品电池中均采用高温烧结制备的 HT-LiCoO$_2$。HT-LiCoO$_2$ 具有

理想的 $NaFeO_2$ 层状结构，如图 2-3 所示，适合锂离子在层间的嵌入和脱出。层状 $LiCoO_2$ 于 1980 年开始作为锂离子电池正极材料，其电化学性能优异，热稳定性好，初次循环不可逆比容量小，实际可逆比容量 120～150mAh/g，具有生产工艺简单和电化学性质稳定的优势，率先成为商业化锂离子电池正极活性材料。但 $LiCoO_2$ 在反复充放电过程中，由于锂离子的反复嵌入与脱出，活性物质的结构在多次收缩和膨胀后发生改变，同时导致钴酸锂发生粒间松动而脱落，使内阻增大，比容量减小。

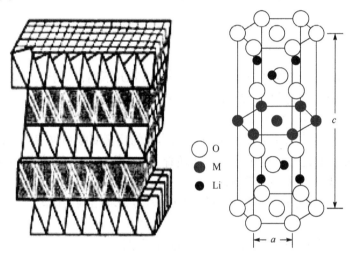

图 2-3　层状 $LiMO_2$ 化合物的结构示意图

2. 镍酸锂($LiNiO_2$)材料

$LiNiO_2$ 具有两种结构的变体，但只有 α-$LiNiO_2$ 形层状结构才具有锂离子可逆嵌入、脱出反应的活性。$LiNiO_2$ 属三方晶系，Li 与 Ni 隔层分布并占据于氧堆积所形成的八面体空隙中，具有 2D 层状结构，镍氧化物的理论比容量为 274mAh/g，实际比容量已达 190～210mAh/g。工作电压范围为 2.5～4.1V，不存在过充电和过放电限制，具有较好的高温稳定性，自放电率低，无污染，和多种电解液有良好的相容性，是一种很有前途的锂离子电池正极材料。但 $LiNiO_2$ 的热稳定性差，在同等条件下(如电解液组成、终止电压)与 $LiCoO_2$ 正极材料相比，$LiNiO_2$ 的热分解温度最低(200℃附近)且放热量最多。主要原因是充电后期处于高氧化态的镍(+4价)不稳定，氧化性强，不仅氧化分解电解质，腐蚀集流体，放出热量和气体，而且自身不稳定，在一定温度下容易放热分解并析出 O_2。当热量和气体聚集到一定程度时，就可能发生爆炸。当正极材料处于过充电状态时，不仅会导致电解液氧化产生气体，增大电池内压和内阻，而且材料本身也会发生一定程度的分解，引起电池间的比容量不匹配，均匀性变差，结果会加速电池失效。通常制备三方晶

系的 $LiNiO_2$ 时容易产生立方晶系的 $LiNiO_2$。由于在非水电解质溶液中，立方晶系的 $LiNiO_2$ 无电化学活性，所以在制备时若掺杂有立方晶系的 $LiNiO_2$ 会导致材料电性能变差。其次，$LiNiO_2$ 在充放电过程中，同 $Li_{1-x}CoO_2$ 一样，也会发生从三方晶系到单斜晶系的相变，导致电极比容量的快速衰退，在分解为电化学活性较差的 $Li_{1-x}NiO_2$ 时，排放的 O_2 可能与电解液反应，使安全性较差，而且 $LiNiO_2$ 高脱锂状态下热稳定性也较差。另外，$LiNiO_2$ 的工作电压为 3.3V 左右，与 $LiCoO_2$ 的 3.6V 相比较低，可逆循环性能较差且 Ni 有较弱的毒性，这些都使 $LiNiO_2$ 的应用受到限制。

3. 层状锰酸锂($LiMnO_2$)材料

层状 $LiMnO_2$ 具有菱形的层状结构，与 $LiCoO_2$ 不同，属于正交晶系，其空间群为 *Pmnm*，理论比容量高达 286mAh/g。在 2.5～4.3V 的电压范围内，正交 $LiMnO_2$ 的脱锂比容量高，可达 200mAh/g 以上，但是，脱锂后结构不稳定，慢慢向尖晶石型结构转变。晶体结构的反复变化引起体积的反复膨胀和收缩，导致循环性能不好。$LiMnO_2$ 电池在放电过程中，伴随着 Li^+ 的嵌入，MnO_2 晶格也同时被逐渐破坏掉，这主要是下面几点原因：

(1) 随着嵌锂的进行，不稳定的 MnO_2 六方密堆结构会逐渐转变为立方密堆排布；

(2) 锰离子会被嵌入的 Li^+ 置换出来进入间隙位；

(3) 在放电过程中 Mn^{4+} 会被还原成 Mn^{3+}，而 Mn^{3+} 的扬-特勒(Jahn-Teller)效应使得晶格发生畸变。

层状 $LiMnO_2$ 用作锂离子蓄电池正极材料虽然比容量很高，但由于它在高温下不稳定，而且在充放电过程中易向尖晶石型结构转变，导致比容量衰减快，因此还需采取措施来稳定结构，改善循环性能。例如，可以掺杂金属元素(Co、Ni、Al、Cr 等)改善其循环性能，但是除了掺杂 Co 和 Ni 外，其他大多数元素的掺杂在增强循环稳定性的同时会使比容量有不同程度的降低。

4. 富锂材料

富锂材料主要是由 Li_2MnO_3 与层状材料 $LiMO_2$(M=Co, Fe, $Ni_{1/2}Mn_{1/2}$)形成的固溶体，其结构如图 2-4 所示。1997 年 Numata 等率先报道了层状的 $Li_2MnO_3 \cdot LiCoO_2$ 固溶体材料，提出利用 $Li_2AO_3 \cdot LiBO_2$ 固溶体设计新电极材料。研究发现当充电到 4.8V 时，显示有将近 280mAh/g 的初始放电比容量，如此高的放电比容量主要与新的充放电机制有关，并且在随后的电化学过程中 Mn 也参与了氧化还原反应。Tabuchi 等报道了 $Li_2MnO_3 \cdot LiFeO_2$ 固溶体体系，但合成步骤复杂，且随着 Fe 含量的增加，层状结构逐渐变得无序。在 $Li_2MnO_3 \cdot LiFeO_2$ 固溶体体系中，$Li_{1.2}Fe_{0.4}Mn_{0.4}O_2$ 具有最好的电化学性能。层状化合物 $LiNi_{1/2}Mn_{1/2}O_2$ 中，镍和锰分别是+2 和+4 价，在材料充电时，随着 Li^+ 的脱出，晶体结构中的 Ni 氧化为 Ni^{4+}，而 Mn^{4+} 不参与电化学反应，主要起稳定结构的作用。这些材料都具有优异的电化学性能，但是较大的首次不可逆比容量损失和较差的倍率性能等不利因素抑制了其商业化的发展。为了提高富锂正极材料的电化学性能，科学研究者通过体相掺杂、表面修饰、颗粒的纳米化等对其进行改性。

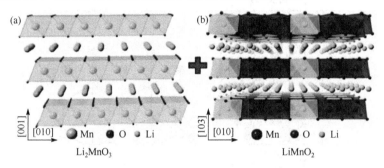

图 2-4 材料 Li_2MnO_3 和 $LiMnO_2$ 晶体排列结构

5. 镍钴锰三元材料($LiNi_{1/3}Co_{1/3}Mn_{1/3}O_2$)

镍钴锰三元材料($LiNi_{1/3}Co_{1/3}Mn_{1/3}O_2$)因其具有比容量高、成本低、循环性能稳定、毒性小和安全性好等特点而被广泛关注，被认为是最有希望取代成本高昂的钴酸锂($LiCoO_2$)的一类正极材料。与 $LiCoO_2$ 一样，$LiNi_{1/3}Co_{1/3}Mn_{1/3}O_2$ 也为 α-$NaFeO_2$ 层状结构，属于 $R3m$ 空间群，其晶体结构如图 2-5 所示。Ohzuku 等对其结构进行了详细的研究，其晶胞参数 a 和 c 分别为 0.2831nm 和 1.388nm，锂离子占据 3a 位，过渡金属离子占据 3b 位，氧占据 6c 位，并且锂离子与过渡金属离子会发生阳离子混排现象。$LiNi_{1/3}Co_{1/3}Mn_{1/3}O_2$ 的理论比容量高达 278mAh/g，但是它的电导率很低，制约了其电化学性能的进一步提高，因此研究人员试图通过掺杂和表面修饰来改善其性能。通过元素的掺杂可以提高 $LiNi_{1/3}Co_{1/3}Mn_{1/3}O_2$ 的电导率，降低阻抗和极化效应，提高材料的振实密度等；而表面修饰则能防止电极材料与电解液进行反应，阻止电极材料的相变，降低阻抗和极化效应。

目前用于镍钴锰三元材料的合成方法主要有共沉淀法、固相法、溶胶凝胶法和喷雾干燥法等。

1) 共沉淀法

共沉淀法是目前使用得最为普遍的方法，它可以使原料达到分子级的混合，并且易于控制产物的粒径、形貌等。选择并控制合适的 pH 值、温度、搅拌速度、原料浓度等，是制取性能优异的材料的关键。Deng 等以 NaOH 为沉淀剂、氨水为络合剂在 0℃下搅拌 9h 得到前驱体，然后与 LiOH 混合焙烧得到三元材料，其首次放电比容量可达到 172mAh/g。Yang 等用碳酸盐共沉淀法制备了层状三元材料，并探讨了不同锂源对材料的物理性能和电化学性能的影响。其研究结果显示，当使用 LiOH 作为锂源时，有利于提高材料的振实密度，而以 Li_2CO_3 作为锂源时，材料有着更好的大倍率充放电性能。

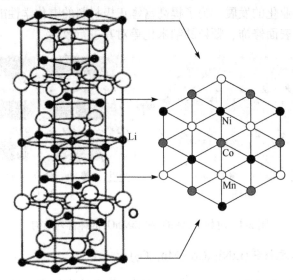

图 2-5　层状三元材料 $LiNi_{1/3}Co_{1/3}Mn_{1/3}O_2$ 晶体结构

2) 固相法

固相法制备工艺简单、成本低廉，缺点是难以使原料混合均匀，不易获得粒径均一、电化学性能稳定的材料。Tan 等使用 MnO_2 纳米棒为原料，与 NiO、Co_2O_3、Li_2CO_3 混合研磨，900℃下焙烧得到大倍率充放电性能优异的 $LiNi_{1/3}Co_{1/3}Mn_{1/3}O_2$ 正极材料。2.5～4.5V 电压范围内，1000mA/g 电流密度下，首次放电比容量为 136.9mAh/g，循环 30 圈后，仍有 128.4mAh/g 的放电比容量。

3) 溶胶凝胶法

溶胶凝胶法可以合成粒径较小的三元材料，并且可以降低材料的焙烧温度和焙烧时间，但是这种方法操作繁杂，并且材料的成本更高。Gangulibabu 等以玉米粉为胶凝剂制备出 $LiNi_{1/3}Co_{1/3}Mn_{1/3}O_2$ 电极材料。在 2.5～4.6V 的电压范围内，其首次放电比容量为 176mAh/g，并且具有良好的循环稳定性，循环 100 圈后，其比容量保持率为 93%。Gao 等以镍钴锰的乙酸盐为原料，柠檬酸为螯合剂，在 900℃下焙烧 24h 得到性能优异的电极材料。当充电截止电压为 4.4V 时，其首次放电比容量为 197.9mAh/g，而当充电截止电压上升到 4.6V 时，其首次放电比容量则达到 243mAh/g，并且具有较好的循环性能。

4) 喷雾干燥法

喷雾干燥法需要的制备时间较短，焙烧温度相对较低。使用喷雾干燥法可以制备出窄粒径分布的球形粉体材料。Shui 等将乙酸锂和镍钴锰的乙酸盐溶于去离子水中，然后进行喷雾干燥，850℃焙烧后得到三元材料，电流密度为 0.1C 时其首次放电比容量为 159.3mAh/g。

5) 离子交换法

主要是采用 γ-MnOOH 和沸腾的 LiOH 溶液为原料进行离子交换反应，再将反应产物在 105℃空气氛围中干燥后放入 200℃氩气氛围中加热而得。它具有电极性能稳定、比容量高的特点。但过程涉及溶液重结晶、蒸发等费能费时步骤，距离实用化还有一定的距离。

目前，制约三元正极材料 $LiNi_xCo_yMn_{1-x-y}O_2$ 发展的主要原因是：阳离子的混排使得首次充放电效率不高；高充放电电压下，正极材料与电解液发生反应导致循环性能变差；锂离子扩散系数和电子电导率低，使材料的倍率性能不理想。针对以上问题，研究人员提出向三元正极材料 $LiNi_{1/3}Co_{1/3}Mn_{1/3}O_2$ 中掺杂适量的元素能够使材料的结构更加稳定，可以改善材料的循环性能、热稳定性和倍率性能。但是掺杂后的材料活性成分的减少，可能会导致材料的放电比容量减小或阻碍 Li^+ 的扩散。目前用于掺杂的元素主要有 Al、Fe、Mg、Cr、F、B、Mo、Zr 等。

A. Al 离子掺杂

在 $LiNi_{1/3}Co_{1/3}Mn_{1/3}O_2$ 三元材料掺杂改性研究中 Al 离子占有重要的地位。Al 离子的掺杂能够减小电极材料与电解液间的反应活性。Liu 等将 Ni、Co、Mn 的氢氧化物与 LiOH·H_2O 以及 Al_2O_3·$3H_2O$ 进行混合球磨，再在空气中 450℃预烧 5h，然后在 900℃煅烧 20h，得到产物 $LiNi_{1/3}Co_{1/3-x}Al_xMn_{1/3}O_2$($x$=0, 1/20, 1/9, 1/6)。因 Al 离子和 Co 离子的离子半径相近，所以随着 Al 含量上升，$LiNi_{1/3}Co_{1/3}Mn_{1/3}O_2$ 的晶格常数只发生了微小的变化，不会对 $LiNi_{1/3}Co_{1/3}Mn_{1/3}O_2$ 层状材料的结构产生显著的影响。当掺杂量较小时，Al 离子的掺杂会提高材料的比容量保持率，但是当掺杂量过大时，Al 离子难以再在材料中均匀分布，导致材料的比容量保持率降低。Ding 等制备出了平均直径小于 100nm 的 $LiNi_{1/3}Co_{1/3-x}Al_xMn_{1/3}O_2$($0 \leqslant x \leqslant 0.08$) 纳米纤维，此纤维有着良好的电化学性能。在 0.1C 倍率下，当 x=0, 0.02, 0.04, 0.06, 0.08 时，其初始放电比容量分别为 166.32mAh/g, 172.80mAh/g, 180.14mAh/g, 186.59mAh/g 和 175.78mAh/g。循环 30 圈后，$LiNi_{1/3}Co_{1/3}M_{1/3-0.06}Al_{0.06}O_2$ 纳米纤维的放电比容量仍有 178.03mAh/g，即使在 20C 的放电倍率下，$LiNi_{1/3}Co_{1/3}M_{1/3-0.06}Al_{0.06}O_2$ 纳米纤维材料的可逆比容量仍达到 150.62mAh/g，显示出良好的高倍率性能。

B. Fe 离子掺杂

掺杂 Fe 离子有利于提高电极材料 $LiNi_{1/3}Co_{1/3}Mn_{1/3}O_2$ 的充放电比容量和电化

学循环稳定性。Liu 等制备出了 Fe 离子掺杂的粒径在 200～500nm 范围内的电极材料 $LiNi_{1/3}Co_{1/3-x}Fe_xMn_{1/3}O_2$，不同的 Fe 离子掺杂量对电极材料粒径的影响不大，其库仑效率可以达到 96%，并且随着掺杂量的增加，其库仑效率变化不大。在电极材料的充放电电压(2.5～4.4V)内，Fe 离子表现出电化学惰性，不能被氧化，并且当材料深度充电时，掺杂的 Fe 离子倾向于占据 3a 和 3b 位，占据 3a 位的 Fe 会阻碍 Li 离子的扩散，所以随着 Fe 离子的掺杂程度的增大，$LiNi_{1/3}Co_{1/3-x}Fe_xMn_{1/3}O_2$ 的充放电比容量有所降低。Li 等也对 Fe 离子的掺杂对电极材料 $LiNi_{1/3}Co_{1/3}Mn_{1/3}O_2$ 的电化学性能的影响进行了研究。他们通过共沉淀法制备出了具有 α-$NaFeO_2$ 结构的正极材料 $LiNi_{1/3-x}Fe_xCo_{1/3}Mn_{1/3}O_2$($x=0$, 0.05)，通过循环伏安法和电化学阻抗谱对材料的 Li 离子的嵌入、脱出反应测试表明，Fe 离子掺杂后的正极材料的结构更加稳定，更有利于 Li 离子的嵌入、脱出。在电压范围为 2.5～4.5V 以及 0.5C 的倍率下，$Li(Ni_{0.95}Fe_{0.05})_{1/3}Co_{1/3}Mn_{1/3}O_2$ 的初始放电比容量为 146.2mAh/g，大于 $LiNi_{1/3}Co_{1/3}Mn_{1/3}O_2$ 的初始放电比容量(131.4mAh/g)，并且有着更高的放电电压。同时，Fe 离子掺杂后材料的比容量保持率为 87.3%，也大于未掺杂的材料 $LiNi_{1/3}Co_{1/3}Mn_{1/3}O_2$ 的比容量保持率 86.7%。比容量和比容量保持率的提高可能是由于在正极材料中形成了 Fe—O 键，所以 Li 离子能够嵌入其中。

C. Mg 离子掺杂

与 Al 离子相似，当 $LiNi_{1/3}Co_{1/3}Mn_{1/3}O_2$ 三元电极材料中掺杂 Mg 离子后，材料的不可逆比容量有所降低。由于掺杂的离子半径与过渡金属离子半径相近，能够在材料中起到稳定结构的支撑作用，同时还能有效地抑制阳离子混排现象。Liao 等制备出了具有很好的 α-$NaFeO_2$ 结构的正极材料 $LiNi_{0.6-x}Mg_xCo_{0.25}Mn_{0.15}O_2$($x=0$, 0.03)。XRD 分析数据显示，掺杂后的材料其 003/104 的峰强度的比从 1.32 增加到 1.46，预示着掺杂后的材料的阳离子混排程度有所降低，一般地，当 003/104 的峰强度比小于 1.2 时，阳离子混排的程度比较严重。由于活性离子的减少，在 3～4.5V 的电压范围内，Mg 离子掺杂后的正极材料的初始放电比容量略低于未掺杂材料的初始放电比容量 199mAh/g。但是循环 20 圈后，掺杂后的正极材料的比容量保持率为 95%，相对于未掺杂的材料的比容量保持率 79%，循环性能有很大的提升。

D. Cr 离子掺杂

Sun 等用共沉淀法制备出了不同 Cr 含量的电极材料 $LiNi_{0.35}Co_{0.3-x}Cr_xMn_{0.35}O_2$，当 Cr 含量分别为 0, 0.1 时，正极材料的比表面积由 4.9m²/g 减小到 1.8m²/g，而振实密度则由 2.3g/cm³ 增加至 3.1g/cm³，因此掺杂 Cr 离子有利于提高该电极材料的体积能量密度。虽然会降低首次放电比容量，但随着掺杂 Cr 含量的升高，$LiNi_{0.35}Co_{0.3-x}Cr_xMn_{0.35}O_2$ 材料的循环性能得到了显著的提高，在 2.5～4.3V 的电压范围内，循环 35 周后，Cr 掺杂的电极材料仍然保持有 94%的比容量。为了提高电极材料在高充电截止电压 4.6V 下的电化学性能，Liu

等制备了 Mg, Cr, Al 分别掺杂的电极材料 $LiNi_{1/3}Co_{1/3-x}Mn_{1/3}M_xO_2$(M=Mg, Cr, Al; x=0.05)。XRD 分析结果显示, $LiNi_{1/3}Co_{1/3-x}Mn_{1/3}M_xO_2$(M=Mg, Cr, Al; x=0.05) 晶体都是层状结构, 并且和 $LiNi_{1/3}Co_{1/3}Mn_{1/3}O_2$ 一样都属于 R3m 空间群。充放电测试表明, 在较高的充电截止电压 4.6V 下, Cr 离子掺杂的样品有着优异的循环性能。在 2.8~4.6V 的电压范围内, 循环 50 圈后, 电极材料的比容量保持率为 97%。该电极材料在高电压下循环性能的提高可能是由于掺杂后的材料颗粒径的增大和电荷转移电阻增加。

E. F 离子掺杂

在 F 离子掺杂的 $LiNi_{1/3}Co_{1/3}Mn_{1/3}O_2$ 电极材料中, F 取代 O 后, 过渡金属的离子平均价态降低, 平均半径增大, Li—F 键使氧原子层排斥力增大, 晶格常数增大, 所以材料的结构更加稳定, 并表现出一些优异的性能。Kim 等制备出了 F 部分取代 O 的正极材料 $LiNi_{1/3}Co_{1/3}Mn_{1/3}O_{2-z}F_z$(z=0.05, 0.1), 其晶格常数的变化和 X 射线光电子能谱测试的结果表明, F 不仅会取代电极材料中的 O, 还会包覆在材料的表面, 增大材料的粒径, 提高振实密度。在高的截止电压下, 当 z 分别为 0.05 和 0.1 时, 循环 50 圈后 $LiNi_{1/3}Co_{1/3}Mn_{1/3}O_{2-z}F_z$ 的比容量保持率分别为 96% 和 97%, 和没有被 F 掺杂的 $LiNi_{1/3}Co_{1/3}Mn_{1/3}O_2$ 电极材料相比有着明显的提升。另外, 在充放电过程中, 由于 F 掺杂的电极材料的包覆效应, 该正极材料也表现出很好的倍率性能。Dai 等通过氢氧化物共沉淀法制备出了均匀的球形 $LiNi_{1/3}Co_{1/3}Mn_{1/3}O_{2-z}F_z$ 材料。XRD 数据显示, 随着 F 掺杂量的增加, 没有杂相峰出现, 并且 c/a 值增大。在 2.8~4.6V 范围内, F 的掺杂能够有效地提高电极材料的循环性能。循环 50 圈后 $LiNi_{1/3}Co_{1/3}Mn_{1/3}O_2$ 的比容量只为初始放电比容量的 76%, 而 $LiNi_{1/3}Co_{1/3}Mn_{1/3}O_{1.96}F_{0.04}$ 的比容量保持率则为其最高放电比容量(186mAh/g)的 96%。

F. 其他元素掺杂

Ding 等为了提高电池正极材料 $LiNi_{1/3}Co_{1/3}Mn_{1/3}O_2$ 的电化学性能, 合成了不同 Zr 掺杂量的 $LiNi_{1/3}Co_{1/3}Mn_{1/3-x}Zr_xO_2$(x=0, 0.01, 0.025, 0.05)。发现掺杂后的材料的晶格常数 a 和 c 较未掺杂前有所增大, 且 Zr—O 键的强度大于 Mn—O 键的强度, 因此少量掺杂 Zr 的 $LiNi_{1/3}Co_{1/3}Mn_{1/3}O_2$ 电极材料能够极大地提高锂离子的扩散效率, 并且能够提高晶体的结构稳定性。这就使其在电化学循环过程中有着优异的循环性能和倍率性能。当 x=0.01 时, 电极材料的电化学性能表现最好, 循环 100 圈后, 比容量保持率仍有 92.7%, 在 8C 的倍率下, 循环 30 圈后, 其比容量仍可达到 133.9mAh/g。Dai 用固相法在不同的烧结温度(700℃, 800℃, 850℃, 900℃)下分别制备了一系列不同 Mo 掺杂量的电极材料 $Ni_{(1-x)/3}Mn_{(1-x)/3}Co_{(1-x)/3}Mo_xO_2$(x=0, 0.005, 0.01, 0.02)。当烧结温度为 800℃, 并且 Mo 掺杂量 x=0.01 时, 材料的电化学性能最好。Mo 的掺杂能够诱导电极材料晶体在锂离子首次嵌入、脱出过程中排序堆积更加有序, 同时掺杂后的材料的放电平台更平更长, 所以材料的首次放电比容量有显著的提高。Ding 等以柠檬酸为络合剂用溶胶凝胶法制备出了一系列稀土元素掺杂的电极材料 $Li(Ni_{1/3}Co_{1/3}Mn_{1/3})_{1-x}Re_xO_2(Re=La, Ce, Pr)$，其放电比容量和循环性能也有一定的提高。

6. 包覆改性

包覆改性是提高正极材料电化学性能的一种常见方法，能够用来对正极材料进行表面修饰的材料包括碳、金属氧化物、金属碳酸盐、金属铝酸盐、金属磷酸盐，以及与电解液的反应活性较低的正极材料等。其机理是：修饰层能够在电极材料表面形成一层保护膜，阻止电极材料与电解液间的副反应并促进电荷的传导。

1) 碳包覆

碳材料因其价格便宜，容易包覆在材料上，故其经常用在其他电极材料的表面修饰上。但是由于碳容易在其表面形成一层固体电解质界面(solid electrolyte interface, SEI)膜，因此会导致一部分不可逆容量的损失。Guo 等通过热解聚乙烯醇制备了一系列不同碳包覆量的电极材料 $LiNi_{1/3}Co_{1/3}Mn_{1/3}O_2$。当碳包覆量为 1%(质量分数)时，电极材料表现出最好的电化学性。

2) Al_2O_3 包覆

Al_2O_3 的化学性质很稳定，能够与电解液中微量的 HF 发生如下反应：

$$Al_2O_3 + 6HF \longrightarrow 2AlF_3 + 3H_2O$$

有效防止电极活性材料与 HF 反应进而影响电极材料的性能。另外，由于 Al_2O_3 的锂离子传导效率低，因此其过多地包覆在电极材料表面虽然能够很好地保护电极材料，但是也会降低电极材料的能量密度和倍率性能。XRD 数据显示，包覆在电极材料表面的 Al_2O_3 为正方体结构的γ-Al_2O_3，平均粒径约为 4nm，其包覆并没有改变 $LiNi_{1/3}Co_{1/3}Mn_{1/3}O_2$ 的晶体结构，提高电极材料的循环寿命和倍率性能，同时也没减少材料的初始放电比容量。在电压 2.8～4.5V 内，1C 的充放电倍率下，用 Al_2O_3 进行表面包覆的电极材料的初始放电比容量与原电极材料并没有差异，但是循环 50 圈后，经过包覆的电极材料的比容量保持率为 93.9%，而原电极材料仅为 82.3%。Fey 等分别通过溶液燃烧法和微波合成法制备出了电极材料 $LiNi_{1/3}Co_{1/3}Mn_{1/3}O_2$。对电极材料用 Al_2O_3 表面修饰后发现，溶液燃烧法和微波合成法得到的材料表面 Al_2O_3 的包覆量分别为 0.5% 和 0.25%时，它们的循环性能的改善最明显。

3) TiO_2 包覆

Li 等将制备好的 $LiNi_{1/3}Co_{1/3}Mn_{1/3}O_2$ 分散在乙醇溶液中，然后向其中加入 $Ti(OBu)_4$ 溶解，有一层无定形态的 TiO_2 包覆在电极材料的表面。XRD 数据显示 TiO_2 包覆在 $LiNi_{1/3}Co_{1/3}Mn_{1/3}O_2$ 的表面并没有影响电极材料的晶格常数，经过表面修饰的电极材料的 006/102 以及 108/110 峰的分裂更加明显，说明修饰后的电极材料有着更好的层状结构。电化学性能方面,经过表面修饰后的电极材料在电压范围 2.5~4.3V 内循环的稳定性得到了显著的提升,但当截止电压变为 4.6V 后,TiO_2 对电极材料的表面修饰会恶化其循环性能。

4) 其他材料的包覆

Guo 等将电极材料 $LiNi_{1/3}Co_{1/3}Mn_{1/3}O_2$ 加入 $AgNO_3$ 溶液中,蒸干溶液的水分,然后在 500 ℃ 的温度下煅烧,得到 Ag 包覆量为 6.6%(质量分数)的 $LiNi_{1/3}Co_{1/3}Mn_{1/3}O_2$ 电极材料。在 2.8~4.4V 的电压范围内,电极材料的初始放电比容量为 169mAh/g,经过 50 圈的循环后仍然保持有 160mAh/g 的比容量,比容量保持率为 94.7%;Li 等制备了不同 SrF_2 包覆量的 $LiNi_{1/3}Co_{1/3}Mn_{1/3}O_2$ 电极材料,电极材料的表面均匀包覆着颗粒尺寸为 10~50nm 的 SrF_2 晶体。当 SrF_2 的包覆量为 2.0%(摩尔分数)时,电极材料的电性能表现最好。经过表面修饰的电极材料的初始容量和比容量都略有降低,但是在 2.5~4.6V 的电压范围内的循环性能得到了改善:其初始放电比容量为 165.7mAh/g,循环 50 圈后其比容量保持率为 86.9%,比容量为 144mAh/g,而原 $LiNi_{1/3}Co_{1/3}Mn_{1/3}O_2$ 电极材料的比容量保持率仅为 79.3%。

2.2.3　尖晶石型锰酸锂($LiMn_2O_4$)材料

尖晶石型结构的锰酸锂属于立方晶系,$Fd3m$ 空间群。电池充放电过程中,锂离子在尖晶石型材料的三维通道中扩散。它的理论比容量是 148mAh/g,但实际比容量只有 120mAh/g。锰酸锂资源丰富,价格低廉,因此作为锂离子电池正极材料具备优势。但其循环性能一直让人诟病,尤其在高温条件下,其循环性能更差。尖晶石型结构的 $LiMn_2O_4$ 电极材料具有基于 MnO_2 的三维框架结构或隧道结构,这一特性得益于 MnO_2 脱氧时表现出的稳定性。该材料的不足之处是它有较高的容量损失和较低的电导率。长期以来困扰 $LiMn_2O_4$ 正极材料商品化的原因是其放电比容量在多次循环的过程中衰减严重,即所谓的 Jahn-Teller 效应:尖晶石型 $LiMn_2O_4$ 在充放电循环过程中发生晶格畸变,导致容量衰减。另外,电解液中存在痕量水时,尖晶石型 $LiMn_2O_4$ 对电解液中 $LiPF_6$ 的分解有催化作用($LiPF_6+H_2O$——$POF_3+2HF+LiF$),HF 导致的锰溶解是 $LiMn_2O_4$ 容量衰减的直接原因。此外,含 F 电解液本身含有的 HF 杂质、溶剂发生氧化产生的质子与 F 化合形成的 HF,以及电解液中的水杂质或电极材料吸附的水造成电解质分解产生的 HF 造成了尖晶石型 $LiMn_2O_4$ 的溶解,降低了其循环充放电寿命,特别是高温循环寿命更差。

2.2.4　橄榄石型磷酸铁锂($LiFePO_4$)材料

$LiFePO_4$ 的理论比容量为 170mAh/g,$LiFePO_4$ 材料在锂离子的嵌入、脱出过程中能够保持稳定,其原因是材料脱出锂离子后形成的 $FePO_4$ 物相中的 Fe-O 配位关系基本没有发生变化。磷酸铁锂正极材料原料丰富,易于获取,并且电压平台稳定、循环性能以及安全性能好，因此其一度被视为最具开发前景的大型锂离子电池的电极材料。但随着对其研究的日渐深入，人们发现磷酸铁锂材料存在一些缺陷，一是磷酸铁锂的压实密度较低，使得其在大型锂电池上应用时没有体积能量密度和质量能量密度上的优势，二是材料本身的离子和电子的传导性太差。这是由材料本身晶体结构的特性决定的，虽然通过一些包覆修饰手段能够有所提高，但是这种缺陷在某些特定条件下(如低温)会尤为凸显。

1. LiFePO$_4$ 的基本结构

LiFePO$_4$ 为橄榄石型晶体结构，具有正交对称性，空间群为 *Pnmb*，其晶胞参数为：a=0.6008nm，b=1.0334nm，c=0.4693nm，晶胞体积为 291.372nm^3。晶体结构如图 2-6 所示，从图 2-6 可以看出，Li 和 Fe 分别位于氧原子八面体的 4a 位和 4c 位，形成 LiO$_6$ 和 FeO$_6$ 八面体。P 处于氧原子四面体中心位置(4c 位)，形成了 PO$_4$ 四面体。在 bc 面上，相邻的 FeO$_6$ 八面体共用一个氧原子，从而形成 Z 字形的 FeO$_6$ 层。1 个 FeO$_6$ 八面体与 2 个 LiO$_6$ 八面体和 1 个 PO$_4$ 四面体共棱，而 1 个 PO$_4$ 四面体则与 1 个 FeO$_6$ 八面体和 2 个 LiO$_6$ 八面体共棱。Li$^+$ 在 4a 位形成平行于 c 轴的共棱的连续直线链。此外 O^{2-} 通过很强的共价键与 P^{5+} 构成稳定的 PO$_4^{3-}$ 聚阴离子基团。因此晶格中的氧不易丢失，这使得 LiFePO$_4$ 具有很高的热力学和动力学稳定性。在 LiFePO$_4$ 结构中，FeO$_6$ 八面体共顶点被 PO$_4$ 四面体分隔。没有连续的 FeO$_6$ 共棱八面体网络不能够形成电子导体电子的传导，只能通过 Fe-O-Fe 进行，使 LiFePO$_4$ 的电子电导率较低仅为 10^{-9}S · cm^{-1}。位于 LiO$_6$ 八面体和 FeO$_6$ 八面体

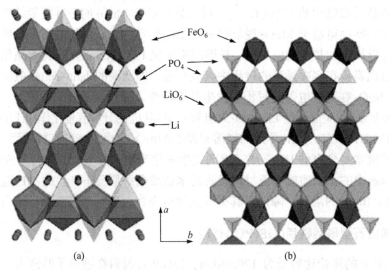

(a)　　　　　　　　　　　　　　　　(b)

图 2-6　LiFePO$_4$ 的晶体结构图

(a) 空间结构；(b) ab 平面结构

之间的 PO_4 四面体在很大程度上限制了 Li^+ 的移动空间使得 Li^+ 在其中的扩散速率较低，为 $10^{-16}\sim10^{-14}$S/cm。此外 Li^+ 只能沿[010]方向的一维通道传播，通道之间有高能垒阻隔而不能交叉传导。因此 $LiFePO_4$ 在本质上具有低的电子电导和离子电导。

2. $LiFePO_4$ 的充放电机理

充电时，锂离子在橄榄石型结构的 $LiFePO_4$ 中发生脱嵌，同时橄榄石型结构的 $LiFePO_4$ 变为异位结构的 $FePO_4$，放电时，锂离子在异位结构的 $FePO_4$ 表面发生嵌入。异位结构的 $FePO_4$ 转变为橄榄石型结构的 $LiFePO_4$。$LiFePO_4$ 的充放电过程可用下式表示：

充电　$LiFePO_4 - xLi^+ - xe^- \longrightarrow (1-x)LiFePO_4 + xFePO_4$

放电　$FePO_4 + xLi^+ - xe^- \longrightarrow xLiFePO_4 + (1-x)FePO_4$

$LiFePO_4$ 的充放电过程是一个 $LiFePO_4$ 结构和异位 $FePO_4$ 结构并存的过程，即其反应是在 $LiFePO_4$ 与 $FePO_4$ 两相之间进行(图 2-7)。表 2.1 给出了 $LiFePO_4$ 和 $FePO_4$ 的空间群和晶格参数。

表 2.1　$LiFePO_4$ 和 $FePO_4$ 空间群和晶格参数

材料	空间群	$a/(\times10^{-10}$m$)$	$b/(\times10^{-10}$m$)$	$c/(\times10^{-10}$m$)$	体积$/(\times10^{-30}$m$^3)$
$LiFePO_4$	$Pnma$	6.008(3)	10.334(4)	4.693(1)	291.372(3)
$FePO_4$	$Pnma$	5.792(1)	9.821(1)	4.788(1)	272.357(1)
变化率/%	—	−3.6	−4.9	2.0	−6.53

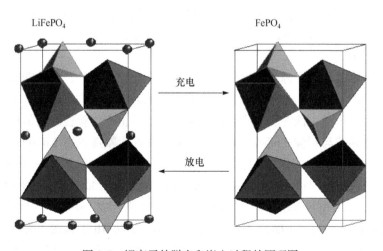

图 2-7　锂离子的脱出和嵌入过程的原理图

3. LiFePO₄ 的制备方法

对于 LiFePO₄ 材料的制备方法多种多样，从总体上来说可分为固相合成法和液相合成法两大类，其中固相合成法又可分为高温固相法、碳热还原法、微波法等，液相合成法又分为水热法、溶胶-凝胶法、喷雾干燥法等。

1) 高温固相法

高温固相法是 LiFePO₄ 制备工艺中最成熟，也是应用最早，而且已经产业化的一种方法，但也存在制备周期长，产物含量难以精确控制，生成颗粒大小和粒径范围难以控制、实验周期长等缺点。同时在制备过程中如何控制材料性能的一致性和防止二价铁的氧化是合成成功与否的关键。

Padhi 等首先利用固相法成功制备了 LiFePO₄，将 Li₂CO₃，FeC₂O₄ · 2H₂O 和 NH₄H₂PO₄ 按化学计量比混合，在惰性气氛保护下，从常温升至 300℃左右，保温一段时间待混合物初步分解后升温至 600~800℃，保温 12h 以上，即得橄榄石型结构的 LiFePO₄，在室温下以电流密度 0.05mA/cm² 进行性能测试，初始放电比容量为 110mAh/g。

因为纯相的 LiFePO₄ 电子电导率和离子电导率低，国内外有很多研究者通过对 LiFePO₄ 进行表面包覆的方法进行改性。Akira 等以聚乙二醇为碳源，通过在 LiFePO₄ 中添加碳，使材料 LiFePO₄/C 在高倍率 1000mA/g(6C)放电时，材料的比容量为 113mAh/g；Bhuvaneswari 等制作的 LiFePO₄-CNF(纳米碳纤维)(10%，质量分数)放电比容量达到 140mAh/g；Wang 等以分子量超过 10000 的聚乙二醇(PEG)为碳源，0.06C 放电比容量达到 162mAh/g，1C 放电比容量达到 139mAh/g。Zhang 等采用二步加热法，以 FeC₂O₄ · 2H₂O 和 LiH₂PO₄ 为原料，在氮气保护下先于 350~380℃加热 5h 形成前驱体，再在 800℃下进行高温热处理，成功制备了 LiFePO₄/C 材料，产物 0.02C 倍率下的放电比容量为 159mAh/g。

2) 碳热还原法

碳热还原法是将锂源、铁源、磷源和碳源充分混合均匀，此处碳既充当碳源又作为还原剂。在高温条件下部分碳将 Fe³⁺ 还原为 Fe²⁺，剩余的碳在 LiFePO₄ 表面形成原位碳包覆。该方法的优点是既可以有效阻止产物颗粒的聚集长大，同时还能使产物颗粒与颗粒之间得到充分的接触，从而大幅度提高 LiFePO₄ 的电子电导率。Baker 等首先采用该法制备得到 LiFePO₄ 材料，然后又有许多研究者对该方法进行了进一步改进，合成了振实密度较高和电化学性能较好的 LiFePO₄ 材料。Prosini 等以(NH₄)₂Fe(SO₄)₂ 和 NH₄H₂PO₄ 为原料首先合成 FePO₄，然后用 LiI 还原 Fe³⁺，并在还原性气氛下(Ar : H₂=95 : 5)于 550℃加热 1h 后合成了最终样品，其在 0.1C 倍率下的室温初始放电比容量为 140mAh/g。但是由于 LiFePO₄ 颗粒的粒径相对还是比较大的，其高倍率性能欠佳。碳热还原法的优点是操作简单，易于实现工业化，因此值得进一步的探讨研究。

3) 微波法

微波法指的是将微波转变为热能，对材料实行整体加热以实现快速升温的过程。研究表明，采用微波法可以简单快捷地制备出性能良好的 $LiFePO_4$ 和 $LiFePO_4$/C 复合材料。Park 等在工业微波炉中不通保护气氛的条件下合成了 $LiFePO_4$ 材料，在 0.1C 倍率下，产物的首次放电比容量高达 151mAh/g。微波法的优点是合成所需时间较短(2~20min)、能耗较低、合成效率较高，但该法的缺点也很明显，就是合成产物的粒径较大，通常只能控制在微米级，产品的形貌也相对稍差。

4) 水热法

水热法通常是在水溶液或水蒸气等流体中，在高温、高压的条件下制备得到 $LiFePO_4$ 材料的一种方法，它是目前制备超细 $LiFePO_4$ 颗粒的一种方法。与固相法及溶胶-凝胶法相比，水热法的优点是没有其他合成法繁琐的操作步骤，流程简单，在生产中易于实施，缺点是大型耐高温高压反应器的造价较高，而且高压也存在一定的危险。Lee 等将 H_3PO_4 溶液和 $FeSO_4 \cdot 7H_2O$ 溶液混合，之后加入 LiOH，再用 H_3PO_4 溶液将 pH 值调节好之后，迅速将混合溶液加入高压反应釜中，在氩气的保护气氛下制备得到 $LiFePO_4$ 材料。水热法的优点是合成的材料物相均一、产物粒径小、团聚现象少，但此法一般只适用于少量 $LiFePO_4$ 材料的制备，若要制备大量的 $LiFePO_4$ 材料将会受到诸多限制。

5) 溶胶-凝胶法

溶胶-凝胶法是通过将化合物经过溶液溶胶和凝胶等处理过程之后发生固化，最后通过热处理制备出产物的方法。该法相对于其他合成方法具有明显的优越性，如合成温度低、粒子粒径较小、粒径一致性较好、比表面积大，因此应用相对较广。此法的缺点是干燥收缩程度大、合成周期长，因此工业化难度较大。Croce 等将 $Fe(NO_3)_3$ 和 LiOH 先溶于去离子水中，然后分别加入抗坏血酸和 H_3PO_4，加入少量的金属粉末作为诱导成核剂，并用氨水调节 pH 值。抗坏血酸的存在，可以将 Fe^{3+} 还原成 Fe^{2+}，而且可以防止 Fe^{2+} 氧化成 Fe^{3+}。制备过程为：首先在 60℃ 下加热得到凝胶，然后在氮气气氛保护下以 350℃ 煅烧 12h，经过研磨，最后在 800℃ 的条件下保温 24h，即可制得 $LiFePO_4$ 粉末。以金属锂为对电极，经过 30 次循环后比容量仍为 130mAh/g。

6) 喷雾干燥法

喷雾干燥法是将前驱体原料于溶液中混合均匀，将混合溶液转移到干燥器中，溶剂迅速被蒸发掉，得到固体前驱体混合物，然后将混合物进行高温烧结便得到 $LiFePO_4$ 材料。Gao 等将 $CH_3COOLi \cdot 2H_2O$、$FeC_2O_4 \cdot 2H_2O$ 和 $(NH_4)_2HPO_4$ 按化学计量比混合均匀，于 H_2O 和 PVA 的混合溶剂(PVA：H_2O=3：100)中球磨 8h，然后将所得悬浮液喷雾干燥得前驱体，于 300℃预烧结 5h，再升温至 600℃在氮气气氛中烧结 10h。最后，待自然冷却后球磨 8h，即得 $LiFePO_4$ 产物。室温下，烧结所得 $LiFePO_4$ 的 0.2C 放电比容量为 139.4mAh/g。若在原料中加入质量分数5.1%的葡萄糖，则可制得 $LiFePO_4$/C 复合材料。600℃烧结、含碳量为 3.81%(质量分数)的 $LiFePO_4$/C 复合材料的振实密度达 1.4g/cm^3，放电比容量为 137.2mAh/g，且循环性能良好。喷雾干燥法的优点是有利于前驱体的混合均匀，减少杂项的生成，而且合成的 $LiFePO_4$ 材料颗粒粒径小且一致性好，也易于操作。缺点是合成的材料为中空球形，结构容易坍塌。

4. $LiFePO_4$ 存在的问题及其改性研究

作为锂离子电池正极材料，$LiFePO_4$ 具有较大的优势，但其自身存在着电子电导率低和锂离子扩散速率低的致命缺陷。此外，在实际的合成和生产过程中仍有诸多因素需要考虑，例如，合成 $LiFePO_4$ 材料的批次稳定性；合成 $LiFePO_4$ 材料的总成本；合成 $LiFePO_4$ 材料的倍率性能；合成 $LiFePO_4$ 材料的能量密度能否达到要求；合成 $LiFePO_4$ 材料的高低温性能等。针对以上缺陷，不同的研究者采用不同的改性方法，但总体来说，大致分为以下几个方面。

1) 表面包覆

该技术主要是在 $LiFePO_4$ 颗粒表面包覆一层导电性优良且在电解液中以及在充放电过程中保持稳定的物质，用以改善颗粒间的电子传导性能。显然，碳是能满足上述要求的优良导电剂。此外，碳还具有成本低廉的优点，是目前最常用的导电剂。用碳对颗粒进行包覆所使用的碳源主要包括葡萄糖、蔗糖、淀粉、纳米碳材料和高分子聚合物等，还包括一些含碳的前驱体(如草酸盐、乙酸盐、碳酸盐、柠檬酸盐等)，还有直接用无机碳进行表面包覆的(如超级导电炭黑(SP)、碳纳米管(CNT)、石墨烯、石墨)，所采用的包覆方法包括合成过程中的原位包覆和合成后的包覆。在 $LiFePO_4$ 合成过程中，加入碳的优点有如下几个方面：包覆在 $LiFePO_4$ 表面提高材料的电子导电性；本身作为还原剂或生成 CO 的还原气氛避免材料被氧化和杂项的生成；可以包覆在材料表面有效抑制 $LiFePO_4$ 颗粒长大；阻碍电解液溶解 $LiFePO_4$ 材料，提高材料的循环性能。研究表明，碳包覆 $LiFePO_4$ 中碳含量、石墨化程度、形貌及其在 $LiFePO_4$ 表面的分布，都对材料的电化学性能有较大影响。$LiFePO_4$ 表面碳结构的石墨化程度是影响 $LiFePO_4$ 导电性和倍率性能的重要因素之一，而碳的石墨化程度受碳源的种类和焙烧温度的影响较大。

虽然在 $LiFePO_4$ 的合成过程中加入碳有利于提高材料的电化学性能，但是碳的加入对 $LiFePO_4$ 也有不利的影响，碳含量过高会严重降低 $LiFePO_4$ 的振实密度，使材料的能量密度严重降低，这严重束缚了 LiFePO₄ 在动力电池方面的应用。综合分析，LiFePO₄ 中碳含量应该控制在 5%(质量分数)以下，包覆的碳层厚度为 1～2nm，过厚的碳层会阻碍 Li⁺ 在界面上的传输，但碳量过少、碳层过薄也不利于材料性能的发挥。

除了使用碳进行表面包覆外，还有很多研究者采用导电性能优越的金属粒子包覆，金属粒子包覆有利于提高 LiFePO₄ 的电子电导率，材料的能量密度也会增加，但是这些金属粒子的成本普遍较高，不适合大批量的生产。此外，还有研究者采用导电聚合物对 LiFePO₄ 进行表面包覆，Huang 等以聚吡咯掺杂包覆 LiFePO₄，材料的电化学性能得到了较为显著的改善。王伟等合成了聚苯胺包覆的 LiFePO₄/C 材料，研究表明，包覆了聚苯胺的 LiFePO₄/C 的界面电荷转移电阻比未包覆的 LiFePO₄/C 的 0.5 倍还小。包覆 10%聚苯胺的 LiFePO₄/C 材料在 0.1C 初始放电比容量高达 164mAh/g，5C 放电比容量仍有 95.3mAh/g，且具有较好的循环性能。导电聚合物的包覆也是 LiFePO₄/C 改性的有效方法，值得进行更加深入的研究。

2) 离子掺杂

2002 年 Chiang 等宣称通过掺杂少量高价阳离子(Nb^{5+}, Ti^{4+}, W^{6+})可以将 LiFePO₄ 的电子电导率提高 8 个数量级，达到 10^{-2}S/cm。这种纳米尺寸的 LiFePO₄ 在 0.1C 的充放电条件下放电比容量可达到 150mAh/g，在 10C 倍率下材料的比容量为 80mAh/g。目前，掺杂的理论还没有统一的定论。LiFePO₄ 的掺杂目前大致可分为以下三种掺杂方法，即 Li 位掺杂、Fe 位掺杂、P 位掺杂。

A. Li 位掺杂

Li 位掺杂，所选的掺杂金属离子的配位数应该均为 6，以形成 MO_6 八面体，且都比 Li 的半径小，是易于取代 Li 位的高价金属离子。表 2.2 是部分掺杂金属离子种类以及它们的配位数和离子半径。

表 2.2　掺杂离子的种类

离子	配位数	半径/nm
Li^+	6	0.0900
Fe^{2+}	6	0.0920
Mg^{2+}	6	0.0860
Al^{3+}	6	0.0675
Ti^{4+}	6	0.0745
Zr^{4+}	6	0.0860
Nb^{5+}	6	0.0780

B. Fe 位掺杂

Wang 及其合作者最先报道了对 LiFePO₄ 的 Fe 位进行掺杂来提高其电导率。

他们采用溶胶-凝胶法制备了 $LiTi_{0.01}Fe_{0.99}PO_4$ 正极材料，认为 Fe 位掺杂能够提高电子电导率和改善 Li^+ 传输的速率。掺杂离子导致了微区结构的畸变，使 $LiFePO_4$ 的能带发生变化，减小了禁带的宽度，所以材料的电子电导率得到改善。当然，结构畸变还可能影响 Li^+ 的结合能以及锂的迁移通道，从而影响 Li^+ 迁移速率。

C. P 位掺杂

相对而言，对 P 位掺杂的报道较少，有少量如 Cl、F、Si、W、Mo 等。通过加入 SiO_2 可以使 $LiFePO_4$ 产生晶格缺陷，Si 离子的半径为 0.41Å，P 离子的半径为 0.34Å，硅离子表面电荷比磷离子的表面电荷少，SiO_4 四面体的体积比 PO_4 四面体的体积大。因此，如果以硅位代替磷位，可使 $LiFePO_4$ 晶体中晶格尺寸发生变化，增大 Li^+ 在晶格中的扩散通道，有利于 Li^+ 的扩散，从而改善材料性能。

但是掺杂能够提高材料的电子电导率的结论存在很大争议，主要是：掺杂能大幅度提高材料的电子电导率，而实际上此时材料电导率的限制因素可能是锂离子的扩散能力或离子电导率，纳米化降低锂离子的扩散难度可能才适合于解释文中现象；如此大幅度提高材料电子电导率可能并不是掺杂形成 "$Li_{1-x}Nb_xFePO_4$"，而是有其他导电能力更好的物质生成所致。Herle 等认为，$LiFePO_4$ 材料电导率的显著提高并不是由掺杂引起的，而是合成过程中特别是高温下容易在磷酸盐表面生成了如 Fe_2P 等纳米金属磷化物导电网络，导电网络提高了磷酸盐晶界的电导率。Zane 等发现未掺杂的纳米或亚微米级(100~150nm)$LiFePO_4$ 材料在 3C 以下倍率放电时同样具有良好的倍率特性。然而对于这种掺杂引起的电子导电性提高的原因，尚没有定论。争论主要集中在高价阳离子和阴离子是否能够进入 $LiFePO_4$ 晶格内，以及添加这些离子后材料的导电性的提高是否由于在制备过程中形成了表面导电相。

3) 控制合成 $LiFePO_4$ 的晶粒尺寸

尽管碳包覆是抑制 $LiFePO_4$ 颗粒长大的有效途径，但是包覆碳却大大降低了 $LiFePO_4$ 的振实密度，不利于其实际应用。Gaberscek 等认为小的颗粒尺寸比碳包覆本身更重要。因此，人们也研究了在没有碳包覆的情况下，颗粒尺寸对 $LiFePO_4$ 电化学性能的影响，表 2.3 为不同粒径对应的 $LiFePO_4$ 的放电比容量和质量电阻。

表 2.3　不同粒径对应的 $LiFePO_4$ 的放电比容量和质量电阻

粒径范围/nm	平均粒径/nm	1C 放电比容量/(mAh/g)	质量电阻/(Ω/g)
20~40	30	163	0.106
~50	50	165	0.05
100~200	140	158	0.22

续表

粒径范围/nm	平均粒径/nm	1C 放电比容量/(mAh/g)	质量电阻/(Ω/g)
100~300	150	130	0.53
200~400	300	120	0.88
~500	500	115	2.6
450~550	500	72	2.35
315~775	545	NA	3.12
600~1000	800	80	6.5

Xia 等采用固相法合成高比表面积($24.1m^2/g$)的无碳 $LiFePO_4$ 颗粒,其 5C 放电比容量达到了 115mAh/g。研究表明,通过提高 $LiFePO_4$ 的比表面积可有效改善其电化学性能。Delacourt 等研究了尺寸效应对无碳 $LiFePO_4$ 粉末性能的影响。他们采用共沉淀法合成的 $LiFePO_4$ 颗粒大小为 100~200nm,其 0.5C 放电比容量可达 145mAh/g,Kim 等采用液相法,将 $Fe(CH_3COO)_2$、$NH_4H_2PO_4$,CH_3COOLi 溶于液相多烃基化合物中,在 335℃回流 16h,合成结晶良好、长约 40nm、宽约 20nm 的无碳 $LiFePO_4$ 纳米棒,其在 $0.1mA/cm^2$ 的电流密度下首次比容量高达 166mAh/g (电化学性能测试中添加了 30%(质量分数)的导电剂炭黑)。

Gaberscek 等通过分析不同研究组合成的 $LiFePO_4$ 的颗粒尺寸、碳包覆和电化学性能之间的关系,揭示了碳包覆提高 $LiFePO_4$ 的电化学性能主要是由于其抑制了 $LiFePO_4$ 颗粒的长大,并且认为当颗粒拥有足够小的尺寸时,电化学反应将会成为倍率控制步骤。Prosini 等研究指出当颗粒尺寸很小时(小于 70nm),$LiFePO_4$ 倍率性能改善的控制步骤是两相界面的移动,即电化学反应,而不是离子扩散速率。由此可见,颗粒尺寸对 $LiFePO_4$ 电化学性能的影响显著。不管包覆碳还是未包覆碳,只要 $LiFePO_4$ 具有较小(纳米级)的颗粒尺寸,其倍率性能都能得到较大的改善,因此,通过合适的制备工艺得到小颗粒尺寸的 $LiFePO_4$ 对获得高性能的 $LiFePO_4$ 是至关重要的。

4) 提高 $LiFePO_4$ 的堆积密度

目前商业化 $LiFePO_4$ 产品的振实密度只有 $0.8g/cm^3$ 左右,比 $LiCoO_2$、$LiNiO_2$、$LiMn_2O_4$ 都要小,导致体积比容量低,能量密度低,无法满足动力电池的需要。近几年,人们通过采用新的络合剂或者使用三价铁化合物制作前驱体,通过改变合成工艺来制得密度较高的 $LiFePO_4$ 产品。于春洋等以 $(NH_4)_3C_6H_5O_7$ 为络合剂,通过控制结晶法制备了球形 $NH_4FePO_4 \cdot H_2O$,以此为前驱体,制备了球形 $LiFePO_4$;唐昌平等应用控制结晶法从溶液相制备球形 $LiFePO_4 \cdot xH_2O$,然后用微波碳热还原法合成高密度 $LiFePO_4/C$。该材料的振实密度高达 $1.8g/cm^3$,远高于

一般非球形的 $LiFePO_4$。0.05C 放电比容量为 142mAh/g，但是 0.5C 放电比容量仅为 107mAh/g。该材料在小电流充放电下具有较好的电化学性能，但大电流充放电下的性能还有待提高；雷敏等通过控制结晶法制备球形前驱体 $LiFePO_4$，然后采用碳热还原法合成球形 $LiFePO_4/C$。该材料振实密度高达 $1.8g/cm^3$，在 $0.1mA/cm^2$ 小电流放电模式下，放电比容量为 129.7mAh/g。

2.3　锂离子电池负极材料

2.3.1　负极材料特点与分类

锂离子电池负极材料要求具有以下性能：

(1) 锂离子在负极基体中的插入氧化还原电位尽可能低，接近金属锂的电位，从而使电池的输出电压高；

(2) 在基体中大量的锂能够发生可逆嵌入和脱出以得到高比容量，即可逆的 x 值尽可能大；

(3) 在嵌入/脱出过程中，锂的嵌入和脱出应可逆且主体结构没有或很少发生变化，这样可逆比容量尽可能大；

(4) 氧化还原电位随 x 的变化应该尽可能少，这样电池的电压不会发生显著变化，可保持较平稳的充电和放电；

(5) 嵌入化合物应有较好的电子电导率和离子电导率，这样可减少极化并能进行大电流充放电；

(6) 主体材料具有良好的表面结构，能够与液体电解质形成良好的 SEI 膜；

(7) 嵌入化合物在整个电压范围内具有良好的化学稳定性，在形成 SEI 膜后不与电解质等发生反应；

(8) 锂离子在主体材料中有较大的扩散系数，便于快速充放电；

(9) 从实用角度而言，主体材料应该便宜，对环境无污染。

根据负极材料与锂离子的反应机理，它们可以分为以下三类：

(1) 插入型负极材料，如碳材料(石墨、多孔碳、碳纳米管、石墨烯等)、二氧化钛(TiO_2)和钛酸锂($Li_4Ti_5O_{12}$)等；

(2) 合金类负极材料，如硅(Si)、锗(Ge)、锡(Sn)、铝(Al)、铋(Bi)、二氧化锡(SnO_2)等；

(3) 转换反应类材料，如过渡金属氧化物(Mn_xO_y、NiO、Fe_xO_y、CuO、MoO_2 等)，各种金属硫化物、磷化物和金属氮化物(M_xX_y，其中 M 为金属元素，X 为 N、S、P 等元素)。图 2-8 为各类锂离子电池负极材料的电压和质量比容量。

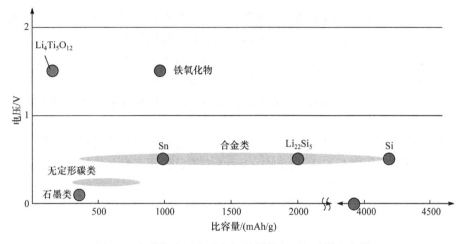

图 2-8　各类锂离子电池负极材料的电压和质量比容量

2.3.2　碳负极材料

碳负极锂离子电池在安全和循环寿命方面显示出较好的性能，并且碳材料价廉、无毒，目前商品锂离子电池广泛采用碳负极材料。近年来随着对碳材料研究工作的不断深入，人们已经发现通过对石墨和各类碳材料进行表面改性和结构调整，或使石墨部分无序化，或在各类碳材料中形成纳米级的孔、洞和通道等结构，锂在其中的嵌入-脱出不但可以按化学计量 LiC_6 进行，而且还可以有非化学计量嵌入-脱出，其比容量大大增加，由 LiC_6 的理论值 372mAh/g 提高到 700～1000mAh/g，因此锂离子电池的比容量大大增加。图 2-9 是碳负极材料锂离子电池的成流反应式。

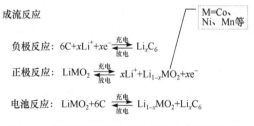

图 2-9　碳负极材料锂离子电池的成流反应式

充电过程中，负极材料不断地与锂离子发生反应，将锂离子"擒获并存储"起来，亦即将外部的功以能量的形式存储在电池中。在电池的放电过程中，锂离子从负极材料中脱出并迁移到正极材料，即电池对外做功。可以看出，锂离子电池的能量存储能力取决于负极材料与锂离子的可逆反应能力。显然，理想的负极材料首先必须具备卓越的可逆储锂性能，还应具有低的氧化还原电位、优异的机械性能和廉价、无污染等优点。

目前，已研究开发的锂离子电池负极材料主要有：石墨、石油焦、碳纤维、热解炭、炭黑、玻璃碳等，其中石墨和石油焦最有应用价值。

石墨类碳材料的插锂特性是：①插锂电位低且平坦，可为锂离子电池提供高的、平稳的工作电压。大部分插锂容量分布在 $0.00\sim0.20V$(vs. Li^+/Li)；②插锂容量高，LiC_6 的理论比容量为 372mAh/g；③与有机溶剂相容能力差，易发生溶剂共插入，降低插锂性能。

石油焦类碳材料的插、脱锂的特性是：①起始插锂过程没有明显的电位平台出现；②插层化合物 Li_xC_6 的组成中，$x=0.5$ 左右，插锂容量与热处理温度和表面状态有关；③与溶剂相容性、循环性能好。

根据石墨化程度，一般碳负极材料分成石墨、软碳和硬碳。

1. 石墨

石墨材料导电性好，结晶度较高，具有良好的层状结构，适合锂的嵌入-脱出，形成锂-石墨层间化合物，充放电比容量可达 300mAh/g 以上，充放电效率在 90%以上，不可逆比容量低于 50mAh/g。锂在石墨中的脱嵌反应在 $0\sim0.25V$，具有良好的充放电平台，可与提供锂源的正极材料钴酸锂、锰酸锂、镍酸锂等匹配，组成的电池平均输出电压高，是目前锂离子电池应用最多的负极材料。

1) 人工石墨

人工石墨是将易石墨化碳(如沥青、焦炭)在 N_2 气氛中于 $1900\sim2800℃$ 经高温石墨化处理制得。常见的人工石墨有中间相碳微球(MCMB)和石墨纤维。

MCMB 是高度有序的层面堆积结构，可由煤焦油(沥青)或石油渣制得。在 $700℃$ 以下热解炭化处理时，锂的嵌入比容量可达 600mAh/g 以上，但不可逆比容量较高。在 $1000℃$ 以上热处理时，MCMB 石墨化程度提高，可逆比容量增大。通常石墨化温度控制在 $2800℃$ 以上，可逆比容量可达 300mAh/g，不可逆比容量小于 30mAh/g。

气相沉积石墨纤维是一种管状中空结构，具有 320mAh/g 以上的放电比容量和93%的首次充放电效率，可大电流放电，循环寿命长，但制备工艺复杂，成本较高。

2) 天然石墨

天然石墨是一种较好的负极材料，其理论比容量为 372mAh/g，形成 LiC_6 的结构，可逆比容量、充放电效率和工作电压都较高。石墨材料有明显的充、放电平台，且放电平台对锂电压很低，电池输出电压高。天然石墨有无定形石墨和磷片石墨两种。无定形石墨纯度低，可逆比容量仅 260mAh/g，不可逆比容量在 100mAh/g 以上。磷片石墨可逆比容量仅 $300\sim350mAh/g$，不可逆比容量低于 50mAh/g。天然石墨由于结构完整，嵌锂位置多，所以比容量较高，是非常理想的锂离子电池负极材料。其主要缺点是对电解质敏感、大电流充放电性能差。在放电过程中，负极表面由于电解质或有机溶剂发生化学反应会形成一层 SEI 膜，另外锂离子的嵌入和脱出造成石墨片层体积膨胀和收缩，也容易造成石墨粉化，所以天然石墨的不可逆比容量较高，循环寿命有待进一步提高。

3) 改性石墨

通过石墨改性，如在石墨表面氧化、包覆聚合物热解炭，形成具有核-壳结构的复合石墨，可以改善石墨的充放电性能和循环性能。

通过石墨表面氧化，可以降低 Li/LiC$_6$ 电池的不可逆比容量，提高电池的循环寿命，可逆比容量可以达到 446mAh/g(Li$_{1.2}$C$_6$)，石墨材料的氧化剂可选择 HNO$_3$, O$_3$, H$_2$O$_2$, NO$^+$, NO^{2+} 等。石墨氟化可在高温下用氟蒸气与石墨直接反应，得到 (CF)$_n$ 和 (C$_2$F)$_n$，也可以在路易斯酸(如 HF)存在时，于 100℃进行氟化得到 C$_x$F$_n$。碳材料经氧化或氟化处理后的比容量都会有所提高。

4) 石墨化碳纤维

气相生长碳纤维(VGCF)是以碳氢化合物为原料制备的负极材料，在 2800℃ 处理的 VGCF 比容量高，结构稳定。

3000℃处理的沥青中间相碳纤维(MCF)，其中心没有层状组织的辐射状晶体结构，与石焦油一样属乱层石墨结构，它具有高的比容量和库仑效率。碳纤维的结构不同，嵌锂性能也不同，其中具有经向结构的碳纤维的充放电性能最好，同心结构的碳纤维易与溶剂分子发生共嵌入现象。因此，石墨化的沥青基碳纤维的性能优于天然鳞状石墨。

石墨在达到最大嵌锂限度(即 LiC$_6$)时的体积只增加 10%左右。因此，石墨在反复嵌入-脱出锂过程中能保持电极尺寸稳定，使碳电极有良好的循环性能。石墨也存在一些不足，如对电解液选择性强，只能在某些电解液中才有良好的电极性能；耐过充过放电性能差，Li$^+$在石墨中扩散系数小，不利于快速充放电等。因此有必要对石墨改性，现已合成 MCMB、无定形碳(有机物热解碳)、包覆石墨等，它们的充放电性能较石墨有显著的改善。

2. 软碳

软碳即易石墨化碳，是指在 2500℃以上的高温下能石墨化的无定形碳。软碳的结晶度(即石墨化度)低，晶粒尺寸小，晶面间距较大，与电解液的相容性好，但首次充放电的不可逆比容量较高，输出电压较低，无明显的充放电平台电位。常见的软碳有石油焦、针状焦、碳纤维、碳微球等。

3. 硬碳

硬碳是指难石墨化碳，是高分子聚合物热解碳。这类碳在 2500℃以上的高温也难以石墨化,常见的硬碳有树脂碳(酚醛树脂、环氧树脂、聚糠醇 PFA-C 等)、有机聚合物热解炭(PVA、PVC、PVDF、PAN 等)、炭黑(乙炔黑)。

硬碳的储锂比容量很大(500～1000mAh/g),但它们也有明显的缺点,如首次充放电效率低,无明显的充放电平台以及因含杂质原子 H 而引起的很大的电位滞后等。

由于材料在纳米尺度下具有优异的力学和电学特性,因此,可以通过将碳材料纳米化来改善其储锂性能。下面我们对常见的纳米碳负极材料,包括碳纳米管、碳纳米纤维、石墨烯等进行介绍。碳纳米管可以看作是石墨烯片卷成的中空管,一般分为单壁碳纳米管和多壁碳纳米管。单壁碳纳米管和双壁碳纳米管的锂离子电池比容量分别在 400～600mAh/g 和 550～750mAh/g,远大于石墨的理论值。石墨烯是目前受关注程度最高的一种碳纳米材料,其应用领域十分广泛,据文献报道,石墨烯电极的储锂比容量很容易超过 1000mAh/g,几乎是石墨电极理论比容量的 3 倍。

2.3.3　非碳负极材料

1. 氮化物

锂过渡金属氮化物具有很好的离子导电性、电子导电性和化学稳定性,用作锂离子电池负极材料,其放电电压通常在 1.0V 以上。电极的放电比容量、循环性能和充放电曲线的平稳性因材料的种类不同而存在很大差异。如 Li_3FeN_2 用作 LIB 负极时,放电比容量为 150mAh/g、放电电位在 1.3V(vs. Li/Li^+)附近,充放电曲线非常平坦,无放电滞后,但容量有明显衰减。$Li_{3-x}Co_xN$ 具有 900mAh/g 的高放电比容量,放电电位在 1.0V 左右,但充放电曲线不太平稳,有明显的电位滞后和容量衰减。目前来看,这类材料要达到实际应用,还需要进一步深入研究。

氮化物体系属反萤石(CaF_2)或 Li_3N 结构的化合物,具有良好的离子导电性,电极电位接近金属锂,可用作锂离子电极的负极。

反萤石结构的 Li-M-N(M 为过渡金属)化合物,如 Li_7MnN_4 和 Li_3FeN_2,可用陶瓷法合成,即将过渡金属氧化物和锂氮化物(M_xN_x+Li_3N)在 1%H_2+99%N_2 气氛中直接反应,也可以通过 Li_3N 与金属粉末反应。Li_7MnN_4 和 Li_3FeN_2 都有良好的可逆性和高的比容量(分别为 210mAh/g 和 150mAh/g)。Li_7MnN_4 在充放电过程中通过过渡金属价态发生变化来保持电中性,该材料比容量比较低,约 200mAh/g,但循环性能良好,充放电电压平坦,没有不可逆比容量,特别是这种材料作为锂离子电池负极时,可以采用不能提供锂源的正极材料与其匹配用于电池。

$Li_{3-x}Co_xN$ 属于 Li_3N 结构锂过渡金属氮化物(其通式为 $Li_{3-x}M_xN$,M 为 Co、Ni、Cu),该材料比容量高,可达到 900mAh/g,没有不可逆比容量,充放电电压平均为 0.6V 左右,同时也能够与不能提供锂源的正极材料匹配组成电池,目前这种材料嵌锂、脱锂的机理及其充放电性能还有待进一步研究。

2. 锡基负极材料

1) 锡氧化物

锡的氧化物包括氧化亚锡、氧化锡和其混合物，具有一定的可逆储锂能力，储锂能力比石墨材料高，可达 500mAh/g 以上，但首次不可逆比容量也较大。SnO/SnO_2 用作负极具有比容量高、放电电位比较低(在 0.4~0.6V(vs. Li/Li$^+$)附近)的优点。但其首次不可逆比容量损失大、容量衰减较快，放电电位曲线不太平稳。SnO/SnO_2 因制备方法不同，电化学性能有很大不同。如低压化学气相沉积法制备的 SnO_2 可逆比容量为 500mAh/g 以上，而且循环寿命比较理想，100 次循环以后也没有衰减。而 SnO 以及采用溶胶-凝胶法等简单加热制备的 SnO_2 的循环性能都不理想。

在 $SnO(SnO_2)$ 中引入一些非金属、金属，如 B、Al、Ge、Ti、Mn、Fe 等氧化物，并进行热处理，可以得到无定形的复合氧化物，称为非晶态锡基复合氧化物(amorphous tin-based composite oxide, ATCO)，其可逆比容量可达 600mAh/g 以上，体积比容量大于 2200mAh/cm^3，是目前碳材料负极(500~1200mAh/cm^3)的两倍以上，显示出良好的应用前景。该材料目前的问题是首次不可逆比容量较高，充放电循环性能也有待进一步改进。

2) 锡基复合氧化物

用于锂离子电池负极的锡基复合氧化物的制备方法是：将 SnO, B_2O_3, P_2O_5 按一定化学计量比混合，于 1000℃下通氧烧结，快速冷凝形成非晶态化合物，其化合物的组成可表示为 $SnB_xP_yO_z(x=0.4~0.6, y=0.6~0.4, z=(2+3x-5y)/2)$，其中锡是 Sn^{2+}。与锡的氧化物(SnO/SnO_2)相比，锡基复合氧化物的循环寿命有了很大的提高，但仍然很难达到产业化标准。

3) 锡合金

某些金属(如 Sn、Si、Al 等)嵌入锂时，将会形成含锂量很高的锂金属合金。如 Sn 的理论比容量为 990mAh/cm^3，接近石墨的理论体积比容量的 10 倍。为了降低电极的不可逆比容量，又能保持负极结构的稳定，可以采用锡合金作锂离子电池负极，其组成为：25% Sn_2Fe+75% $SnFe_3C$。Sn_2Fe 为活性颗粒，它可以与金属锂形成合金，$SnFe_3C$ 为非活性颗粒，它可在电极循环过程中保持电极的基本骨架。这种锡合金的体积比容量是石墨材料的两倍。用 25%Sn_2Fe+75%$SnFe_3C$ 构成的电极可以获得 1600mAh/g 的可逆比容量，表现出良好的循环性能。

合金负极材料的主要问题是首次效率较低及循环稳定性差，所以必须解决负极材料在反复充放电过程中体积效应造成的电极结构破坏问题。单纯的金属材料负极循环性能很差，安全性也不好。采用合金负极与其他柔性材料复合有望解决这些问题。

3. 硅负极材料

硅负极材料在充放电循环过程中的嵌入和脱出使负极材料体积发生严重的变化，负极材料中的活性材料颗粒粉化，负极颗粒与电极之间失去良好的接触而产生容量损失，从而影响了负极材料的循环性能。图 2-10 为硅负极破碎机制简图。

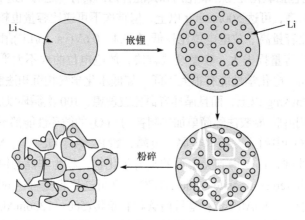

图 2-10　硅负极破碎机制简图

目前主要的硅基材料改进方法可以分为三类，分别为硅单质体系的改性、形成硅复合体系以及黏结剂和电解液的改性，下面主要介绍前两类。

1) 硅单质体系的改性

硅单质体系改性主要包括硅的纳米化及硅的薄膜化。而目前硅的纳米化的研究方向主要集中在制作硅纳米线、纳米管及多孔硅，硅粒径的纳米化可以给予更多的晶粒边界，便于在充放电循环过程中锂离子的移动，使得锂化后的锂硅合金不易重结晶或者相变，避免了容量损失。Li 采用激光诱导硅烷裂解并通过化学气相沉积得到了直径仅为 80nm 的硅颗粒，在 10 次充放电循环稳定后可逆比容量超过 1720mAh/g 且几乎不衰减。

硅的薄膜化对电池性能的提升原因是，相对较薄的硅薄膜中负极材料内的硅颗粒与基质拥有更好的接触，较大的比表面积也能有效缓解薄膜硅负极材料在充放电循环过程中产生的体积变化。Chen 等通过在烧结和光处理后的铜-聚酰亚胺表面沉积硅纳米颗粒得到厚度分别为 1.3μm 和 4.2μm 的硅薄膜，通过对比发现 1.3μm 厚的硅薄膜相比于 4.2μm 厚的硅薄膜具有更好的电化学性能，初次放电比容量超过 4000mAh/g，与硅的理论比容量接近，在 30 次充放电循环后，比容量仍超过 2000mAh/g。

2) 硅复合体系

目前研究的硅复合体系中包括硅基金属复合物、硅基非金属复合物以及特殊结构的硅基复合物。硅属于半导体材料，较宽的带隙使得导电性能较差，与金属一同形成硅基金属复合物可以增加硅导电性能,从而改善电池电性能稳定性。
Huang 等将一层金属镍通过溅射法包覆在纳米硅表面,在 800℃烧结后形成 6nm
左右厚度的镍合金保护层,这种原位生长形成的合金包覆保护层相比于传统包覆
层更加稳定,明显改善了负极材料的循环性能。Bogart 等通过超临界流体-液体-
固体法成功生成了硅锡纳米线,该纳米线有出色的倍率性能。锂离子在纳米线中
的输运是其在纯硅纳米线中速率的 5 倍,是碳包覆纳米硅线的两倍。

　　硅基非金属复合物目前大部分是硅碳复合,在该类硅碳复合物中,硅负责存
储锂,碳的功能是抑制在锂离子嵌入、脱出过程中硅的体积变化,由此来提升
锂离子在充放电过程中的电性能。而硅碳复合中,碳与硅的分布形式包括三种:
①包覆型,包覆在硅粉表面的碳可以缓解硅的体积变化,同时提升硅的导电性能;
②嵌入型,硅粉嵌入碳粉内,形成均匀稳定的复合体系;③分子接触型,是将含
有硅和碳的有机物进行热处理,从而形成高度分散的分子接触体系,这种分布可
以最大程度地抑制硅在充放电过程中的体积变化。Fuchsbichler 等采用凝胶状
Si_5H_{10} 作为前驱体与天然石墨混合,经过热处理后得到硅石墨复合材料。电化学
测试表明在百次充放电循环稳定后,电池比容量保持在 840mAh/g,在之后的循
环中比容量几乎不衰减。

　　其他特殊硅基复合材料是利用各种合成方法制备诸如中孔洞结构、网络结构、
空核壳结构材料的。其原理是硅嵌入各种介质中,通过硅与介质间物理化学等特
性的协同作用来改善硅的循环性能。

2.3.4　其他负极材料

　　在合金类材料中,伴随充放电而产生的膨胀和收缩会造成体积变化,从而导
致电极结构崩塌,因此长寿命化是一大课题。有人提出了使循环特性出色的稀土
类金属硅化物与硅复合化的方法。该复合材料在热力学方面非常稳定,即使反复
进行充放电也能抑制电极结构崩塌。

　　在稀土类金属中,把采用钆(Gd)的复合材料 Gd-Si/Si 用作负极的电池,其比
容量和充放电循环特性尤其突出。初始充放电比容量创下了 1870mAh/g 的极高
值。充放电 1000 次后也维持了 690mAh/g 的比容量。该研发小组已经试制出以
Gd-Si/Si 为负极,以 $LiMn_2O_4$ 为正极的电池。初始充放电比容量为 1230mAh/g,
循环 100 次后为 860mAh/g。

　　有实验将锡锑(Sn-Sb)硫化物玻璃与硅的复合体用于锂离子充电电池负极材
料的开发。"2012 年已开始有少量样品供货"。在此前的研究中已经证实,该复合
材料能以 1000～1400mAh/g 的比容量实现稳定的循环寿命。有研究机构共同在该复
合材料上缠绕正极材料 $LiFePO_4$ 和无纺布隔膜试制了电池,电池比容量为 850mAh/g。
研究者通过充放电实验确认,在-20～60℃的大温度范围内该电池可以作为充电

电池正常使用。在温度为 60℃、充放电倍率为 3C 时，比容量为 128mAh/g。循环特性出色，反复充放电 150 次仍维持了 99%的比容量。

在汽车和固定用途的锂离子电池中，目前较受关注的负极材料为钛酸锂（$Li_4T_5O_{12}$：以下称 LTO）。LTO 的锂电位高达 1.55V 左右，锂不会析出，因此稳定性高、寿命长。不过，LTO 存在的问题是比容量只有 175mAh/g 左右。

目前，可取代 LTO 的高容量氧化物类负极的研究变得非常活跃。有机构研究出可实现 1000mAh/g 比容量的铁氧化物。通过水热处理，可预先在铁氧化物中掺杂锂，由此能抑制初始充放电的不可逆比容量。具体来说，是将γ-Fe_2O_3和氢氧化锂溶液在 200℃下进行了 10 小时的水热处理。结果确认生成了 $LiFeO_2$ 和 $LiFe_5O_8$。初始充放电的结果显示，进行过水热处理的铁氧化物的初始放电比容量升高，相比γ-Fe_2O_3不可逆比容量降低，如图 2-11 所示。

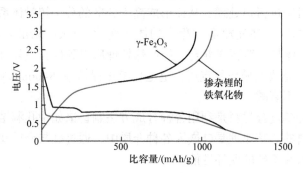

图 2-11　铁氧化物充放电曲线

总之，在锂离子电池负极材料中，石墨类碳负极材料以其来源广泛，价格便宜而成为负极材料的主要类型。除石墨化中间相碳微球、低端人造石墨占据小部分市场份额外，改性天然石墨正在取得越来越多的市场占有率。非碳负极材料具有很高的体积能量密度，越来越引起科研工作者的兴趣，但是也存在着循环稳定性差，不可逆比容量较大，以及材料制备成本较高等缺点，至今未能实现产业化。负极材料的发展趋势是以提高比容量和循环稳定性为目标，通过各种方法将碳材料与各种高比容量非碳负极材料复合以研究开发新型可适用的高比容量、非碳复合负极材料。

2.4　锂离子电池电解质材料

电解液是锂离子电池四大关键材料(正极、负极、隔膜、电解液)之一，号称锂离子电池的"血液"，在电池正负极之间起到传导电子的作用，是锂离子电池获得高电压、高比容量等优点的保证。电解液一般由高纯度的有机溶剂、电解质锂盐、必要的添加剂等原料，在一定条件下，按一定比例配制而成。

2.4.1　锂离子电池电解液基本要求

锂离子电池采用的电解液是在有机溶剂中溶有电解质锂盐的离子型导体，作为实用锂离子电池的有机电解液一般应该具备以下性能：

(1) 离子电导率高，一般应达到 $10^{-3}\sim 2\times 10^{-3}$ S/cm，锂离子迁移数应接近于 1；

(2) 电化学稳定的电位范围宽，必须有 0～5V 的电化学稳定窗口；

(3) 热稳定好，使用温度范围宽；

(4) 化学性能稳定，与电池内集流体和活性物质不发生化学反应；

(5) 安全低毒，最好能够生物降解。

2.4.2　电解液组成

1. 有机溶剂

有机溶剂是电解液的主体部分，电解液的性能与溶剂的性能密切相关。锂离子电池电解液中常用的溶剂有碳酸乙烯酯(EC)、碳酸二乙酯(DEC)、碳酸二甲酯(DMC)、碳酸甲乙酯(EMC)等。碳酸丙烯酯(PC)、乙二醇二甲醚(DME)等一般不用作锂一次电池的溶剂。PC 用于二次电池，与锂离子电池的石墨负极相容性很差，充放电过程中，PC 在石墨负极表面发生分解，同时引起石墨层的剥落，造成电池的循环性能下降。但在 EC 或 EC+DMC 复合电解液中能建立起稳定的 SEI 膜。通常认为，EC 与一种链状碳酸酯混合的溶剂是锂离子电池优良的电解液，如 EC+DMC、EC+DEC 等。相同的电解质锂盐，如 $LiPF_6$ 或者 $LiClO_4$，PC+DME 体系对于中间相碳微球材料总是表现出最差的充放电性能(相对于 EC+DEC、EC+DMC 体系)，但并不绝对，当 PC 与相关的添加剂用于锂离子电池时，有利于提高电池的低温性能。

有机溶剂在使用前必须严格控制质量，如要求纯度在 99.9%以上，水分含量必须达到 10ppm[①]以下。溶剂的纯度与稳定电压之间有密切联系，纯度达标的有机溶剂的氧化电位在 5V 左右，有机溶剂的氧化电位对于研究防止电池过充及安全性有很大意义。严格控制有机溶剂的水分，对于配制合格电解液有着决定性影响。水分降至 10ppm 之下，能降低 $LiPF_6$ 的分解、减缓 SEI 膜的分解、防止气涨等。利用分子筛吸附、常压或减压精馏、通入惰性气体的方法，可以使水分含量达到要求。

---

① 1ppm=1/10^6。

2. 电解质锂盐

LiPF$_6$是最常用的电解质锂盐,是未来锂盐发展的方向。尽管实验室里也有用LiClO$_4$、LiAsF$_6$等作电解质,但因为使用 LiClO$_4$ 的电池高温性能不好,再加之LiClO$_4$本身受撞击容易爆炸,又是一种强氧化剂,用于电池中安全性不好,所以不适合锂离子电池的工业化大规模使用。

LiPF$_6$对负极稳定、放电比容量大、电导率高、内阻小、充放电速度快,但对水分和 HF 酸极其敏感,易于发生反应,只能在干燥气氛中操作(如环境水分小于20ppm 的手套箱内),且不耐高温,80~100℃发生分解反应,生成五氟化磷和氟化锂,提纯困难,因此配制电解液时应控制 LiPF$_6$溶解放热导致的自分解及溶剂的热分解。国内生产的 LiPF$_6$百分含量一般能够达标,但是 HF 含量太高,无法直接用于配制电解液,须经提纯。

3. 添加剂

添加剂的种类繁多,不同的锂离子电池生产厂家对电池的用途、性能要求不一,所选择的添加剂的侧重点也存在差异。一般来说,所用的添加剂主要有三方面的作用。

(1) 电解液中加入苯甲醚改善 SEI 膜的性能。在锂离子电池电解液中加入苯甲醚或其卤代衍生物,能够改善电池的循环性能,减少电池的不可逆比容量损失。研究者对其机理做了研究,发现苯甲醚与溶剂的还原产物发生反应,生成的LiOCH 利于电极表面形成高效稳定的 SEI 膜,从而改善电池的循环性能。电池的放电平台能够衡量电池在 3.6V 以上所能释放的能量,一定程度上反映了电池的大电流放电特性。在实际操作中,我们发现,向电解液中加入苯甲醚,能够延长电池的放电平台,提高电池的放电比容量。

(2) 加入金属氧化物降低电解液中的微量水和HF。如前所述,锂离子电池对电解液中的水和酸要求非常严格。碳化二亚胺类化合物能阻止 LiPF$_6$水解成酸,另外,一些氧化物如 Al$_2$O$_3$、MgO、BaO、Li$_2$CO$_3$、CaCO$_3$ 等可以被用来清除 HF。但是相对于 LiPF$_6$ 的水解而言除酸速度太慢,而且难于滤除干净。在锂电池电解液中 Li、P、F 三种元素含量总和为 96.3%,其他主要杂质元素 Fe、K、Na、Cl、Al 等含量总和为 0.055%。

(3) 防止过充电、过放电。电池生产厂家对电池耐过充过放性能的要求非常迫切。传统防过充电方法是通过电池内部的保护电路,现在希望向电解液中加入添加剂,如咪唑钠、联苯类、咔唑类等化合物,该类化合物正处于研究阶段。

2.4.3 电解质种类

1. 液体电解质

电解质的选用对锂离子电池的性能影响非常大，它必须是化学稳定性能好，尤其是在较高的电位和较高温度环境中不易发生分解，具有较高的离子电导率（$>10^{-3}$ S/cm），而且对正负极材料必须是惰性的，不能侵腐它们。由于锂离子电池充放电电位较高而且正极材料嵌有化学活性较大的锂，所以电解质必须采用有机物而不能含有水。但有机物离子电导率都不好，所以要在有机溶剂中加入可溶解的导电盐以提高离子电导率。目前锂离子电池主要用液态电解质，其溶剂为无水有机物，如 EC、PC、DMC、DEC，多数采用混合溶剂，如 EC+DMC 和 PC+DMC 等。导电盐有 $LiClO_4$、$LiPF_6$、$LiBF_4$、$LiAsF_6$ 等，它们的电导率大小依次为 $LiAsF_6 > LiPF_6 > LiClO_4 > LiBF_4$，$LiClO_4$ 因具有较高的氧化性容易出现爆炸等安全性问题，一般只局限于实验研究中；$LiAsF_6$ 离子电导率较高、易纯化且稳定性较好，但含有有毒的 As，使用受到限制；$LiBF_4$ 化学及热稳定性不好且电导率不高，虽然 $LiPF_6$ 会发生分解反应，但具有较高的离子电导率，因此目前锂离子电池基本上是使用 $LiPF_6$。目前商用锂离子电池所用的电解液大部分采用 $LiPF_6$/EC+DMC，它具有较高的离子电导率与较好的电化学稳定性。

国内常用电解液体系有 EC+DMC、EC+DEC、EC+DMC+EMC、EC+DMC+DEC 等。不同电解液的使用条件不同，与电池正负极的相容性不同，分解电压也不同。电解液组成为 1mol/L $LiPF_6$/EC+DMC+DEC+EMC，在性能上比普通电解液有更好的循环寿命、低温性能和安全性能，能有效减少气体产生，防止电池鼓胀。EC+DEC、EC+DMC 电解液体系的分解电压分别是 4.25V、5.10V。据 Bellcore 研究，$LiPF_6$/EC+DMC 与碳负极有良好的相容性，例如，在 Li_xC_6/$LiMnO_4$ 电池中，以 $LiPF_6$/EC+DMC 为电解液，室温下可稳定到 4.9V，55℃可稳定到 4.8V，其液相区为-20～130℃，突出优点是使用温度范围广，与碳负极的相容性好，安全指数高，有好的循环寿命与放电特性。

2. 聚合物电解质

近年来，将聚合物电解质用于锂离子电池已实现了商品化，聚合物电解质在锂离子电池中既是离子迁移的通道，又可起到正负极材料间的隔膜作用。聚合物电解质可分为固体聚合物电解质及凝胶聚合物电解质。作为实用的聚合物电解质必须满足以下几个必要条件：①具有高的离子电导率，以降低电池内阻；②锂离子的传递系数基本不变，以消除浓差极化；③可以忽略的电子导电性，以保证电极间有效隔离；④电极材料有高的化学和电化学稳定性；⑤低廉的价格，合适的化学组成，保证对环境友好。由于固体聚合物电解质室温电导率较低，所以难于商品化。凝胶聚合物电解质通过固定在聚合物网络中的液体电解质分子实现离子传导，既有固体聚合物的稳定性，又有液态电解质的高离子电导率，显示出良好的应用前景。

　　将聚合物电解质与聚乙烯、聚丙烯膜一起组成聚合物锂离子电池隔膜，胶体聚合物覆盖或填充在微孔膜中，与无隔膜的聚合物电解质锂离子电池相比，具有更优越的性能，例如，①内部短路时能提供更好的保护；②可以减小电解质层的厚度；③过度充电时可提供足够的安全性；④有较好的力学性能及热稳定性。

　　固体聚合物电解质一般可分为干形固体聚合物电解质(SPE)和凝胶聚合物电解质(GPE)。SPE 主要还是基于聚氧化乙烯(PEO)，其缺点是离子电导率较低，在 100℃下只能达到 10^{-40}S/cm。在 SPE 中离子传导主要发生在无定形区，借助聚合物链的移动进行传递迁移。PEO 容易结晶是由于其分子链的高规整性，而晶化会降低离子电导率。因此要想提高离子电导率，一方面可通过降低聚合物的结晶度，提高链的可移动性；另一方面可通过提高导电盐在聚合物中的溶解度。利用接枝、嵌段、交联、共聚等手段来破坏高聚物的结晶性能，可明显地提高其离子电导率。此外加入无机复合盐也能提高离子电导率。在固体聚合物电解质中加入高介电常数，低分子量的液态有机溶剂，如 PC，可大大提高导电盐的溶解度，所构成的电解质即为 GPE，它在室温下具有很高的离子电导率，但在使用过程中会发生析液而失效。凝胶聚合物锂离子电池已经商品化。

3. 固体电解质

　　金属锂直接用作正极材料具有很高的可逆比容量，其理论比容量高达 3862mAh/g，是石墨材料的十几倍，价格也较低，被看作新一代锂离子电池最有吸引力的正极材料，但会产生枝晶锂。采用固体电解质进行离子的传导可抑制枝晶锂的生长，使得金属锂用作正极材料成为可能。此外使用固体电解质可避免液态电解液漏液的缺点，还可把电池做成更薄(厚度仅为 0.1mm)、能量密度更高、体积更小的高能电池。破坏性实验表明固态锂离子电池使用安全性能很高，经钉穿、加热(200℃)、短路和过充(600%)等破坏性实验，液态电解质锂离子电池会发生漏液、爆炸等安全性问题，而固态电池除内温略有升高外(<20℃)并无其他安全性问题。固体电解质具有良好的柔韧性、成膜性、稳定性，以及成本低等特点，既可作为正负电极间隔膜又可作为传递离子的电解质。

2.5　锂离子电池隔膜材料

　　锂电池的结构中，隔膜是关键的内层组件之一。隔膜的性能决定了电池的界面结构、内阻等，直接影响电池的比容量、循环以及安全性能等特性，性能优异的隔膜对提高电池的综合性能具有重要的作用。隔膜的主要作用是使电池的正、负极分隔开来，防止两极接触而短路，此外还具有能使电解质离子通过的功能。隔膜材质是不导电的，其物理化学性质对电池的性能有很大的影响。电池的种类不同，采用的隔膜也不同。对于锂电池系列，由于电解液为有机溶剂体系，因而需要有耐有机溶剂的隔膜材料，一般采用高强度薄膜化的聚烯烃多孔膜。

2.5.1　锂离子电池隔膜的要求

对于锂离子电池，由于电解液为有机溶剂体系，其隔膜要求具有以下性能：①具有电子绝缘性，保证正负极的机械隔离；②有一定的孔径和孔隙率，保证低的电阻和高的离子电导率，对锂离子有很好的透过性；③由于电解质的溶剂为强极性的有机化合物，隔膜必须耐电解液腐蚀，有足够的化学和电化学稳定性；④对电解液的浸润性好并具有足够的吸液保湿能力；⑤具有足够的力学性能，包括穿刺强度、拉伸强度等，但厚度尽可能小；⑥空间稳定性和平整性好；⑦热稳定性和自动关断保护性能好，动力电池对隔膜的要求更高，通常采用复合膜；⑧隔膜受热收缩要小，否则会引起短路，进而引发电池热失控。

2.5.2　隔膜材料种类及制备

电池中常用的隔膜材料一般是用纤维素或编织物、合成树脂制得的多微孔膜。锂离子电池一般采用高强度、薄膜化的聚烯烃系多孔膜，常用的隔膜有聚丙烯(polypropylene, PP)和聚乙烯(polyethylene, PE)微孔隔膜，以及丙烯与乙烯的共聚物、聚乙烯均聚物等。

根据不同的物理、化学特性，锂电池隔膜材料可以分为织造膜、非织造膜(无纺布)、微孔膜、复合膜、隔膜纸、碾压膜等几类。聚烯烃材料具有优异的力学性能、化学稳定性，并且相对廉价，因此 PE、PP 等聚烯烃微孔膜在锂电池研究开发初期便被用作锂电池隔膜。市场化的隔膜材料产品有单层 PP、单层 PE、PP+陶瓷涂覆、PE+陶瓷涂覆、双层 PP/PE、双层 PP/PP 和三层 PP/PE/PP 等，其中前两类产品主要用于 3C 小电池领域，后几类产品主要用于动力锂电池领域。在动力锂电池用隔膜材料产品中，双层 PP/PP 隔膜材料主要由中国企业生产，在中国使用。而全球汽车动力锂电池使用的隔膜以三层 PP/PE/PP、双层 PP/PE 以及 PP+陶瓷涂覆、PE+陶瓷涂覆等隔膜材料产品为主。

与此同时，其他一些新型隔膜材料产品也在不断涌现并开始实现应用，不过，因量少价高，主要还是用在动力锂电池制造领域。这些产品主要有：涂层处理的聚酯膜、纤维素膜、聚酰亚胺(PI)膜、聚酰胺(PA)膜，氨纶或芳纶膜等。这些隔膜的优点是耐高温，且具有低温输出、充电循环寿命长、机械强度适中的特点。总地来看，锂电池隔膜材料产品呈现出明显的多样化发展趋势。

其中 PE 产品主要由湿法工艺制得，PP 产品主要由干法工艺制得。湿法又称热致相分离法，其基本制备原理是：在高温下将聚合物溶于高沸点、低挥发性的溶剂中形成均相液，然后降温冷却，导致溶液产生液-固相分离或液-液相分离，再选用挥发性试剂将高沸点溶剂萃取出来，经过干燥获得一定结构形状的高分子微孔膜。在制造过程中，可以在溶剂萃取前进行单向或双向拉伸，萃取后进行定型处理并收卷成膜，也可以在萃取后进行拉伸，且溶剂萃取后拉伸比萃取前拉伸具有更大的孔径和更好的孔径分布。干法又称熔融拉伸法，其制备原理是：高聚物熔体在拉伸应力下结晶，形成垂直于挤出方向而平行排列的片晶结构，并经过热处理得到硬弹性材料。具有硬弹性的聚合物膜拉伸后，机械外力使结晶缺陷处破裂形成微孔，最后再经过热定型制得成品。其定型温度需高于聚合物的玻璃化温度而低于聚合物的结晶温度。

2.5.3　隔膜微孔膜结构与性能之间的关系

1. 透气性能

透气性是隔膜的一个重要指标，透气性越好则锂离子透过隔膜的通畅性越好，隔膜电阻越低。它是由膜的孔径大小和分布、孔隙率、孔的形状，以及孔的曲折度等各因素综合决定的。曲折度低、厚度薄、孔径大和孔隙率高都意味着透气性好，隔膜电阻低。但是孔隙率并不是越高越好，孔隙率越高，其力学性能受到的影响将越大。孔径一般要求在 $0.01\sim0.1\,\mu m$ 范围内，孔径小于 $0.01\,\mu m$ 时，锂离子穿过能力太小；孔径大于 $0.1\,\mu m$，电池内部枝晶生成时电池易短路。大多数锂离子电池隔膜的孔径在 $0.03\sim0.1\,\mu m$，孔隙率在 30%～50%，厚度一般小于 $30\,\mu m$。对于不同材料，即使孔隙率相近，但是由于孔径的贯通性差别，其透气性也有很大的差别。例如，Ganesh Venugopal 等比较了不同供应商的隔膜，发现其中两家供应商的隔膜尽管孔径和孔隙率接近，但透气性并不是完全接近，这表明隔膜中微孔的贯通性不一样。

2. 自动关断保护性能

自动关断保护性能是锂离子电池隔膜的一种安全保护性能，是锂离子电池限制温度升高及防止短路的有效方法。隔膜的闭孔温度和熔融破裂温度是该性能的主要参数。闭孔温度是指外部短路或非正常大电流通过时所产生的热量使隔膜微孔闭塞时的温度。熔融破裂温度是指将隔膜加热，温度超过试样熔点，试样发生破裂时的温度。由于电池短路，电池内部温度升高，当电池隔膜温度达到闭孔温度时微孔闭塞阻断电流通过，但热惯性会使温度进一步上升，有可能达到熔融破裂温度而造成隔膜破裂，电池短路。因此，闭孔温度和熔融破裂温度相差越大越好，此时电池的安全性越好。

闭孔温度与隔膜材料的种类、分子量、分子结构有很大的关系。目前商业化锂离子电池隔膜采用的聚烯烃微孔膜中，聚乙烯微孔膜的闭孔温度为 130～140℃，但其熔融破裂温度也很低，安全性不够高。而熔点高的聚丙烯隔膜熔融破裂温度较高，为 170℃左右。近年来由 Celgard 公司发展起来的 PP/PE 双层膜和 PP/PE/PP 三层隔膜，就融合了 PE 的低熔融破裂温度和 PP 的高熔融破裂温度两种特性，成为目前研究开发的热点。多层隔膜既提供了较低的闭孔温度，同时在 PE 膜闭孔后 PP 层仍保持其强度，从微孔闭塞到隔膜熔融破裂之间温度范围宽，安全性比单层膜好。除此之外，孔的结构也影响自动关断保护性能，高的曲折度和小孔径对阻止和切断异常电流是有利的，但过高的曲折度和过小的孔径又会影响其离子导电性。

3. 力学性能

锂离子电池对隔膜强度的要求较高。电池中的隔膜直接接触有硬表面的正极和负极，而且当电池内部形成枝晶时，隔膜易被穿破而引起电池微短路，因此要求隔膜的抗穿刺强度尽量高。此外隔膜拉伸强度和断裂伸长率、横向热收缩率也有一定要求。单轴拉伸时，膜在水平拉伸方向与垂直拉伸方向强度不同，而双轴拉伸制备的隔膜强度在两个方向上基本一致。尽管如此，在实际应用中双轴拉伸并没有性能上的优势。因为双轴拉伸会导致垂直方向的收缩，这种收缩在高温下会导致电极之间的相互接触。一般而言孔隙率越高，其阻抗越低，但其强度却要下降，因此在调节膜结构的同时要兼顾微孔膜的各项性能，以获得最佳的使用性能。

思　考　题

(1) 简述锂离子电池的工作原理。

(2) 锂离子电池对正负极材料分别有哪些要求？

(3) 锂离子电池正极材料有哪些主要类型？各有何特点？

(4) 磷酸铁锂材料性能改善有哪些主要途径？

(5) 锂离子电池负极材料有哪些主要类型？其中碳负极材料有何特点？

(6) 锂离子电池对电解液有哪些要求？电解液有哪些主要成分？

参 考 文 献

白咏梅, 韩绍昌, 邱鹏. 2009. 固相法合成 LiFePO$_4$ 的动力学研究[J]. 电池工业, 14(5): 302-304.

曹小卫, 张俊喜. 2008. 锂离子电池正极材料 LiFePO$_4$ 离子掺杂改性研究进展[J]. 新技术新工艺, (7):93-98.

常照荣, 吕豪杰, 付小宁. 2009. LiFePO$_4$ 的研究进展、问题及解决方法[J]. 材料导报, 23(1): 16-19.

雷敏, 应皆荣, 姜长印, 等. 2006. 高密度球形 LiFePO$_4$ 的合成及性能[J]. 电源技术, 30(1): 11-15.

彭友谊, 张海燕, 贺春华, 等. 2009. 磷酸铁锂离子电池正极材料掺碳纳米管的研究[J]. 电化学, 15(3): 331-335.

曲涛, 田彦文, 丁扬, 等. 2005. 固相法合成锂离子电池正极材料 LiFePO$_4$[J]. 材料与冶金学报, 4(1): 36-39.

唐昌平, 应皆荣, 雷敏, 等. 2006. 控制结晶-微波碳热还原法制备高密度 LiFePO$_4$/C[J]. 电化学, 12(2): 188-190.

王伟, 焦丽芳, 袁华堂. 2008. 聚苯胺掺杂对 C-LiFePO$_4$ 复合正极材料性能的影响[J].电化学, 14 (2):146-149.

于春洋, 夏定国, 赵煜娟, 等. 2006. 球形 LiFePO$_4$ 的制备及电化学性能[J]. 电池, 36(6): 432-435.

钟美娥, 周志晖, 周震涛. 2009. 三价铁源对碳热还原法制备 LiFePO$_4$/C 结构和性能的影响[J]. 中国有色金属学报, 19(8): 1462-1467.

周恒辉, 慈云祥, 刘昌炎. 1998. 锂离子电池电极材料研究进展[J]. 化学进展, 10(1): 85-94.

Salah A, Mauger A, Julien C M, et al. 2006. Nano-sized impurity phases in relation to the mode of preparation of LiFePO$_4$ [J]. Mater. Sci. Eng., B, 129(1-3): 232-244.

Kuwahara A Suzuki S, Miyayama M. 2008. High-rate properties of LiFePO$_4$/carbon composites as cathode materials for lithium-ion batteries [J]. Ceram. Int., 34 (4):863-866.

Baker J, Saidi M Y, Swoyer J L. 2003. Lithium iron(II) phospho-olivines prepared by a novel carbothermal reduction method [J]. Electrochem. Solid-State Lett., 6(3): A53- A55.

Beninati S, Damen L, Mastragostino M. 2008. MW-assisted synthesis of LiFePO$_4$ for high power applications [J]. J. Power Sources, 180(2): 875-879.

Bhuvaneswari M S, Bramnik N N, Ensling H D, et al. 2008. Synthesis and characterization of carbon nano fiber/LiFePO$_4$ composites for Li-ion batteries [J]. J. Power Sources, 180 (1):553-560.

Bogart T D, Lu X T, Gu M, et al. 2014. Enhancing the lithiation rate of silicon nanowires by the inclusion of tin [J].RSC Advances, 4(79): 42022-42028.

Bruce P G, Scrosati B, Tarascon J M. 2008. Nanomaterials for rechargeable lithium batteries[J]. Angewandte Chemie International Edition, 47: 2930-2946.

Chen W, Jiang N, Fan Z L, et al. 2012. Facile synthesis of silicon films by photosintering as anode materials for lithium-ion batteries [J]. Journal of Power Sources, 214(15):21-27.

Chen Z H, Dahn J R. 2002. Reducing carbon in LiFePO4/C composite electrodes to maximize specific energy, volumetric energy, and tap density [J]. J. Electrochem. Soc., 149(9):A1184-A1189.

Chung H T, Jang S K, Ryu H W, et al. 2004. Effects of nano-carbon webs on the electrochemical properties in LiFePO4/C composite [J]. Solid State Communications, 131(8): 549-554.

Croce F, Epifanio A D, Hassoun J, et al. 2002. A novel concept for the synthesis of an improved LiFePO4 lithium battery cathode [J]. Electrochem. Solid-State Lett., 5(3): 47-50.

Dai K H, Xie Y T, Wang Y J, et al. 2008. Effect of fluorine in the preparation of Li Ni$_{1/3}$Co$_{1/3}$Mn$_{1/3}$O$_2$ via hydroxide co-precipitation[J]. Electrochim. Acta, 53(8): 3257-3261.

Delacourt C, Poizot P, Levasseur S, et al. 2006. Size effects on carbon-free LiFePO4 powders [J]. Electrochem. Solid State Lett., 9(7): A352-A355.

Deng C, Zhang S, Fu B L, et al. 2010. Synthetic optimization of nanostructured LiNi$_{1/3}$Co$_{1/3}$Mn$_{1/3}$O$_2$ cathode material prepared by hydroxide coprecipitation at 273K[J]. J. Alloy. Compd., 496(1-2): 521-527.

Ding C X, Bai Y C, Feng X Y, et al. 2011. Improvement of electrochemical properties of layered Li Ni$_{1/3}$Co$_{1/3}$Mn$_{1/3}$O$_2$ positive electrode material by zirconium doping[J]. Solid State Ion., 189(1): 69-73.

Ding Y H, Zhang P, Long Z L, et al. 2009. Morphology and electrochemical properties of Al doped LiNi$_{1/3}$Co$_{1/3}$Mn$_{1/3}$O$_2$ nanofibers prepared by electrospinning[J]. J. Alloy Compd., 487(1-2): 507-510.

Doeff M M, Hu Y, McLarnon F, et al. 2003. Effect of surface carbon structure on the electrochemical performance of LiFePO4 [J]. Electrochem. Solid-State Lett., 6(10): A207-A209.

Doherty C M, Caruso R A, Smarsly B M, et al. 2009. Colloidal crystal templating to produce hierarchically porous LiFePO4 electrode materials for high power lithium ion batteries [J]. Chem. Mater., 21(13):2895-2903.

Dominko R, Gaberšček M, Drofenik J, et al. 2001. A novel coating technology for preparation of cathodes in Li-ion batteries [J]. Electrochem. Solid-State Lett., 4(11): A187-A190.

Fey G T K, Chang C S, Kumar T P. 2010. Synthesis and surface treatment of LiNi$_{1/3}$Co$_{1/3}$Mn$_{1/3}$O$_2$ cathode materials for Li-ion batteries[J]. J. Solid State Electrochem., 14(1): 17-26.

Fuchsbichler B, Stangl C, Kren H, et al. 2011. High capacity graphite-silicon composite anode material for lithium-ion batteries [J]. Journal of Power Sources, 196(5): 2889-2892.

Gaberscek M, Dominko R, Jamnik J. 2007. Is small particle size more important than carbon coating? An example study on LiFePO4 cathodes [J]. Electrochem. Commun., 9(12):2778-2783.

Gangulibabu, Bhuvaneswari D, Kalaiselvi N. 2013. Comparison of corn starch-assisted sol-gel and combustion methods to prepare LiMn$_x$Co$_y$Ni$_z$O$_2$ compounds[J]. J. Solid State Electrochem., 17(1): 9-17.

Gao F, Tang Z Y, Xue H J. 2007. Preparation and characterization of nano-particle LiFePO4 and LiFePO4/C by spray-drying and post-annealing method [J]. Electrochem. Acta., 53 (4):1939-1944.

Gao P, Yang G, Liu H D, et al. 2012. Lithium diffusion behavior and improved high rate capacity of

Li Ni$_{1/3}$Co$_{1/3}$Mn$_{1/3}$O$_2$ as cathode material for lithium batteries[J]. Solid State Ion., 207: 50-56.

Guo R, Shi P F, Cheng X Q, et al. 2009. Effect of Ag additive on the performance of LiNi$_{1/3}$Co$_{1/3}$Mn$_{1/3}$O$_2$ cathode material for lithium ion battery[J]. J. Power Sources, 189(1): 2-8.

Hassoun J, Scrosati B. 2015. Review-Advances in anode and electrolyte materials forthe progress of lithium-ion and beyond lithium-ion batteries [J]. Journal of the Electrochemical Society, 162: A2582-A2588.

Herle P S, Ellis B, Coombs N, et al. 2004. Nano-network electronic conduction in iron and nickel olivine phosphates[J]. Nature Materials, 3(3): 147-152.

Huang X K, Mao S, Chang J B, et al. 2015. Improving cyclic performance of Si anode for lithium-ion batteries by forming an intermetallic skin [J]. RSC Advances, 5(48):38660-38664.

Huang Y H, Park K S, Goodenough J B. 2006. Improving lithium batteries by tethering carbon-coated LiFePO$_4$ to polypyrrole [J]. J. Electrochem. Soc., 153(12):A2282-A2286.

Julien C M, Mauger A, Ait-Salah A ,et al. 2007. Nanoscopic scale studies of LiFePO$_4$ as cathode material in lithium-ion batteries for HEV application [J]. Ionics, 13(6): 395-411.

Kim D H, Kim J. 2006. Synthesis of LiFePO$_4$ nanoparticles in polyol medium and their electrochemical properties [J]. Electrochem. Solid-State Lett., 9:A439-A442.

Kim G H, Kim J H, Myung S T, et al. 2005. Improvement of high-voltage cycling behavior of surface-modified LiNi$_{1/3}$Co$_{1/3}$Mn$_{1/3}$O$_2$ cathodes by fluorine substitution for Li-ion batteries[J]. J. Electrochem Soc., 152(9): A1707.

Kim G H, Myung S T, Kim H S, et al. 2006. Synthesis of spherical Li [Ni$_{(1/3-z)}$Co$_{(1/3-z)}$Mn$_{(1/3-z)}$Mg$_z$]O$_2$ as positive electrode material for lithium-ion battery[J]. Electrochim. Acta, 51(12): 2447-2453.

Lee J, Teja A S. 2005. Characteristics of lithium iron phosphate (LiFePO$_4$) particles synthesized in subcritical and supercritical water [J]. J. Supercrit. Fluid., 35(1): 83-90.

Li H J, Chen G, Zhang B, et al. 2008. Advanced electrochemical performance of Li Ni$_{(1/3-x)}$Fe$_x$Co$_{1/3}$Mn$_{1/3}$O$_2$ as cathode materials for lithium-ion battery[J]. Solid State Commun., 146(3-4): 115-120.

Li H. 1999. A high capacity nano-Si composite anode material for lithium rechargeable batteries [J]. Electrochemical and Solid-State Letters, 2(11): 526-547.

Li J G, Fan M S, He X M, et al. 2006. TiO$_2$ coating of LiNi$_{1/3}$Co$_{1/3}$Mn$_{1/3}$O$_2$ cathode materials for Li-ion batteries[J]. Ionics, 12(3): 215-218.

Li J G, Wang L, Zhang Q, et al. 2009. Electrochemical performance of SrF$_2$-coated LiNi$_{1/3}$Co$_{1/3}$Mn$_{1/3}$O$_2$ cathode materials for Li-ion batteries [J]. J. Power Sources, 190(1): 149-153.

Liao P Y, Duh J G, Sheu H S. 2008. Structural and thermal properties of Li Ni$_{0.6-x}$MgCo$_{0.25}$Mn$_{0.15}$O$_2$ cathode materials[J]. J. Power Sources, 183(2): 766-770.

Liu D T, Wang Z X, Chen L Q. 2006. Comparison of structure and electrochemistry of Al and Fe-doped LiNi$_{1/3}$Co$_{1/3}$Mn$_{1/3}$O$_2$[J]. Electrochim. Acta, 51(20): 4199-4203.

Liu L, Sun K N, Zhang N Q, et al. 2009. Improvement of high-voltage cycling behavior of Li Ni$_{1/3}$Co$_{1/3}$Mn$_{1/3}$O$_2$ cathodes by Mg, Cr, and Al substitution[J]. J. Solid State Electrochem., 13(9):

1381-1386.

Numata K, Sakaki C, Yamanaka S. 1997. Synthesis of solid solutions in a system of LiCoO$_2$-Li$_2$MnO$_3$ for cathode materials of secondary lithium batteries [J]. Chem. Lett., (8): 725-726.

Ohzuku T, Makimura Y. 2001. Layered lithium insertion material of Li Ni$_{1/3}$Co$_{1/3}$Mn$_{1/3}$O$_2$ for lithium-ion batteries[J]. Chem. Lett., 30(7): 642-643.

Ohzuku T, Ueda A, Nagayama M, et al. 1993. Comparative study of LiCoO$_2$, Li Ni CoO$_2$ and LiNiO$_2$ for 4 volt secondary lithium cells[J]. Electrochim. Acta, 38(9): 1159-1167.

Padhi A K，Nanhundaswamy K S, Goodenough J B. 1997. Phospho-olivines as positive-electrode materials for rechargeable lithium batteries [J]. Electrochem. Soc., 144(4):1188-1194.

Park K S, Son J T, Chung H T, et al. 2003. Synthesis of LiFePO$_4$ by co-precipitation and microwave heating [J]. Electrochem. Commun., 5(10): 839-842.

Prosini P P, Carew ska M, Scaccia S. 2002. A new synthetic route for preparing LiFePO$_4$ with enhanced electrochemical performance [J]. J. Electrochem. Soc, 149(7):A886-A890.

Prosini P P, Lisi M, Zane D ,et al. 2002. Determination of the chemical diffusion coefficient of lithium in LiFePO$_4$ [J]. Solid State Ionics, 148(1-2): 45-51.

Prosini P P, Zane D, Pasquali M. 2001. Improved electrochemical performance of a LiFePO$_4$-based composite cathode [J]. Electrochem. Acta., 46(23): 3517-3523.

Rho Y H, Nazar L, Perry F L, et al. 2007. Surface chemistry of LiFePO$_4$ studied by mössbauer and X-ray photoelectron spectroscopy and its effect on electrochemical properties [J]. J. Electrochem. Soc., 154(4): A283-A289.

Shin H, Park S, Yoon C, et al. 2005. Batteries, fuel cells, and energy conversion-effect of fluorine on the electrochemical properties of layered Li(Ni$_{0.43}$Co$_{0.22}$Mn$_{0.35}$)O$_2$ cathode materials via a carbonate process [J]. Electrochem. Solid State Lett., 8(11): A559.

Shui M, Gao S, Shu J, et al. 2013. LiNi$_{1/3}$Co$_{1/3}$Mn$_{1/3}$O$_2$ cathode materials for LIB prepared by spray pyrolysis I: The spectral，structural，and electro-chemical properties[J]. Ionics, 19(1) : 41-46.

Sun Y, Xia Y, Noguchi H. 2006. The improved physical and electrochemical performance of Li Ni$_{0.35}$Co$_{0.3-x}$Cr$_x$Mn$_{0.35}$O$_2$ cathode materials by the Cr doping for lithium ion batteries[J]. J. Power Sources, 159(2): 1377-1382.

Tabuchi M, Nakashima A, Shigemura H, et al. 2002. Synthesis cation distribution, and electrochemical properties of Fe-substituted Li$_2$MnO$_3$ as a novel 4V positive electrode material[J]. J. Electrochem. Soc., 149(5): A509-A524.

Tan L, Liu H W. 2010. High rate charge-discharge properties of LiNi$_{1/3}$Co$_{1/3}$Mn$_{1/3}$O$_2$ synthesized via a low temperature solid-state method[J]. Solid State Ion., 181: 1530-1533.

Tarascon J M, Armand M. 2001. Issues and challenges facing rechargeable lithium batteries [J]. Nature, 414(6861): 359-367.

Tarascon J M. 2001. Issues and challenges facing rechargeable lithium batteries [J]. Nature, 414(6861): 359-367.

Teng T H, Yang M R, Wu S H, et al. 2007. Electrochemical properties of LiFe$_{0.9}$Mg$_{0.1}$PO$_4$/carbon cathode materials prepared by ultrasonic spray pyrolysis [J]. Solid State Commun., 142(7): 389-392.

Wang G X, Bewlay S, Needham S A, et al. 2006. Synthesis and characterization of LiFePO₄ and LiTi₀.₀₁Fe₀.₉₉PO₄ cathode materials [J]. J. Electrochem. Soc., 153(1):A25-A31.

Wang L N, Zhana X C, Zhang Z G, et al. 2008. A soft chemistry synthesis routine for LiFePO₄/C using a novel carbon source [J]. J. Alloys Compd., 456(1-2):461-465.

Wang L, Huang Y, Jiang R, et al. 2007. Preparation and characterization of nano-sized LiFePO₄ by low heating solid-state coordination method and microwave heating [J]. Electrochem. Acta, 52(24): 6778-6783.

Wang L, Liang G C, Ou X Q, et al. 2009. Effect of synthesis temperature on the properties of LiFePO₄/C composites prepared by carbothermal reduction[J]. J. Power Sources, 189(1): 423-428.

Wang Y G, Wang Y, Hosono E, et al. 2008. The design of a LiFePO₄/C nanocomposite with a core-shell structure and its synthesis by an *in situ* polymerization restriction method [J]. Angew. Chem., Int. Ed., 47(39): 7461-7465.

Wang Y, Wang J, Yang J, et al. 2006. High-rate LiFePO₄ electrode material synthesized by a novel route from FePO₄•4H₂O [J]. Adv. Funct. Mater., 16:2135-2140.

Whittingham M S. 2004. Lithium batteries and cathode materials[J]. Chemical Reviews, 104(10): 4271-4302.

Xia Y G, Yoshio M, Noguchi H. 2006. Improved electrochemical performance of LiFePO₄ by increasing its specific surface area[J]. Electrochem. Acta., 52(1): 240-245.

Xu B, Qian D, Wang Z, et al. 2012. Recent progress in cathode materials research for advanced lithium ion batteries [J]. Materials Science and Engineering: R: Reports, 73(5-6): 51-65.

Xu Z, Xu L, Lai Q Y, et al. 2007. A PEG assisted sol-gel synthesis of LiFePO₄ as cathodic material for lithium ion cells [J]. Mater. Research Bull., 42(5): 883-891.

Yamada A, Chung S C, Hinokuma K J. 2001. Optimized LiFePO₄ for lithium battery cathodes [J]. J. Electrochem. Soc., 148 (3): A224-A229.

Yang S Y, Wang X Y, Yang X K, et al. 2012. Influence of Li source on tap density and high rate cycling performance of spherical LiNi₁/₃Co₁/₃Mn₁/₃O₂ for advanced lithium-ion batteries[J]. J. Solid State Electrochem., 16(3): 1229-1237.

Zane D, Carewska Scaccia S, Cardelline F, et al. 2004. Factor affecting rate performance of undoped LiFePO₄ [J]. Electrochem. Acta., 49(25): 4259-4271.

Zhang S S, Allen J L, Xu K, et al. 2005. Optimization of reaction condition for solid-state synthesis of LiFePO₄-C composite cathodes [J] J. Power Sources, 147(1-2): 234-240.

Zhi Y, Xin L, Zhi W, et al. 2007. Surface modification of spherical LiNi₁/₃Co₁/₃Mn₁/₃O₂ with Al₂O₃ using heterogeneous nucleation process[J]. Trans. Nonferrous Met. Soc. China, 17(6): 1319-1323.

Zhu B Q, Li X H, Wang Y X, et al. 2006. Novel synthesis of LiFePO₄ by aqueous precipitation and carbothermal reduction [J]. Mater. Chem. Phys., 98: (2-3):373-376.

第3章 氢能与储氢材料

3.1 氢能概述

3.1.1 氢的性质

1783 年确定氢为化学元素，原子序数为 1，是最轻的元素；氢气是最轻的气体，无色、无臭、无味。在地壳中，如果按重量计，氢只占 1%，如果按原子百分数计，则占 17%。在太阳的大气中，按原子百分数计，氢占 81%；在宇宙空间，氢原子的数目比其他所有原子的总和约大一百倍。但在空气中，氢气仅占总体积的一千万分之五，水中含 11%的氢，泥土中约有 1.5%的氢，在大自然中，天然氢是由 99.98%氕和 0.02%氘组成的。

氢气作为燃料使用的历史已经有一两百年，从 20 世纪 70 年代初便开始将氢用于发电以及用作各种机动车和飞行器的燃料、家用燃料等。除核燃料外，氢的发热值在所有化石燃料、化工燃料和生物燃料中最高；$1N·m^3$ 氢含有 12116kJ 的能量，1kg 液氢所含能量约为汽油的 2.75 倍。氢在点火时耗费的能量很少，特别适用于高速气流中的点火；而且，其火焰传播速度很快，能完全燃烧。氢本身无毒，与其他燃料相比，氢燃烧时最清洁。氢能利用形式多，既可以通过燃烧产生热能，在热力发动机中产生机械功，又可以作为能源材料用于燃料电池，或转换成固态氢用作结构材料。用氢代替煤和石油，不需要对现有的技术装备作重大的改造，现在的内燃机稍加改装即可使用。氢燃烧所产生的唯一污染物为氮氧化合物(NO_x)，其数量很少，可生成大量水，因此，基本上不会对环境造成污染。所以，如何利用氢能已成为国内外学者研究的热点。

由以上特点可以看出氢是一种理想的新型能源。目前，虽然液氢已广泛用作航天动力的燃料，但氢能大规模的商业应用还面临着两大亟待解决的关键问题：

(1) 廉价的制氢技术。因为氢是一种二次能源，它的制取不但需要消耗大量的能量，而且目前制氢效率很低，因此大规模廉价的制氢技术是氢能开发的关键问题之一。

(2) 安全可靠的储氢和输氢方法。由于氢的扩散能力强、易气化、易着火、易爆炸，因此如何妥善储存和运输氢能也是氢能开发的关键问题。

在一般条件下，氢以气态形式存在，且易燃(4%～75%)、易爆(15%～59%)，这就为储存和运输带来了很大的困难。氢作为一种燃料，必然具有分散性和间歇性使用的特点，因此必须解决储存和运输问题。储氢和输氢技术要求能量密度大(包含单位体积和质量储存的氢含量大)、能耗少、安全性高。

3.1.2　氢能利用

氢能作为一种清洁的新能源和可再生能源，其利用途径和方法很多。氢可直接应用于化学工业生产中，也可作为燃料用于交通运输、热能和动力生产中，并显示出高效率和高效益的特点。

1. 氢作为直接燃料

对于加热取暖来说，氢气应是最优的燃料，因为它最"洁净"。任何类型的燃煤气的加热炉略加改造都可用于燃烧氢气(调节燃料/空气混合物的配比和控制气体流速)。外部燃烧的蒸汽涡轮机或燃气轮机只要经简单改造都可改烧氢气，因为所需燃料的供应和燃烧都是连续的，只需改变燃料喷嘴的大小以满足氢/空气的不同配比要求。

氢气作为发动机燃料在许多方面比汽油和柴油更优越，除了无污染问题外，使用氢气作为燃料的发动机比较容易发动，特别是在低温环境里。氢气和燃烧产物对发动机腐蚀性最低，能够延长发动机的使用寿命。氢内燃机的基本原理与汽油或者柴油内燃机原理一样。氢内燃机是传统汽油内燃机的带少量改动的版本。氢内燃机直接燃烧氢，不使用其他燃料，产生水蒸气排出。氢内燃机不需要任何特殊环境或者催化剂就能完全做功，这样就不会存在造价过高的问题。现在很多研发成功的氢内燃机都是混合动力的，既可以使用液氢，也可以使用汽油等作为燃料。这样氢内燃机就成了一种很好的过渡产品。例如，在一次补充燃料后不能到达目的地，但在能找到加氢站的情况下就可使用氢为燃料；或者先使用液氢，然后找到普通加油站加汽油。这样就不会出现加氢站还不普及的时候人们不敢放心使用氢动力汽车的情况。氢内燃机由于其点火能量小，易实现稀薄燃烧，可在更宽阔的工况内实现较好的燃油经济性。

把氢气用于内燃机，要解决的真正问题是装盛氢气的储槽。储槽的条件要求是有合理的体积和重量，充填燃料所用的时间较短，以及有一定的安全性。对小型汽车的包气储存方法来说，可在储包合金、高压气瓶、液氢和合成含氢化合物四者之中任取一种来解决储存氢燃料的问题。其中最安全高效的使用方式是通过燃料电池将氢能转化为电能。目前，氢能的开发正在引发一场深刻的能源革命，并可能成为 21 世纪的主要能源。美国、欧洲、日本等发达国家和地区都从国家可持续发展和安全战略的高度，制定了长期的氢能发展战略。

2. 燃料电池

采用氢作为通用燃料所带来的巨大利益之一是可以发展氢-空气燃料电池。氢-空气燃料电池实际上是电解水产生氢的逆过程，它也像水电解池一样是高效率的。在操作时几乎是无声的，只有轻微的气流声，表明电池正在工作。燃料电池可建造得很小，也可以很大，小的可用于手电筒，大的可作小城市电源。

氢能的应用主要通过燃料电池来实现。氢燃料电池发电的基本原理是电解水的逆反应，把氢和氧分别供给阴极和阳极，氢通过阴极向外扩散和电解质发生反应后，放出电子通过外部的负载到达阳极。氢燃料电池与普通电池的区别主要在于：干电池、蓄电池是一种储能装置，它可以把电能储存起来，需要的时候再释放出来；而氢燃料电池严格地说是一种发电装置，像发电厂一样，是把化学能直接转化为电能。而使用氢燃料电池发电，是将燃料的化学能直接转换为电能，不需要进行燃烧，能量转换率可达 60%～80%，而且污染少，噪声小，装置可大可小，非常灵活。从本质上看，氢燃料电池的工作方式不同于内燃机，氢燃料电池通过化学反应产生电能来推动汽车，而内燃机则是通过燃烧热能来推动汽车。由于燃料电池汽车工作过程不涉及燃烧，因此无机械损耗及腐蚀，氢燃料电池产生的电能可以直接被用于推动汽车的四轮上，从而省略了机械传动装置。现在，各发达国家的研究者都已强烈意识到氢燃料电池将结束内燃机时代这一必然趋势，已经成功研发氢燃料电池汽车的汽车厂商包括通用(GM)、福特、丰田(Toyota)、奔驰(Benz)、宝马(BMW)等国际大公司。

与电解器有许多共同之处，燃料电池也有两片被电解质分隔开的电极。电解质可以是氢氧化钠或氢氧化钾的溶液，也可以是酸(如磷酸)的溶液，还可以是能以氢离子或氢氧根离子形式承载电流的固体陶瓷或固态聚合物。在阳极上，氢气给出电子变成氢离子 H^+。电子沿着外电路完成做功后移向阴极，在阴极上与氧气和电解质作用产生氢氧根离子 OH^-。在电解液中氢氧根离子与氢离子作用生成水。燃料电池产生的热量将水以气态的形式从电池中析出，可冷凝回收。在此电池中发生的化学反应的本性基本上与原电池中的反应一样，但物理过程却大不相同。也就是这种差异使燃料电池具有了自身的优点。图 3-1 示出了氢燃料电池产品及其工作原理。

利用上述氢离子与氢氧根离子结合成水的反应可以产生电流的原理，还可发展碱性阴极储氢可逆电池，即一种新型的碱性蓄电池。这种电池的操作原理也是电解水和氢、氧化合成水的可逆反应。把这个可逆反应巧妙地与合金储氢材料阴极和可氧化稳定阳极结合起来，加强了此反应的可逆性，使可逆储放电成为可能。

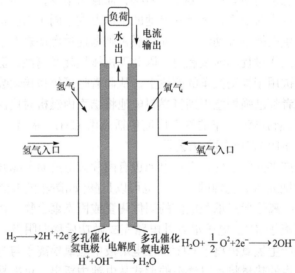

图 3-1 氢燃料电池产品及其工作原理示意图

3. 核聚变

核聚变，即氢原子核(氘和氚)结合成较重的原子核(氦)时放出巨大能量的过程。热核反应，或原子核的巨变反应，可提供一种清洁的、安全的新能源。参与核反应过程的氢原子核，如氢、氘、氚、锂等从热运动获得必要的动能而引起聚变反应。热核反应是氢弹爆炸的基础，可在瞬间产生大量热能，但目前尚无法加以利用。如能使热核反应在一定约束区域内，根据人们的意图控制反应进行，即可实现受控热核反应。这正是目前实验研究的重大课题。受控热核反应是聚变反应堆的基础。聚变反应堆一旦成功，则可能向人类提供最清洁而又取之不尽的能源。

3.2　氢的制备技术

在人类生存的地球上，虽然氢是最丰富的元素，但单质氢极少存在。为了开发利用清洁的氢能源，必须首先开发氢源。制氢的方法通常有两类：一是利用太阳能、地热、核能或电能将水分解，获得氢气与氧气；二是以天然气、石油或煤为原料，将烃分解气化而获得氢。在工业上，电解水或烃分解制备氢的工艺都比较成熟。但是，在经济上和资源利用上并非合理。例如，普通电解水制氢，能源利用率只有 15%～20%，成本浪费也较高。

以烃为原料的工业制氢路线，方法也很多，如以烃类为原料的自热转化法，以天然气、炼厂气等为原料的蒸汽转化法，以煤为原料的加压气化制氢等。然而，煤制氢的工艺流程较长、环境污染问题有待进一步解决；天然气和石油制氢要消耗大量燃料，还需要催化剂和氧气等，能源利用效率不合理。因此，上述制氢方法，主要是为了满足目前电子、冶金、炼油、化工等方面的需要，还无法大量应用。以下对各种制氢方法进行介绍。

3.2.1　电解水制氢

电解水制氢工业历史较长，这种方法是基于如下的可逆反应：$2H_2O \rightleftharpoons 2H_2+O_2$，目前常用的电解槽一般采用压滤式复极结构，或箱式单极结构，每对电解槽电压在 1.8～2.0V，制取 1m³ H_2 的能耗在 4.0～4.5kWh。箱式结构的优点是装备简单、易于维修、投资少，缺点是占地面积大、时空产率低；压滤式结构较为复杂，优点是紧凑、占地面积小、时空产率高，缺点是难维修、投资大。随着科学技术的发展，出现了固体聚合物电解质(SPE)电解槽。SPE 电解槽材料易得，适合大批量生产，而且使用相同数量的阴阳极进行 H_2、O_2 的分离，其效率比常规碱式电解槽要高，另外，SPE 槽液相流量是常规碱式电解槽的 1/10，使用寿命约为 300 天。缺点是水电解的能耗仍然非常高。目前，我国水电解工业仍停留在压滤式复极结构电解槽或单级箱式电解槽的水平上，与国外工业和研究的水平差距还很大。

为了将阴极上放出的氢气与阳极上放出的氧气分开以取得纯净气体，也为了避免氢气与氧气互相混合造成意外事故，阴极与阳极之间应用隔膜分开，分成阴极室和阳极室，分别用导管并联把产生的气体导出。隔膜常用以镍铅丝为衬底骨架的石棉布，此隔膜布的微孔允许 K^+ 和 OH^- 通过，但又使电解液在微孔处有足够大的表面张力，可以防止气体渗过。

电解水制氢(图 3-2)是氢氧燃料生成水的逆过程，电解池基本构造是由阴极、阳极、电解液、隔膜构成的。电解水总反应为

$$2H_2O \longrightarrow 2H_2 + O_2$$

对于 KOH 水溶液电解质，电极反应为

阴极：$4H_2O + 4e^- \longrightarrow 2H_2 + 4OH^-$

阳极：$4OH^- \longrightarrow O_2 + 2H_2O + 4e^-$

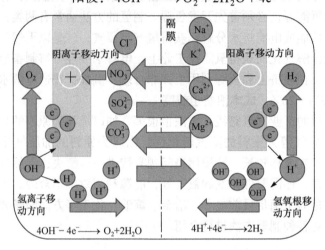

图 3-2　电解水制氢机理

作为电解水电极的理想金属是铂系金属，但遗憾的是这些金属都很昂贵，在实际工作中无法采用。不过人们发现镍电极的活性不亚于铂系金属，所以现在通用的水电解槽都采用镍电极，并且发现如果在镍电极表面上接镀极微量铂，就会使电极上析出的氢原子(或氧原子)有更快的结合成分子的速度，增大了电解效率。为了降低设备的生产成本，又常用镀镍的铁电极。

普通电解水制氢方法，耗电太多，每生产 $1N·m^3$ 氢气耗电 $5\sim5.5kWh$。20 世纪 70 年代末，美国研究出一种低耗电制氢方法，耗电量可减少 50%。此法的主要特点是在水煤浆液中进行电解制氢，实际上是一种电化学催化氧化法制氢，即在酸性电解质中，阳极区加入煤粉或者其他含碳化工材料进行反应，阳极的产物为二氧化碳，阴极则产生纯氢气。这样能使电解的电压降低一半，其电耗也相应降低。但电解法应用范围并不广，因为电能比天然气、石油或煤炭(按相同能量比较)贵得多，价格高三到四倍。只有电能廉价供应(如水力发电)的地方，或化石燃料供应价格很贵的地方，才适合用电解法生产氢气。

3.2.2　太阳能制氢

太阳能取之不尽，因而可将无限分散的太阳能转化成电能，然后再利用电能

来电解水制氢。随着太阳能电池转换效率的提高、成本的降低及使用寿命的延长，其用于制氢的前景不可估量。20 世纪 70 年代初，利用太阳能使半导体光电极电解水制氢，引起轰动。目前，太阳能制氢主要有四种形式，即直接热分解、热化学分解、光分解和太阳能电解水。利用入射光子的能量使水热分解获得氢，或通过入射光激发使水中的氢离子接收电子产生氢气。这种方法的实质是借助光的作用，促进化学变化。进行光化学制氢时，还要选择适当的催化剂，以帮助水吸收更多的光能。2008 年日本理工化学研究所太阳能科学研究小组以特殊半导体作电极，铂作对电极。半导体选用 n 型硫化镉，电解质为硝酸钾，光能的利用效率达 15%～16%。1990 年德国建造 500kW 太阳能制氢示范厂，同年沙特阿拉伯建造发电能力为 350kW 的太阳能制氢厂。

　　利用太阳能可进行光化学分解水制氢。具体反应是先进行光化学反应，再进行热化学反应，最后进行电化学反应，即可在较低温度下获得氢和氧。在上述三个步骤中可分别利用太阳能的光化学作用、热化学作用和光电作用。这种方法为大规模利用太阳能制氢提供了实现的基础，其关键是寻求光解效率高、性能稳定、价格低廉的光敏催化剂。以 TiO_2-Pt 电极对的光解水模式的典型代表为例，利用 TiO_2 表面同时负载 Pt 和 RuO_2 的光催化剂则可实现水的完全分解。图 3-3 显示了在光和半导体光催化剂(以 TiO_2 为例)的共同作用下实现上述化学反应的过程。TiO_2 半导体在吸收能量等于或大于其禁带宽度(E_g)的光子后，半导体内的电子受激发从价带跃迁到导带，从而在导带和价带分别产生自由电子和空穴。水在这种电子-空穴对的作用下发生电离，生成 H_2 和 O_2。TiO_2 表面所负载的 Pt 和 RuO_2 能分别加速自由电子向外部的迁移，促进氢气的产生。

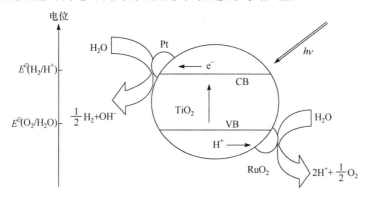

图 3-3　TiO_2 光解水的反应机理

　　实现上述反应需要利用特殊的化学电池，即让电池的电极在太阳光的照射下能够维持恒定的电流，并将水离解而获得氢气。其关键是如何选取具有合适电子能带的电极材料。并非位于价带的电子能被光激发的半导体都能分解水，除了其禁带宽度要大于水的电解电压(理论值 1.23V)外，还有来自电化学方面的要求，价带和导带的位置必须要分别同 O_2/H_2O 和 H_2/H_2O 的电极电位相适宜。具体地说，半导体价带的位置应比 O_2/H_2O 的电位更正，导带的位置应比 H_2/H_2O 的电位更负。图 3-4 给出了一些半导体材料的能带结构和光解水所要求的位置关系，这也说明了许多半导体材料不能进行光解水制氢的原因。由于 TiO_2 半导体的禁带宽度大于 3.0eV，只能吸收紫外线或近紫外线，制氢效率很低(0.4%左右)。为了提高制氢效率，许多研究工作集中在半导体材料敏化或采用禁带宽度在 1.3～3.0eV 的半导体作电极，如 CdS、CdSe 和 GaAs 等，但这几种材料作电极存在的问题是材料稳定性较低，容易发生电极溶解或氧化。在电解质中加入硫化物可以阻止 CdS 电极溶解。

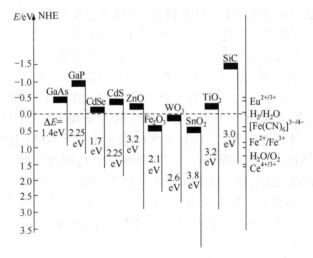

图 3-4　半导体电极材料的能带

敏化的方法包括染料敏化、掺杂敏化、涂层敏化等。例如，TiO_2 半导体 430μm 波长处有一个吸收高峰，添加曙红染料后在 530μm 波长处又出现一个吸收高峰。如果在 TiO_2 中掺杂 Cr、Al，光谱响应可以扩大到可见光区，制氢效率可以提高到 1.3%左右。涂层敏化还可以抑制电极在溶液中的溶解。

光解水能否进行或效率如何还与以下因素相关：①受光激励产生的自由电子-空穴对的多少；②自由电子-空穴对的分离、存活寿命；③再结合及逆反应的抑制等。

利用半导体光催化分解水制氢是一种现实的技术，由于利用了太阳能，具有美好的发展前景，需要解决的关键问题是提高太阳能的转换效率。利用太阳能还可热分解水制氢，具体是在水中加入催化剂，使水中氢和氧的分解温度降低，催化剂可再生后循环使用。该方法目前尚处于基础研究阶段，但具有开发前景。

从上述的介绍可看出，制氢所需的能源有电能、热能、光能、辐射能，而电能和热能可以依靠化石燃料能、核能、水力能、风能、太阳能、生物质能等提供。作为清洁能源，核能、太阳能和生物质能制氢更具有重大意义。太阳能制氢技术与其他制氢技术相比，存在的主要问题是效率低，而且太阳能制氢是目前太阳能多种利用技术中最不成熟的技术，还有漫长的路要走。

3.2.3　热化学循环分解水制氢

纯水的分解需要很高温度(大约 4000℃)。在 1960 年，科学家观察到可利用核反应堆的高温来分解水制氢。为了进一步降低水的分解温度，可在水的热分解过程中引入一些热力学循环，使得这些循环的高温点低于核反应堆或太阳炉的最高极限温度。目前高温石墨反应堆的温度已高于 900℃，而太阳炉的温度可达1200℃，这将有利于热化学循环分解水工艺的发展。由于水的直接热解存在高温的困难，因此人们采取多步骤的热化学分解水的制氢方法。热量不是在很高的温度下集中加给纯水，而是在不同阶段和不同温度下，使含有添加剂(催化剂)的水沿着多步反应过程最终分解为氢和氧。添加剂在反应过程中并不消耗，可以回收再利用，整个反应过程构成一个封闭的循环系统。常见的添加剂是卤族化合物。1980 年美国化学家提出了如下的硫-碘热化学循环：

$$2H_2O + SO_2 + I_2 \longrightarrow H_2SO_4 + 2HI$$

$$H_2SO_4 \xrightarrow{900℃} H_2O + SO_2 + \frac{1}{2}O_2$$

$$2HI \xrightarrow{300℃} H_2 + I_2$$

总反应为

$$H_2O \longrightarrow H_2 + \frac{1}{2}O_2$$

近年来国外已先后研究开发了二十多种热化学循环法，有的已进入中试阶段，而我国在该领域的研究基本处于空白。

3.2.4　矿物燃料制氢

目前，制备氢气的最主要方法是以煤、石油及天然气为原料。以煤为原料制氢的方法中主要有煤的焦化和气化，煤的焦化是在隔绝空气的条件下，900～1000℃制取焦炭，并获得焦炉煤气。按体积比计算，焦炉煤气中的含氢量约为60%，其余为甲烷和一氧化碳等，因而可作为城市煤气使用。

煤的气化是指煤在常温常压或加压下，与气化剂反应转化成气体产物。气化剂为水蒸气或氧气(空气)。在气体产物中，氢气的含量随不同气化方法而有变化。气化的目的是制取化工原料或城市煤气。水煤气的反应为

$$H_2O(g) + C \longrightarrow CO(g) + H_2(g)$$

以天然气或轻质油为原料，在催化剂的作用下，制氢的主要反应为

$$CH_4 + H_2O \longrightarrow CO + 3H_2$$
$$CO + H_2O \longrightarrow CO_2 + H_2$$
$$C_nH_m + nH_2O \longrightarrow nCO + \left(n + \frac{m}{2}\right)H_2$$

采用该方法制氢，反应温度一般在 800℃，而制得氢气的体积百分比一般达 75%。

采用重油为原料，可使其与水蒸气及氧气反应制得含氢的气体产物，含氢量一般在 50%。部分重油在燃烧时放出的热量可为制氢反应所利用，而且重油价格较低，为人们所重视。

3.2.5　生物质制氢

生物质资源丰富，是重要的可再生能源。生物质可通过气化和微生物制氢。在生物质气化制氢方面，可将原料如薪柴、麦秸、稻草等压制成型，在气化炉中进行气化或裂解反应可制得含氢的燃料气。中国科学院广州能源研究所和中国科学技术大学在生物质气化技术领域的研究已取得一定成果，在生物质的气化研究方面，产物中氢含量可达 10%，热值达 $11MJ/m^3$，可作为农村燃料。在国外，生物质的气化产物中，氢的含量已大大提高，因而已能大规模生产水煤气。

采用微生物在常温常压下进行酶催化反应来制取氢气亦备受人们的关注。生物质产氢主要有营养微生物产氢和光合微生物产氢两种。营养微生物产氢的原始基质是各种碳水化合物、蛋白质等。目前已有利用碳水化合物发酵制氢的专利，并可利用所产生的氢气作为发电的能源。光合微生物产氢是利用相关微生物(如微型藻类)和光合作用的联系来产生氢。在国外已利用光合作用设计了细菌产氢的优化生物反应器，其规模可达日产氢 $2800m^3$。该法采用各种工业和生活废水及农副产品的废料为基质，进行光合细菌连续培养，可一举三得地在产氢的同时，还净化废水和获得单细胞蛋白，很有发展前景。

3.2.6　其他方法制氢

在多种化工过程中，如电解食盐制碱、发酵制酒、合成氨化肥、石油炼制等，均有大量副产物氢气。如果能采取适当的措施对上述副产物进行氢气的分离回收，每年可获得数亿立方米的氢气。另外，研究表明从硫化氢中亦可制得氢气。总之，制氢方法的多样性使得氢能源的研究开发充满了新的生命活力。制氢研究新进展的取得将会不断地促进氢能源的综合利用与开发。

3.3　储 氢 材 料

常规的存储氢的方式有液态氢和压缩气态氢。经过压缩的氢能够存储在压缩气瓶内,这与天然气驱动车辆相似。但是与使用汽油和柴油液态燃料的车辆相比,单位体积气态氢所包含的能量相对较少,而所占的体积较大。当温度很低时(21K 以下),氢可以被压缩成液态,但是这种存储方法需要特殊制造的存储瓶进行保温,以保证氢始终处于低温。

用来存储天然气燃料的压缩气缸以不锈钢为材料制成,可以承受的压力为20MPa,而存储气态氢所需要的压力在 20～30MPa,目前正在研究复合材料高压气缸,其衬套为钢或铝,可以用来存储气态氢或液态氢。以液态方式存储氢更有效、更经济,这是因为液态氢的能量密度远大于气态氢。国外已经设计出专供小汽车和公共汽车使用的小型真空绝缘存储瓶,其体积为 100L,由 30 层铝箔组成,并由塑料箔分隔。最新设计的氢存储瓶容量达到了 600L,它由 20～30 层绝缘铝箔构成。这两种氢存储瓶能够保证液态氢的蒸发速率低于 1%,从而防止液态氢蒸发变成气态氢,减少挥发损失。

由于高压气储运及液态氢储运方式存在不安全、能耗高、储量小、经济性差等缺陷,最有前景、安全经济的氢气储运方式是用储氢材料进行储氢。金属氢化物储氢密度比液氢还高,氢以原子态储存于合金中,当它们被重新放出来时,经历扩散、相交、化合等过程,不易爆炸,安全程度高。储氢材料的研究是目前较受重视的应用项目。以金属储氢为例,元素周期表中的多数金属都能与氢反应,形成金属氢化物,且反应比较简单,只要控制一定的温度和压力,金属和氢接触,就会发生反应:$M + xH_2 \rightleftharpoons MH_{2x}$。式中 M 表示金属元素,反应为可逆反应,反应方向由氢气的压力和温度决定。若反应向右进行,称为氧化反应,属于放热反应;若反应向左进行,称释氢反应,属于吸热反应。在氢气的吸储和释放过程中,伴随着热能的生成或吸收,也伴随着氢压的变化,因此,可利用这种可逆反应,将化学能(H_2)、热能(反应热)和机械能(平衡氢压)有机地结合起来,构成具有各种能量形态转换、储存或输运的载能系统。

采用储氢材料吸储氢并保存氢,一个更重要的优点就是当释放氢气时,氢气的纯度可达 99.9999%,与传统高压氢气和液态包相比,此技术具有如下优点:①设备紧凑,便于储存和运输;②不需要高压或绝热设备,易操作;③储氢条件容易实施,安全;④能长期保存;⑤可释放高纯度氢。

作为有应用价值的储氢材料应具备的基本条件是:储氢量大;吸放氢速度快,有较好的动力学行为;有较理想的吸放氢等温线,吸放氢平台平且宽,在室

温附近平台压力在 $10kg/cm^2$ 上下。此外，材料易得，价格便宜、性能稳定，经长期吸放氢循环运作储氢能力不明显下降也是应具备的条件。

3.3.1 氢化物的分类

氢几乎可与所有的元素发生反应生成各种氢化物。氢化物大致可分为四类。

(1) 离子键型氢化物：指氢与 I A、II A 族金属反应形成的离子键化合物，如 LiH、MgH_2 等；

(2) 金属键型氢化物：指氢与过渡金属反应形成的金属键化合物，如 $TiH_{1.7}$；

(3) 共价键型氢化物：指氢与硼及其附近元素反应形成的共价键化合物，如 B_2H_6、AlH_3 等；

(4) 分子型氢化物：指氢与非金属元素形成的分子氢化物，如 NH_3、H_2O 等。

在共价键型氢化物中，氢与元素的键合作用不强，氢化物的稳定性差、易分解，也就是说氢在这种化合物中不易存留。因此，共价键型氢化物不适于做储氢合金。前两种氢化物是储氢合金的主要来源。分子型氢化物和大多数的离子型氢化物十分稳定，很难分解，也就是说氢化物中的氢很难被放出来。显然它们也不适合做储氢合金，适合做储氢材料的主要是一些适当的金属键型氢化物。

3.3.2 金属氢化物的相平衡及吸放氢原理

$$\frac{2}{y-x}MH_x + H_2 \longrightarrow \frac{2}{y-x}MH_y + \Delta H$$

式中，MH_x 是固溶体；MH_y 是氢化物；ΔH 为反应生成热。根据 Gibbs 相律，上述反应与温度、压力的关系可用图 3-5 所示的形式来描述：图中的横坐标表示固相中氢与金属原子比，纵轴为氢压。当温度 T 不变时，随氢压升高，氢溶入金属形成固溶体(称为α相)。组成达到 A 点时，α相中氢的固溶度达到饱和。α相与氢发生反应生成氢化物相(称为β相)，在所有的α相都变成β相时，组成达到 B 点，理想情况下 AB 段为一水平线，水平线段的压力常称为平台压力，平台的出现是 Gibbs 相律的必然结果。进一步增加氢压，氢溶入β相，使β相中氢的固溶度增大。若初始态在 C 点，随氢压降低上述过程逆向进行。另一方面，随温度升高平台压力也升高。通过改变温度和压力条件，使反应正向或逆向进行即可实现吸氢或放氢。例如，假设将金属置于温度为 T_1、压力高于 p_1 的氢气中，金属会与氢反应生成氢化物，即金属吸氢；如把该氢化物置于温度为 T_1、氢压低于 p_1 的气氛中，氢化物发生分解释放出氢气。同样，如果压力恒定，通过改变温度也可实现吸氢或放氢。例如，压力为 p_2 时，当温度高于 T_2 时，金属与氢反应生成氢化物。形成氢化物后，将温度降低到 T_2 以下，氢化物发生分解释放出氢气。应当指出的是，实际储氢合金的吸氢与放氢过程并不完全可逆，两个过程形成如图 3-6 所示的滞后回线，吸氢过程的平台压力总是高于放氢过程的平台压力。

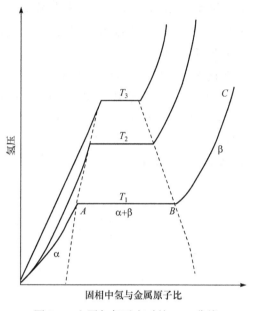

图 3-5　金属与氢反应时的 PCT 曲线

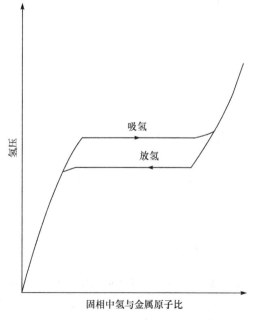

图 3-6　储氢合金吸放氢的滞后回线

金属氢化物的反应可用 van't Hoff 方程描述：

$$\ln p_{H_2} = \frac{\Delta H}{RT} - \frac{\Delta S}{R} \tag{3-1}$$

式中，p_{H_2} 为氢分压；R 为普适气体常量；T 为热力学温度；ΔH 和 ΔS 分别是反应的焓变与熵变。ΔH 和 ΔS 在一定范围内随温度的变化不大，若将它们看作常数，则 $\ln p_{H_2}$ 与 $1/T$ 呈直线关系。几乎对于所有的金属 ΔS 都变化不大，约为 -125J/(mol·K)。但 ΔH 变化很大，按式(3-1)，金属与氢反应的压力和温度也随之变化。若按吸放氢温度在 298K、氢压为 $10\sim1000\text{kPa}(0.1\sim10\text{atm})$ 考虑，取 ΔS 为 -25.4J/(mol·K)，则 ΔH 为 $-45.98\sim-29.3\text{kJ/mol}$。图 3-7 是纯金属与氢反应生成氢化物的生成热，它们有的为正，有的为负，但几乎没有在上述范围内的。因此，需要组合不同生成热的金属来获得有合适生成热的储氢合金。

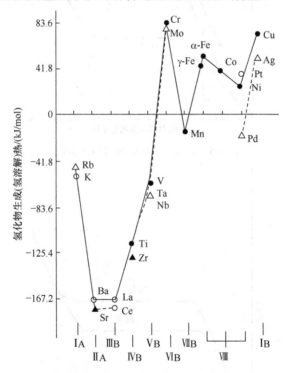

图 3-7　纯金属与氢反应生成氢化物的生成热

3.3.3　对储氢材料性能的基本要求

为满足应用的要求，储氢合金一般应满足以下几方面的要求。

(1) 储氢量：储氢合金的储氢量应较大，一般应不低于液态储氢方式。

(2) 吸放氢压力和温度：储氢合金应能按应用的要求在适当的温度和压力下

吸放氢,对于一种合金,其吸放氢压力随温度而变化,但不同的合金吸放氢的温度、压力关系不同。

(3) 动力学特性:储氢合金应能较迅速地吸放氢。

(4) 寿命长、耐中毒:储氢合金在吸放氢的反复循环中,不可避免地会接触到杂质气体等并导致合金储氢能量降低甚至丧失的现象,这种现象称为储氢合金的中毒。储氢合金应有强的耐中毒能力、长的使用寿命。

(5) 易活化:储氢合金常常需要经过活化处理(在纯氢气气氛下使合金处于高压,然后在加热条件下减压脱氢的循环过程)才能正常吸放氢,易活化才便于应用。

(6) 抗粉化:储氢合金吸氢时会膨胀,放氢时又会收缩,反复地吸放氢,会使合金中产生裂纹,直至破碎、粉化,这对储氢合金的应用是有害的。

(7) 有效热导率大,电催化活性高。

(8) 价格低廉,不污染环境,容易制造。

3.4　金属储氢材料

把氢以金属氢化物的形式储存在合金里是近十多年来新发展起来的技术。这类合金基本上是金属间化合物,制备方法一般仍沿用制备普通合金的技术。不过这类材料有一种特性:在一定温度和压力下,当把它们放置在氢气气氛中时,它们能吸收大量的氢气而生成金属氢化物。在这种情况下,氢很坚实地分布在金属晶格中。因此,合金氢化物就代表了一种完全新奇的储氢技术,它们与液氢和高压氢相比有不可比拟的安全性,并且有很高的储存容量。有些合金所储存的氢量可两倍于与合金等体积的液氢中所含的氢量。

根据氢吸收/解吸的原理,在一定的温度、压力下,储氢合金能够像“海绵”一样吸收氢,并在挤压状态下释放氢。金属间化合物通过化学键结合能吸收并保留大量的氢原子,目前已开发出的具有实用价值的金属氢化物合金包括:稀土系合金、稀土镁基合金、镍基合金、钛铁合金。其中,金属与氢之间反应的简化模型如图 3-8 所示,吸放氢过程具体如下:

(1) 吸氢→物理吸附→化学吸附→界面反应→扩散→氢化物形成;

(2) 放氢→氢化物分解→扩散→界面反应→重组解吸→气态氢。

合金氢化物储氢的典型例子是镧镍合金 $LaNi_5$ 和钛铁合金 $TiFe$。它们在一定温度和压力下可以吸收氢气,但当升高温度时它们又会把氢可逆地排放出来。

$$LaNi_5 + 3H_2 \rightleftharpoons LaNi_5H_6$$

$$TiFe + 0.975H_2 \rightleftharpoons TiFeH_{1.95}$$

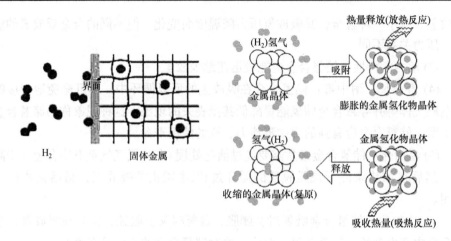

图 3-8　金属与氢反应的简化模型

以 $LaNi_5H_6$ 为例，按重量计它所含氢的相对质量分数很小，但由于 $LaNi_5$ 有较大的相对质量分数(6.4 左右)，所以按体积计算，每单位体积 $LaNi_5$ 却可以储存较大量的氢气。例如，每立方米液氢含有 73 千克氢，而每立方米 $LaNi_5H_6$ 却含有 88 千克氢。将镧镍氢的含氢量同其他氢化物的含氢量对比列在表 3.1 中。镧镍合金吸氢反应只要在 2～3 个大气压下就可可逆地进行。从 $LaNi_5H_6$ 中释放氢气的速度也很快，略微加热(250℃)就可以把储藏的氢气完全排放出来，排放出每摩尔氢气需 7.5kcal(31.35kJ)的能量。$LaNi_5$ 在空气中很固定，它的吸氢、放氢循环可以反复进行，并且性能不发生改变，所以用 $LaNi_5$ 作为一种理想的储氢材料有很大的实用价值。一个容量为 7L 的小储罐内装 $LaNi_5$，所能装盛的氢气(3 个大气压)和一个容积 40L 的 150 个大气压的高压气体钢瓶能容纳的氢气一样多(毛重大致相同)。这样的储罐放在运载工具(如汽车、飞机)上不占很大体积，便于应用。

表 3.1　含氢材料的相对含氢量

含氢材料	存在状态	密度/(g/cm³)	每克承载的氢重/g	每克储存的氢体积/L	每立方米储存的氢重/kg
氢气	气	0.0000899	1	11.2	0.899
液氢	液	0.070	1	11.2	71
氢化锂 LiH	固	0.772	0.125	1.4	96.5
氢化钙 CaH_2	固	1.902	0.05	0.56	90.6
氢化锂铝氢 $LiAlH_4$	固	0.917	0.105	1.18	96.5
液氨 NH_3	液	0.725	0.177	1.904	106
镧镍氢 $LaNi_5H_6$	固	6.43	0.014	0.157	88

在进行氢化之前，往往需要把合金磨碎至粗粒状并进行活化。即将合金放在中压至高压的氢气气氛中使其吸氢，借以消除对吸氢不利的表面障碍物(如氧化膜)，然后加温并抽真空放氢。这种充放循环反复多次，一般多达 20 次，一直到该合金可以快速地充放符合理论的氢量并能反复使用时为止。使用中的合金氢化物如果沾带了杂质，如与过量水汽接触而降低了吸氢性能，则可再加以活化使吸氢能力再生。

让一种合金完全具备所有的特性是困难的，所以选定一种适用的储氢合金需要进行充分研究，进行全面综合平衡才行。现在国际市场上已经出现了几个系列的 HY-STOR 牌号的储氢合金，现列表介绍如下(表 3.2)。

表 3.2　HY-STOR 储氢合金

储氢合金型号	合金组成
100 系列(铁基合金)	
101	TiFe
102	$TiFe_{0.9}Mn_{0.1}$
103	$TiFe_{0.8}Ni_{0.2}$
200 系列(镍基合金)	
201	$CaNi_5$
202	$Ca_{0.7}M_{0.3}Ni_5$
203	$Ca_{0.2}M_{0.8}Ni_5$
204	MNi_5
205	$LaNi_5$
206	$(CFM)Ni_3$
207	$LaNi_{4.7}Al_{0.3}$
208	$MNi_{4.5}Al_{0.5}$
209	$MNi_{4.15}Fe_{0.85}$
300 系列(镁基合金)	
301	Mg_2Ni
302	Mg_2Cu

表中 M 代表混合稀土金属，CFM 代表无铈混合稀土金属。表中所列三个系列合金也正是国际上研究得比较有成效的材料，下面分别作简要介绍。

3.4.1　钛铁储氢合金

铁基合金中含有钛和其他元素，特点是价格比较低廉、相对密度较低和有较高的储氢性能，采用特殊熔合技术使氧含量降至最低，可以保证有很高的储氢容量。对于钛铁合金 TiFe 来说，如果氧含量有所增加，氢/金属质量比或每千克 TiFe 的储氢量便会显著地降低。电子探针分析和X射线衍射分析发现，由于氧的存在，在合金中生成了稳定的 $Fe_7Ti_{10}O_3$ 物相，这种物相在 TiFe 被氢化的条件下不与氢作用，因而它成为一种惰性物相而稀释了 TiFe 基块。按照 $Fe_7Ti_{10}O_3$ 化学配比，氧对合金储氢容量的影响是十分显著的，即每个氧原子能消耗 5.7 个铁和钛原子。换句话说，1%(质量分数)的氧杂质能阻止 19%(质量分数)的铁和钛应有的吸氢能力。

在钛铁合金中细心地、有控制地加入稀土金属，可以夺取氧原子而免于生成 TiFe 的氧化物相。稀土相在合金中的微细分布使合金更容易被活化，向 TiFe 合金中熔入混合稀土金属可使最后的氧含量直线下降。HY-STOR101 的典型氧含量为 0.03%～0.04%(质量分数)。这个纯度在空气中熔制的合金中已很可贵了。

HY-STOR101是加入了稀土混合金属的TiFe合金，在电子显微镜下是微细晶相结构。基块中分散着圆球状的稀土金属微粒。这种合金吸氢至饱和时含有 1.8%(质量分数)的氢。含稀土的 TiFe 合金比电弧熔炼出来的 TiFe 合金更容易活化，其原因是 HY-STOR101 含有均匀分布的稀土金属微粒。

HY-STOR102 和 103 是铁基合金的有用推广。102 是掺锰的改进 TiFe 合金，它在实用上的重大优点是可在室温下活化，这样就可以用廉价的铝制容器来做储氢器。103 是镍改制的合金，它把充氢平台降低到低于 1 个大气压，可在低压下氢化，这对于制作氢压机这类应用来说也是有利的。在此种应用中，在 1 个大气压下可令合金氢化，使用高压时，储氢器在控压下加热，可以得到高压氢。

3.4.2　镍基储氢合金

镍基合金的特点是可以容忍氢气中较多的气态杂质。这个系列合金氢化物的典型等温放氢曲线绘示在图 3-9 中。从图可见，这个系列合金氢化物放氢平台可有较宽范围：有的低于 1 个大气压(201)，有的高于 10 个大气压。

HY-STOR205 即 $LaNi_5$ 合金，是从低压氢源(如实验室电解器发生的氢)吸收氢气的理想材料。但由于这种合金的合成价格昂贵，用稀土金属改进的镍基合金如 201、202 或 206，可作为代用材料。特别引人注意的是 $CaNi_5$，它的价格低廉，而且由于含钙量高，$CaNi_5$ 的密度较小。它可在低于 1 个大气压下吸氢，吸氢和放氢的压差很小，这对作为储氢材料来说都是极优的特点。但由于放氢平台的压力低于 1 个大气压，因此必须给它施加足够的热量才能很好地放氢。

合金氢化物 202、203 和 204 比 201 有递增的混合稀土金属含量，并相应地有较高压力的放氢平台。这些合金适合作为有高压要求的储氢材料。它们的氢化物在没有外加热源时也可放氢。202 合金氢化物的放氢曲线是倾斜的；在充氢或放氢过程中如果需要连续控制氢含量，它是特别有用的。

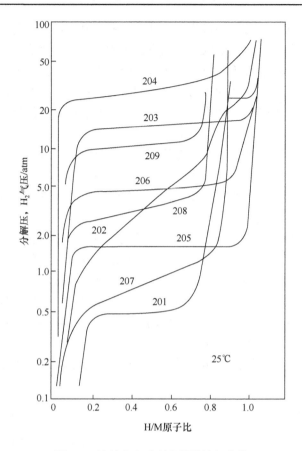

图 3-9　镍基合金系列的等温放氢曲线

　　207 是 LaNi$_5$ 的低压改型品种；208 是一种廉价镍基合金；209 是一种铁改制的 204，它吸氢和放氢的压差很低，适用于中压储氢。所有这些镍基合金的一个共同特点是能够吸收中等纯度(如 99.9%)的氢气，杂质可以是水分、CO_2、CH_4 等，而放出的氢气纯度可以超过 99.999%，这就可以使实验室免于购置超纯氢。如果这类合金在连续使用中沾染了杂质，可以将它们再活化回到原状并恢复使用。

3.4.3　镁基储氢合金

　　在众多储氢合金中，镁基储氢合金因其储氢量大且成本低廉，成为最具潜力的车用储氢材料，它们的特点是有低的密度(轻)、高的储氢量和低放氢温度。HY-STOR301 和 302 都是以氢化物形式运输氢的最好的备选材料。

　　镁基储氢合金具有较高的储氢容量，而且吸放氢平台好、资源丰富、价格低廉，应用前景十分诱人。但其具有吸放氢速度较慢、氢化物稳定导致释氢温度过高、表面容易形成一层致密的氧化膜等缺点，所以其实用化进程受到限制。镁基储氢合金的吸放氢动力学性能取决于两方面因素：①合金表面特性，与合金表面氧化层的厚度、合金表面不同成分对氢分子分解为氢原子的影响程度，以及氢原子穿过表面层进入合金基体的难易程度等因素有关；②合金基体的特性，与合金中的金属原子和氢原子的亲和力大小、氢原子在合金中的扩散速度，以及吸氢过程中产生微裂的难易程度等因素有关。

改变合金表面特性的方法有高能球磨、氟化处理、碱处理以及添加合金元素等，其实质是清除合金表面的氧化层，或者形成具有高催化活性的新表面层，其中高能球磨在镁基合金中用得较多。在 Mg、Mg_2Ni、Ti、V 和 TiFe 中添加 10% 的石墨进行球磨后发现，这些材料的活化性能被大大改善。

镁具有吸氢量大(MgH_2 含氢的质量分数为 7.6%)、重量轻、价格低等优点，但放氢温度高且吸放氢速度慢。通过合金化可改善镁氢化物的热力学和动力学特性，从而有实用的镁基储氢合金。由于过渡族金属元素 Ni、Cu 等对镁氢化反应有很好的催化作用，为进一步改善镁基储氢合金的性能，人们开发了一系列的多元镁基合金，比 $LaNi_5$ 基合金具有更佳的吸氢特性和放电特性，$La_5Mg_2Ni_{23}$ 的吸氢量要比后者多 38%，放电比容量为 410mAh/g，比 $LaNi_5$ 基合金高出 28%。现在，镁基储氢合金与其他类别的储氢合金复合化已经成为镁基储氢合金开发的重要方向。

3.4.4　其他储氢合金

钒可与氢生成 VH、VH_2 两种氢化物(VH_2 的吸氢质量分数达 3.8%)。钒基固溶体型储氢合金的特点是可逆储氢量大、可常温下实现吸放氢、反应速率大，但合金表面易生成氧化膜，增大了激活难度。目前主要研究开发的钒基固溶体型储氢合金是镍氢电池，用储氢合金 V_3TiN_6M，其中添加元素 M 可提高合金充放电的循环稳定性，但引起储氢容量降低。

钛系储氢合金最大的优点是放氢温度低(–30℃)、价格适中，缺点是不易活化、易中毒、滞后现象比较严重。近年来对于 Ti-V-Mn 系储氢合金的研究开发十分活跃，通过亚稳态分解形成的具有纳米结构的储氢合金吸氢质量分数可达 2% 以上。在 BCC 固溶体型 Ti 基储氢合金方面，已开发了 Ti-V-Cr 体系合金和 Ti-M-V 三元合金(M=Mn、Cr)，都能吸收质量分数约 2.6%的氢。当前正在开发减少高价 V 含量而吸氢质量分数约为 3%的 Ti-Cr-X 储氢合金。

金属氢化物储氢具有较高的容积效率，使用也比较安全，但质量效率较低。如果质量效率能够被有效提高的话，这种储氢方式将是很有前景的交通燃料的储存方式。该技术的发展方向主要是：①开发更轻、更便宜的金属材料；②加快金属氢化物对氢的充放过程；③减小由于频繁充放氢而对储存系统造成的损害；④可以考虑将金属氢化物和压缩储氢相结合，以达到最佳的容积和质量储存效率。

3.5　配合物及纳米储氢材料

3.5.1　碱金属配合物储氢材料

碱金属、碱土金属或ⅢA族元素都可与氢形成配位氢化物(表 3.3)。由于这些配位氢化物含有丰富的轻金属元素和极高的储氢容量，因而它们可作为优良的储氢介质。配位氢化物吸放氢反应与储氢合金相比的主要差别是配位氢化物在普通条件下没有可逆的再氢化反应，因而在"可逆"储氢方面的应用受到限制。

表 3.3　金属配位氢化物的主要性能

氢化物	密度/(g/cm³)	含氢量(质量分数)/%	分解温度/℃
$LiBH_4$	0.66	18.5	—
$NaBH_4$	1.074	10.7	—
KBH_4	1.177	7.5	—
$Be(BH_4)_2$	—	20.8	123
$Mg(BH_4)_2$	—	14.9	320
$Ca(BH_4)_2$	—	11.6	260
$Zn(BH_4)_2$	—	8.5	50
$Al(BH_4)_3$	0.55	16.9	—
$Zr(BH_4)_4$	1.11	10.8	—
$Th(BH_4)_4$	2.59	5.5	204
$LiAlH_4$	0.92	10.6	190
$NaAlH_4$	1.28	7.5	190
$Mg(AlH_4)_2$	—	9.3	140

碱金属/碱土金属配位氢化物的通式为$A(MH_4)_n$，其中 A 一般为碱金属(Li、Na、K 等)或碱土金属(Mg、Ca 等)，M 则为ⅢA族的 B 或 Al，n视金属 A 的化合价而定(1 或 2)。该类氢化物的合成一般采用高温、高压氢化反应或有机液相反应。以 $LiAlH_4$ 为例，在国外它的合成一直采用 Schlessinger 法，即令氢化锂同无水三氯化铝在乙醚中反应；而在国内，南开大学申泮文教授采用金属钠和氯化锂代替价格昂贵的金属锂，合成氢化锂，以此为原料制得了氢化铝锂，副产物氯化锂经分离后可循环使用。

$LiAlH_4$ 在潮湿空气中极不稳定，与水发生反应产生氢，并伴有 LiOH 和

Al(OH)$_3$ 的产生。作为比较，LiAlH$_4$ 在干燥或惰性气氛的热分解过程包括如下三个步骤：

$$3LiAlH_4 \xrightarrow{160℃} Li_3AlH_6 + 2Al + 3H_2$$

$$Li_3AlH_6 \xrightarrow{220℃} 3LiH + Al + 1.5H_2$$

$$3LiH \xrightarrow{550℃} 3Li + 1.5H_2$$

前两个步骤在相对低温(160~220℃)下进行，可获得 75%的氢，而第三个步骤在相对高温下发生，一般不作为获得氢的考虑。

结构分析表明 AlH$_3$ 为缺电子基团，不能独立存在，但它可与负氢离子结合生成具有四面体结构的 AlH$_4^-$。AlH$_3$ 的缺电子特性预示着要想在比较温和的条件下获得上述前两个反应的逆反应，必须使用催化剂，并选择合适的催化反应条件，目前国外已前沿性地开展了这一课题的研究。为了促使电子转移，在催化剂的选择上，有无机盐(如 TiCl$_5$、TiCl$_4$ 等)和有机物(如 Ti(O-n-C$_4$H$_9$)$_4$ 等)。在 180℃ 和 8MPa 的氢压下，已可获得约 5%(质量分数)的"可逆"储放氢容量。该类金属配位氢化物与储氢合金的吸放氢相比，尽管反应条件有些苛刻，但这一化学"可逆"储放氢技术无疑为配位氢化物的高效储放氢开辟了新途径。

3.5.2　硼氢化合物、氨基氢化合物和氨硼烷储氢材料

1. 硼氢化合物

硼氢类化合物具有非常强的共价键，而且对于其化合反应中的热稳定性，在我们所做的大量实验和研究中发现，其都是有相对比较高的稳定性的。其分解主要按照以下反应进行，脱氢后会发生较快的反应并且会生成高惰性产物 B，这种高惰性产物会阻碍其可逆加氢反应的进行。常见的硼氢化合物有 LiBH$_4$ 和 NaBH$_4$。

$$MBH_4 \rightleftharpoons MH + B + \frac{3}{2}H_2 \quad (M=Li，Na)$$

LiBH$_4$ 晶体具有低温正交晶系结构，在 118℃ 转变为六方晶系，然后在 280℃ 熔化；伴随着缓慢分解脱氢，经过 LiBH$_2$、Li$_2$B$_{12}$H$_{12}$ 等中间相后，生成 LiH 和 B。由于 LiBH$_4$ 的可逆过程主要是 B—H 键的可逆过程，即 B—H 键的断裂和再构造过程，因此需要较高的能量才能进行。与 LiBH$_4$ 相比，NaBH$_4$ 具有更高的热力学稳定性，但易于水解产生氢气。因此，NaBH$_4$ 的碱性溶液在贵金属催化剂作用下可迅速水解产生 H$_2$，已经被广泛应用于质子交换膜燃料电池的氢源，部分硼氢化合物及其理论储氢量见表 3.4。

表 3.4　部分硼氢化合物及其理论储氢量

硼氢化合物	w_{H_2}(质量分数)/%	硼氢化合物	w_{H_2}(质量分数)/%
LiBH$_4$	18.5	Ca(BH$_4$)$_2$	11.6
Be(BH$_4$)$_2$	20.8	Ti(BH$_4$)$_3$	13.1
NaBH$_4$	10.7	Zr(BH$_4$)$_4$	10.8
Mg(BH$_4$)$_2$	14.9	Zr(BH$_4$)$_3$	8.9
Al(BH$_4$)$_3$	16.9	Th(BH$_4$)$_4$	5.5
KBH$_4$	7.5	Zn(BH$_4$)$_2$	8.4

2. 氨基氢化合物

Chen 等首次提出 Li(Ca)-N-H 可以用于可逆储存氢气,从而开启了氨基氢化合物储氢材料的先河。氨基氢化合物是由轻金属阳离子与[NH$_2$]$^-$以强离子键构成的,因此其脱氢温度高和可逆循环性差。最典型的氨基氢化合物为 LiNH$_2$。LiNH$_2$是通过 Li$_3$N 氢化后生成的,下列为其反应方程:

$$Li_3N + 2H_2 \rightleftharpoons Li_2NH + LiH + H_2 \rightleftharpoons LiNH_2 + 2LiH$$

3. 氨硼烷储氢材料

氨基氢化合物加氢、脱氢反应速度快但可逆性不够;硼氢化合物氢含量高但反应速度太慢。而氨硼烷理论储氢容量高达 19.6%(质量分数),具有较为稳定的化学性质,分解温度适合、分解过程放热、不燃不爆,被认为是储氢材料的最佳选择。

氨硼烷在适宜条件下第一步放氢 6.5%(质量分数),然而,它在更高温度下除了产生氢气,还会产生其他挥发性杂质气体,如环硼氮烷、氨气和乙硼烷。氨硼烷是一种典型的化学氢化物,只能单次放氢,且放氢后产物不能通过氢化发生可逆反应。这种性质很大程度上限制了氨硼烷的应用。为了改善氨硼烷的放氢性能,研究学者研究了一系列方法来降低脱氢温度和提高体系其他性能,如加入过渡金属催化体系、离子液体催化以及酸催化等。虽然关于氨硼烷改性的研究工作很多,但效果并不理想,限制氨硼烷的应用的问题仍然未得到解决。

3.5.3　纳米储氢材料

纳米材料由于具有量子尺寸效应、小尺寸效应及表面效应,呈现出许多特有的物理、化学性质,已成为物理、化学、材料等诸多学科研究的前沿领域。储氢合金纳米化后同样出现了许多新的热力学、动力学特性,如活化性能明显提高,具有更高的氢扩散系数和优良的吸放氢动力学性能。纳米储氢合金是镁基等高容量储氢合金实用化和大幅度提高储氢合金综合性能的有效途径。

纳米材料的制备方法非常多,制备方法对其性能影响较大。储氢合金纳米颗粒的制备是储氢合金纳米化研究的基础。理想的纳米颗粒应满足以下要求:①颗粒尺寸小且呈单分散；②无团聚；③外形接近球形；④材料成分可控制。

1. 金属有机骨架化合物(MOF)储氢材料

对于金属有机骨架化合物来说，其独特的储存氢能力也由其较高的比表面积来提供，一般对氢的储存运输都由比表面积较高的材料或者是具有微孔结构的材料来完成，所以金属有机骨架化合物在储氢材料中有很大的发展前景。目前，金属有机骨架用于储氢的主要是网状金属有机骨架材料和多孔金属有机材料等，其中 MOF-5 是网状金属有机骨架材料的代表，由 Zn^{2+} 和对苯二甲酸分别为中心金属离子和有机配体组成(图 3-10(a)～(c))。近几年的研究发现金属有机骨架化合物在常温下的储氢性能低，商业应用前景黯淡，但是金属有机骨架化合物具有可控的结构、较高的比表面积、高纯度及高结晶度等优点，作为储氢材料值得深入研究。

2. 共价有机骨架化合物(COF)储氢材料

在金属有机骨架化合物的研究基础上，出现了另一种共价有机骨架化合物，与金属有机骨架化合物不同的是，共价有机骨架化合物全部由轻元素通过很强的共价键形成一维或多维的多孔结构。共价有机骨架化合物的形成是经过分子羟基的缩水发生反应形成的，共价有机骨架化合物主要有两大类(图 3-10(d)和(e))：二维(2D)和三维(3D)。

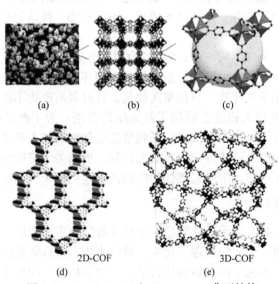

图 3-10　MOF(a)～(c)和 COF(d)、(e)典型结构

共价有机骨架化合物作为一代新型的储存氢的材料，具有很多的优点：①化合物内部孔多、表面积大，多数共价有机骨架化合物的比表面积超过 $1000m^2/g$；②密度低，共价有机骨架化合物结构中不含金属元素；③共价有机骨架化合物的

结构可调控；④共价有机骨架化合物的吸附原理多为通过范德瓦耳斯力来进行吸附，可以在很多简单的条件下进行吸附、释放氢；⑤具有很高的热稳定性，大多数的共价有机骨架化合物对热的稳定性超过了 500℃。

3. 碳纳米管储氢

1991 年，日本电气公司的 Iijima 发现了由纳米级同轴的碳分子构成的管状物，后来被称为碳纳米管。由于碳纳米管独特的结构，以及人们对其性能的种种诱人的预测，大批科学家转向对碳纳米管进行研究，不仅实现了碳纳米管大批稳定合成，而且对其结构、性能、生长机制、应用前景作了广泛深入的研究。

单壁碳纳米管(SWCNT)为封闭的管状结构，中部碳原子以六边形结构排列，而在管的两端碳原子则以五边形或七边形排列，如同一个原子厚度的片层碳原子六边形网络卷成的管子。多壁碳纳米管(MWCNT)由若干层同轴管嵌套形成，相邻层间距 0.34nm。理想单壁碳纳米管的微观结构相当规整，与传统微孔碳所具有的狭缝型孔不同，SWCNT 具有圆柱型的微孔。根据吸附势能理论，圆柱型孔比相同尺寸的狭缝型孔具有更大的吸附势能。理论预测，单壁碳纳米管具有很大的比表面积，是一种潜在的微孔吸附材料。通过对孔径结构进行研究，认为多壁碳纳米管是一种中孔吸附剂，而根据吸附等温线计算认为单壁碳纳米管是一种微孔吸附剂。由于碳纳米管一般是以列阵呈束状存在的，因此，碳纳米管中除了具有中空管形成的一维微孔结构外，还具有管间形成的孔，这样就丰富了碳纳米管束中孔的种类。经推算，纯净的单壁碳纳米管的吸氢能力为 5%～10%(质量分数)，这是理想状况下紧密排列的氢分子填充管内的储量的 2.5～5 倍。

单壁碳纳米管通常集结成束，不仅内腔可以吸附氢分子，而且管与管之间形成的通道也有很强的吸附位，并且可以通过改善其晶体结构和进行适当的表面处理来提高储氢量；多壁碳纳米管对氢气的物理吸附位与单壁碳纳米管不同，其吸附位包括管内腔、层间及管外壁。由于碳纳米管大的比表面积及内部大的空腔，所以碳纳米管能吸附大量的氢，而高储氢量、低质量密度和化学稳定性又令其在未来的车用储氢系统中有良好的应用前景。通过对单壁碳纳米管的吸氢过程研究发现，氢以固体形式填充到碳纳米管体内部以及管束之间的孔隙，因此碳纳米管具有极佳的储氢能力，是很有前途的新型储氢材料。目前，关于石墨、碳纤维、石墨纳米纤维、单壁碳纳米管、多壁碳纳米管和富勒烯混合物的储氢特性的实验与理论研究已广泛展开。这些研究表明，碳纳米材料的储氢量受其孔分布和实验温度与压力的影响较大。

3.6　储氢材料的应用

随着科技的进步，人们对便携式电子产品的需求越来越大，而这种需求对电池产业提出了更高的要求。随着人们环保意识的提高和天然资源的减少，对开发电动车的需求也变得非常迫切。因此，开发并使用清洁能源，研究如何储存能源并且高效地使用这一能源的技术，正成为当今世界至关重要的问题。

　　氢能是最清洁的二次能源，储氢材料的发现、发展及应用促进了氢能的开发与利用。利用储氢材料的可逆储放氢性能及伴随的热效应和平衡压特性，可以进行化学能、热能和机械能等能量交换，具体可以用于氢的高效储运、电池的负极材料、高纯氢气的制备、热泵、同位素的分离、氢压缩机和催化剂等，从而形成一类新型功能材料。

3.6.1　Ni/MH 电池

　　作为绿色能源的金属氢化物镍(Ni/MH)电池，由于具有高能量密度、大功率、无污染等综合特性，正在逐渐取代锡镍电池。1988 年，镍氢电池进入了实用化阶段，主要作为电子信息领域迫切需求的小型移动电源，此外，镍氢电池具有的高能量密度和长寿命等特点可满足车用动力电池的要求。到 2014 年，在混合动力车领域，日本镍氢电池市场产值已超过了铅酸蓄电池市场产值。由此可见，未来电动车辆(Ev 和 HEv)领域也将为 Ni/MH 动力电池提供巨大的应用市场。

　　Ni/MH 电池材料包括电池的正、负极活性物质和制备电极所需的基板材料(泡沫镍、纤维镍及镀镍冲孔钢带)与各种添加剂、聚合物隔膜、电解质以及电池壳体和密封件材料等。本节将着重介绍 Ni/MH 电池的储氢合金负极材料和 $Ni(OH)_2$ 正极材料的基本特征、化学反应、结构性能和制备工业等。

　　Ni/MH 电池的正极活性物质采用氢氧化镍，负极活性物质为储氢合金，电解液为碱性水溶液(如氢氧化钾溶液)，其基本电极反应为

$$正极： \quad Ni(OH)_2 + OH^- \Longleftrightarrow NiOOH + H_2O + e^-$$

$$负极： \quad M + H_2O + e^- \Longleftrightarrow MH + OH^-$$

$$电池总反应： \quad Ni(OH)_2 + M \Longleftrightarrow NiOOH + MH$$

式中，M 为储氢合金；MH 为储有氢的储氢合金。

　　电池的充放电过程可以看作是氢原子或质子从一个电极移到另一个电极的往复过程(图 3-11)。在充电过程中，通过电解水在电极表面上生成的氢不是以气态分子氢形式逸出的，而是电解水生成的原子氢直接被储氢合金吸收，并向储氢合金内部扩散，进入并占据合金的晶格间隙，形成金属氢化物。在充电后期正极有氧气产生并析出，氧气透过隔膜到达负极区，与负极进行复合反应生成水，其反应为

$$正极： \quad 4OH^- \Longleftrightarrow 2H_2O + O_2 + 4e^-$$

$$负极： \quad 4MH + O_2 \Longleftrightarrow 4M + 2H_2O$$

$$电化学反应： \quad OH^- + MH \Longleftrightarrow H_2O + M + e^-$$

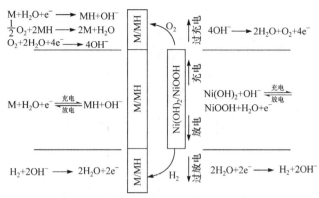

图 3-11　Ni/MH 电池的工作原理示意图

在过充电过程中，对于理想密封电池，正极上产生的 O_2 很快地在负极上与氢反应生成水。Ni/MH电池的失效在很大程度上是负极对氧气复合能力的衰减，导致电池内压升高，迫使电池安全阀开启，产生漏气、漏液等现象。

在过放电时，当电压接近–0.2V 时，在正极上产生氢，使内压有少量增加，但这些氢很快与负极反应，反应式为

正极：
$$H_2O + e^- \rightleftharpoons \frac{1}{2}H_2 + OH^-$$

负极：
$$\frac{1}{2}H_2 + M \rightleftharpoons MH$$

电池总反应：
$$OH^- + MH \rightleftharpoons H_2O + M + e^-$$

在 Ni/MH 电池设计时，一般采用正极限容、负极过量，即负极的容量必须超过正极。否则，过充电时，正极会析出氧，从而使合金被氧化，造成负极片的不可逆损坏，导致电池容量及寿命骤减，过放电时，正极上会产生大量氢气，造成电池内压上升。所以，一般负正极的设计容量比为 1.5 左右。目前，商品 Ni/MH 电池的形状有圆柱形(图 3-12)、方形(图 3-13)、口香糖式和口式等多种类型。

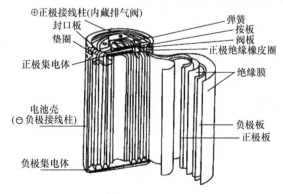

图 3-12　圆柱形 Ni/MH 电池的结构示意图

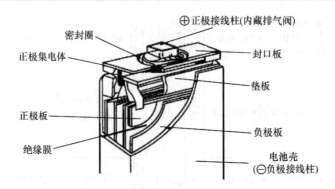

图 3-13　方形 Ni/MH 电池的结构示意图

储氢合金作为 Ni/MH 电池的负极材料应用，是由于其具有独特的储氢和电化学反应双重功能(图 3-14)。储氢合金负极材料一般需要具备以下主要特征。

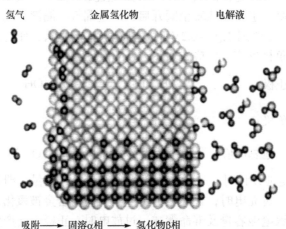

图 3-14　金属间隙中原子、表面氢分子模型

(1) 储氢合金的可逆储氢容量较高，平台压力适中(0.01～0.05MPa)，对氢的阳极氧化具有良好的电催化性能。

(2) 在氢的阳极氧化电位范围内，储氢合金具有较强的抗氧化性能。

(3) 在强碱性电解质溶液中，储氢合金组分的化学状态相对稳定。

(4) 在反复充放电循环过程中，储氢合金的抗粉化性能优良。

(5) 储氢合金具有良好的电和热的传导性。

(6) 合金的成本相对低廉。

储氢合金电极在碱性电解液中的电极反应主要包括以下几种。

(1) 氢在储氢合金和电解液界面的电化学吸附/脱附反应过程：

$$M + H_2O + e^- \rightleftharpoons MH_{ads} + OH^-$$

(2) 氢在储氢合金内的固相传输过程：

$$MH_{ads} \rightleftharpoons MH_{ab}(\alpha) \rightleftharpoons MH(\beta)$$

储氢合金表面吸附原子氢逐步向合金相扩散形成固溶α相，随着氢浓度的增加，吸附于合金中的氢原子发生反应逐步转化成β相氢化物。

(3) 氢在储氢合金表面的析出过程：

$$2MH_{ads} \rightleftharpoons M + H_2$$

$$2MH_{ads} + H_2O + e^- \rightleftharpoons M + H_2 + OH^-$$

合金表面吸附的氢原子进行化学和电化学复合反应，导致氢以气体的形式析出。

3.6.2 氢分离精制技术

化工厂排出的一些废气中含有较高比例的氢气，将之收集提纯可变废为宝。此外，化工和半导体工业需要大量的高纯氢，一般采用深冷吸附法和氢气扩散透过钯合金膜法制取，需要在超低温下进行，操作复杂、成本高。利用储氢合金只吸氢这一特性可分离精制氢，其原理如图 3-15 所示。首先将含杂质的氢气通入精制塔 A，塔 A 中的储氢合金与氢反应吸收氢气，完成吸氢后打开阀门将残留的杂质气体抽出，这样塔 A 中的氢气纯度得到提高。然后使塔 A 中的储氢合金放氢并将之输入精制塔 B，重复在塔 A 中的过程，氢气的纯度得到进一步提高。反复进行多段精制可得到纯度极高的氢气。

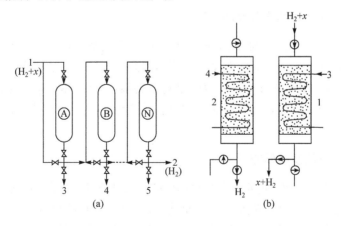

图 3-15 用储氢合金分离、精制氢气装置原理图

(a) 储氢合金分离示意图：A～N. 氢精制塔(充填吸氢合金)；1. 含杂质 x 的粗氢；2. 高纯度氢；3～5. 分离杂质.

(b) 用金属氢化物精制氢的系统示意图：1. 氢的分离过程(吸氢合金层)；2. 氢的精制过程(金属氢化物层)；

3. 冷水；4. 温水

3.6.3　氢同位素分离和核反应堆中的应用

氘在原子能工业中较为重要，可用来制造重水，用作核反应堆中的慢化剂及冷却剂。一旦受控核聚变成功，氘又是聚变的原料。在核动力装置中一般使用储氢合金吸收泄漏的放射元素以确保运行安全，还可防止焊缝中的氢损伤。

某些储氢合金的氢化物与气氘化物相比，在同一温度下的分解压有足够大的差异，吸放氢与氘时的热力学特性有较大的差别，从而可用于氢同位素的分离。例如，TiNi 合金吸收 D_2 的速度为 H_2 的 1/10。将含 7%D_2 的 H_2 导入充填 TiNi 合金的密闭容器里，并加热到150℃，每操作一次可使 D_2 浓缩50%。这样，通过多次压缩和吸收，或通过料柱，氘的浓度可迅速提高。本方法有两个优点：①能耗低，工艺简单；②可同时回收大量高纯氢——为制取的氘体积的 7000 倍，因而大大降低了制氘的费用。但迄今尚未得到分离效率高、价格适中的合金。采用储氢合金制作两腔室的模组件来分离氢同性素或制取高纯氢亦是当前研究的方向。

3.6.4　氢燃料发动机

设计制作氢燃料发动机用于汽车和飞机，可提高热效率，减少环境污染，使氢气真正成为便宜并且使用方便的二次能源。在重量上，金属氢化物比汽油还要重，但与汽油以外的替代能源的电池相比，重量又显得轻。氢在航空航天上显示出诱人的应用前景，未来的空间计划将会使用氢/氧组合作为推进剂或者辅助推进剂。

3.6.5　热压传感器和热液激励器

利用储氢合金有恒定的 PCT 曲线的特点，可以制作热压传感器。它利用氢化物分解压和温度的一一对应关系通过压力来测量温度。它的优点在于，有较高的温度敏感性(氢化物的分解压与温度呈对数关系)，探头体积小，导管长，测量精度高，无重力效应等。它要求储氢材料有尽可能小的滞后及尽可能大的反应热和反应速度。

3.6.6　空调、热泵及热储存

储氢合金吸放氢时伴随有巨大的热效应，发生热能-化学能的相互转换，这种反应的可逆性好，反应速度快，因而储氢合金是一种特别有效的蓄热和热泵介质。储氢合金储热能是一种化学储能方式，长期储存毫无损失。将金属氢化物的分解反应用于蓄热目的时，热源温度下的平衡压力应为一至几十个大气压。利用储氢合金的热装置可充分回收利用太阳能和各种中低温(300℃以下)余热、废热、环境热，使能源利用率提高达 20%～30%。从热力学角度分析，燃烧化石燃料及使用电能采暖，热效率低，很不合理，应使用低品位热能，若能采用热泵则更为合理。

储氢合金氢化物热泵是以氢气作为工作介质，以储氢合金作为能量转换材料，由同温度下分解压不同的两种氢化物组成热力学循环系统，使两种氢化物分别处于吸氢(放热)、放氢(吸热)状态，利用它们的平衡压差来驱动氢气流动，从而利用低级热源来进行储热、采暖和制冷。它具有升温或降温热效率高的优点，分为温度提高型、热量增幅型和制冷型三种操作方式。氢化物热装置的特点是：

(1) 可利用废热和太阳能等低品位的热源驱动工作；

(2) 是气固相作用，无腐蚀、无运动部件(无磨损、无噪声)；

(3) 系统工作温度范围大，工作温度可调，不存在氟利昂对大气臭氧层的破坏作用；

(4) 可达到制冷采暖双效的目的。

因而自 1977 年以来氢化物热泵发展迅速，被认为极有发展前景，已成为金属氢化物工作的热点之一。储氢合金的性能对氢化物热泵工作状况起决定性的作用，特别是选择合适的蓄热型和储氢型两种金属氢化物配对使用是提高热泵效率的关键。对合金的主要要求是：有效氢容量大，平台平坦，滞后小，动力学性能好，抗衰退能力和抗中毒能力强，并有合理的热值。日本千代田建设公司开发了大型热泵，其功率达到 $1.25 \times 10^9 J/h$。浙江大学已制作并运行了一台 $1.25 \times 10^7 J/h$ 的空调样机，采用配对储氢合金。目前氢化物热泵的研制虽取得一定进展，但其性能和价格尚难与传统装置竞争。其性能差的主要原因是每次循环的氢量较小和反应导热性差，所以单位时间内可转化的热能小，今后需要进一步解决一些技术问题。

(1) 新材料的开发及配对——获得最大的有效工作氢气容量；

(2) 改善传质问题——克服粉体及容器阻力对氢气流动的延缓作用；

(3) 改善传热问题——提高氢化物床的导热性，从而加大氢的吸收速度及系统的制冷能力；

(4) 克服材料床体及容器的吸热损失，降低成本。

只要上述诸问题逐一解决，就可首先在汽车或轮船的空调上，或在缺乏电能而又需制冷(空调)的地区，开发氢化物热泵，并逐步使之商业化。

思　考　题

(1) 什么是储氢材料？储氢材料的主要特点是什么？

(2) 氢能大规模的商业应用所需解决的关键问题是什么?

(3) 利用太阳能可进行光化学分解水制氢的原理是什么?

(4) 储氢合金负极材料具备的主要特征是什么?

(5) 储氢材料的应用领域及相应领域的前景展望如何?

(6) 金属氢化物主要分为哪几大类? 每类材料的优缺点是什么?

(7) 在金属氢化物中, 氢吸收与解吸的过程原理是什么?

参 考 文 献

陈军, 朱敏. 2009. 高容量储氢材料的研究进展. 中国材料进展, 28(5): 2-10.

冯晶, 陈敬超, 肖冰, 等. 2005. 金属基储氢合金的研究进展. 材料导报, 19(S1): 239-241.

国家中长期科学和技术发展规划纲要(2006—2020 年). http: //www.most.gov.cn/kjgh/kjghzcq/.

毛宗强. 2005. 氢能及其近期应用前景. 科技导报, 23(0502): 34-38.

许炜, 陶占良, 陈军, 等. 2006. 储氢研究进展. 化学进展, 18(2): 200-210.

周鹏, 刘启斌, 隋军, 等. 2014. 化学储氢研究进展. 化工进展, 33(8): 2004-2011.

Agbossou K, Kolhe M, Hamelin J, et al. 2004. Performance of a stand-alone renewable energy system based on energy storage as hydrogen. IEEE Transactions on energy Conversion, 19(3): 633-640.

Alcaide F, Cabot P L, Brillas E. 2006. Fuel cells for chemicals and energy cogeneration. Journal of Power Sources, 153(1): 47-60.

Bak T, Nowotny J, Rekas M, et al. 2002. Photo-electrochemical hydrogen generation from water using solar energy. Materials-related aspects. International Journal of Hydrogen Energy, 27(10): 991-1022.

Barbir F. 2005. PEM electrolysis for production of hydrogen from renewable energy sources. Solar Energy, 78(5): 661-669.

Barreto L, Makihira A, Riahi K. 2003. The hydrogen economy in the 21st century: asustainable development scenario. International Journal of Hydrogen Energy, 28 (3): 267-284.

Brahim H, Ilinca A, Perron J. 2008. Energy storage systems—characteristics and comparisons. Renewable and Sustainable Energy Reviews, 12(5): 1221-1250.

Che G, Lakshmi B B, Fisher E R, et al. 1998. Carbon nanotubule membranes for electrochemical energy storage and production. Nature, 393(6683): 346-349.

Das D, Veziroğlu T N. 2001. Hydrogen production by biological processes: a survey of literature. International Journal of Hydrogen Energy, 26(1): 13-28.

Dufo-Lopez R, José L, Contreras J. 2007. Optimization of control strategies for stand-alone renewable energy systems with hydrogen storage. Renewable Energy, 32(7): 1102-1126.

Dutta S. 1990. Technology assessment of advanced electrolytic hydrogen production. International Journal of Hydrogen Energy, 15(6): 379-386.

Eberle U, Felderhoff M, Schuth F. 2009. Chemical and physical solutions for hydrogen storage. Angewandte Chemie International Edition, 40 (48): 6608-6630.

Edwards P P, Kuznetsov V L, David W I F, et al. 2008. Hydrogen and fuel cells: towards a sustainable energy future. Energy Policy, 36(12): 4356-4362.

Elmer T, Worall M, Wu S, et al. 2015. Fuel cell technology for domestic built environment applications: state of-the-art review. Renewable and Sustainable Energy Reviews, 42: 913-931.

Forsberg C W. 2003. Hydrogen, nuclear energy and the advanced high-temperature reactor. International Journal of Hydrogen Energy, 28(10): 1073-1081.

Furukawa H, Yaghi O M. 2009. Storage of hydrogen, methane, and carbon dioxide in highly porous covalent organic frameworks for clean energy applications. Journal of the American Chemical Society, 131(25): 8875-8883.

Hirscher M. 2010. Handbook of Hydrogen Storage: New Materials for Future Energy Storage. Stuttgart: Wiley-VCH.

Hawkes F R, Dinsdale R, Hawkes D L, et al. 2002. Sustainable fermentative hydrogen production: challenges for process optimization. International Journal of Hydrogen Energy, 27(11-12): 1339-1347.

Iwahara H, Esaka T, Uchida H, et al. 1981. Proton conduction in sintered oxides and its application to steam electrolysis for hydrogen production. Solid State Ionics, 3-4: 359-363.

Jain I P, Lal C, Jain A. 2010. Hydrogen storage in Mg: a most promising material. International Journal of Hydrogen Energy, 35(10): 5133-5144.

Kapdan I K, Kargi F. 2006. Bio-hydrogen production from waste materials. Enzyme and Microbiall Technology, 38(5): 569-582.

Khaselev O. 1998. A monolithic photovoltaic-photoelectrochemical device for hydrogen production via water splitting. Science, 280(5362): 425-427.

Kudo A, Miseki Y. 2009. Heterogeneous photocatalyst materials for water splitting. Chemical Society Reviews, 38 (1): 253-278.

Li H L, Eddaoudi M M, Yaghi O M, et al. 1999. Design and synthesis is ofan exceptionally stable and highly porous metal-organic frame work. Nature, 402(6759): 276-279.

Liu C, Fan Y Y, Liu M, et al. 1999. Hydrogen storage in single-walled carbon nanotubes at room temperature. Science, 286(5442): 1127-1129.

Lu J, Zahedi A, Yang C, et al. 2013. Building the hydrogen economy in China: drivers, resources and technologies. Renewable and Sustainable Energy Review, 23(23): 543-556.

Lukic S M, Cao J, Bansal R C, et al. 2008. Energy storage systems for automotive applications. IEEE Transactions on Industrial Electronics, 55(6): 2258-2267.

Mazloomi K, Gomes C. 2012. Hydrogen as an energy carrier: prospects and challenges. Renewable and Sustainable Energy Reviews, 16(5): 3024-3033.

Muradov N Z, Veziroglu T N. 2008. "Green" Path from fossil-based to hydrogen economy: an overview of carbon-neutral technologies. International Journal of Hydrogen Energy, 33 (23): 6804-6839.

Ni M, Leung M K H, Leung D Y C, et al. 2007. A review and recent developments in photocatalytic water-splitting using TiO_2 for hydrogen production. Renewable and Sustainable Energy Reviews, 11(3): 401-425.

Rowsell J L C, Yaghi O M. 2010. Strategies for hydrogen storage in metal-organic frameworks.

Angewandte Chemie International Edition, 44(30): 4647.

Schlapbach L, Zuttel A. 2001. Hydrogen-storage materials for mobile applications. Nature, 414(6861): 353-358.

Shang C X, Bououdina M, Song Y, et al. 2004. Mechanical alloying and electronic simulations of $(MgH_2+ M)$ systems (M= Al, Ti, Fe, Ni, Cu and Nb) for hydrogen storage. International Journal of Hydrogen Energy, 29(1): 73-80.

Sharaf O Z, Orhan M F. 2014. An overview of fuel cell technology: fundamentals and applications. Renewable and Sustainable Energy Reviews, 32(5): 810-853.

Steinfeld A, Kuhn P, Reller A, et al. 1998. Solar-processed metals as clean energy carriers and water-splitters. International Journal of Hydrogen Energy, 23(9): 767-774.

Tzimas E, Filiou C, Peteves S, et al. 2003.Hydrogenstorage: State-of-the-Art and Future Perspective. European Commission, JRC Petten, EUR 20995 EN.

Vaidya P D, Rodrigues A E. 2006. Insight into steam reforming of ethanol to produce hydrogen for fuel cells. Chemical Engineering Journal, 117(1): 39-49.

Veziroğlu T N, Sahi S. 2008. 21st Century's energy: hydrogen energy system. Energy Conversion and Management, 49(7): 1820-1831.

Wang M, Chen L, Sun L. 2012. Recent progress in electrochemical hydrogen production with earth-abundant metal complexes as catalysts. Energy & Environmental Science, 5 (5): 6763-6778.

Wang Q, Hisatomi T, Jia Q, et al. 2016. Scalable water splitting on particulate photocatalyst sheets with a solar-to-hydrogen energy conversion efficiency exceeding 1%. Nature Materials, 15(6): 611.

Wang X, Maeda K, Thomas A, et al. 2008. A metal-free polymeric photocatalyst for hydrogen production from water under visible light. Nature Materials, 8(1): 76-80.

Wang X, Maeda K, Thomas A, et al. 2009. A metal-free polymeric photocatalyst for hydrogen production from water under visible light. Nature Materials, 8(1): 76-80.

Winsche W E, Hoffman K C, Salzano F J. 1973. Hydrogen: its future role in the nation's energy economy. Science, 180(4093): 1325-1332.

Yang J, Sudik A, Wolverton C, et al. 2010. High capacity hydrogen storage materials: attributes for automotive applications and techniques for materials discovery. Chemical Society Reviews, 39(2): 656-675.

Zaluska A, Zaluski L. 1999. Ström-Olsen J O. Nanocrystalline magnesium for hydrogen storage. Journal of Alloys and Compounds, 288(1-2): 217-225.

Zuttel A. 2003. Materials for hydrogen storage. Materials Today, 6 (9): 24-33.

第4章 燃料电池材料

4.1 燃料电池概述

4.1.1 燃料电池的定义

燃料电池是一种能量转换装置,它将存储在燃料中的化学能通过电化学反应直接转换成电能。它的工作原理与传统的电池类似,但其工作方式则不同于传统电池。电池是集能量存储和转换为一体的装置,即电活性物质通常作为电极材料的一部分存储在电池壳体中,在电池工作(放电)时,其不断被消耗掉,待这些携带化学能的电活性物质消耗到一定程度后,电池就不能继续工作,因此电池的特征是一次只能输出有限的电能,并且电极在电池工作过程中会不断变化。而燃料电池本身仅仅是一种能量转换装置,并不存储能量。携带能量的燃料和氧化剂被源源不断地输入燃料电池中,经电化学反应转换为电能,并不断排出产物。此过程中燃料电池的电极并不发生变化,只是提供电化学反应发生的场所。因此燃料电池的特征是只要能够连续地供应燃料和氧化剂,燃料电池就能连续发电,并且电极并不消耗。这种工作方式与汽油和柴油发电机比较接近,即不断地从外部获得燃料,不断地输出电能,并不断地排放反应产物。但是燃料电池和汽、柴油发电机的发电过程是完全不同的。传统的热机发电要经过几个步骤:首先必须通过燃烧将燃料的化学能转变成热能,然后利用热机(内燃机或蒸汽机)将热能转化成机械能,最后再通过发电机将机械能转换为电能。在这一系列的转换步骤中,燃烧过程产生污染,热机转换过程产生噪声,每一步转换都会造成能量损失,尤其是热能转化为机械能时,热机效率受卡诺循环的限制,导致发电效率的极大损失。相比之下,燃料电池则是通过其阴阳两电极上发生的电化学反应,直接将化学能转换为电能。转换过程中没有燃烧,不使用热机。因此,燃料电池具有效率高、污染少、噪声低的突出优点。

4.1.2 燃料电池的工作原理

燃料电池(无论哪种类型)都是由阴极、阳极、电解质这三个单元构成的。电解质通常介于阳极和阴极之间,其具有双重作用,即传导离子与阻止燃料和氧化剂的直接接触。阳极是燃料发生氧化反应的场所,生成阳离子并给出自由电子;阴极是氧化剂发生还原反应的场所,得到电子并产生阴离子。燃料电池中从化学能到电能的全部转换过程都是通过这三个基本单元来完成的。阳极产生的阳离子或者阴极产生的阴离子通过质子导电而电子绝缘的电解质运动到相对应的另外一个电极上，生成物并随未反应完全的反应物一起排到电池外。与此同时，电子通过外电路由阳极运动到阴极，整个反应过程达到物质的平衡与电荷的平衡，外部电器就获得了燃料电池所提供的电能。我们以酸性电解质的氢氧燃料为例来说明燃料电池的工作原理。如图 4-1 所示，氢气作为燃料被连续地输送到燃料电池的阳极，在阳极电催化剂的作用下，发生电化学氧化反应(阳极反应，式(4-1))，生成质子，同时释放出两个自由电子。质子通过酸性电解质从阳极传递到阴极，自由电子则通过电子导体从阳极流经负载后运动到阴极。在阴极上，氧气在催化剂的作用下，发生电化学还原反应(阴极反应，式(4-2))，即与从电解质传递过来的质子和从外电路传递过来的电子结合生成水分子。总的电池反应(式(4-3))显然与氢气和氧气的燃烧反应是一样的。但是发生燃烧反应时，氢气与氧气直接接触，释放出的是热能。而在燃料电池中，氢气和氧气并无直接接触，它们的氧化和还原在各自的电极上进行，由于两个电极反应的电势不同，在两个电极间产生电势差，其推动电子从电势低的阳极向电势高的阴极流动，并释放出电能。就和水从高处流往低处时，势能转化为动能是一个道理。从燃料电池的工作原理可以看出，燃料电池是一个能量转化装置，只要外界源源不断地提供燃料和氧化剂，燃料电池就能持续发电。

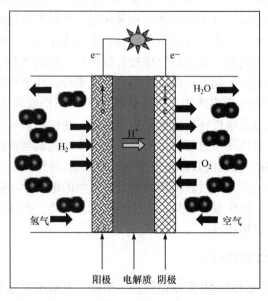

图 4-1　酸性电解质氢氧燃料电池基本原理示意图

$$阳极反应： \qquad H_2 \longrightarrow 2H^+ + 2e^-, \quad E^0 = 0V \qquad (4-1)$$

阴极反应：$\qquad \dfrac{1}{2}O_2 + 2H^+ + 2e^- \longrightarrow H_2O, \quad E^0 = 1.23V$ $\qquad$ (4-2)

电池反应：$\qquad H_2 + \dfrac{1}{2}O_2 \longrightarrow H_2O, \quad E_{cell}^0 = 1.23V$ $\qquad$ (4-3)

对于以氢气作为燃料的电池反应，其化学反应的 Gibbs 自由能变化与电池电动势可由式(4-4)计算：

$$\Delta G = -nFE \qquad (4-4)$$

其中，F 是法拉第常数，单位为 C/mol；n 是反应电子数，单位为个；E 是电池的可逆电位，单位为 V。

由于不可避免的损耗，一个实际的燃料电池输出的电压总是低于热力学理论计算的电压。典型的燃料电池 U-J 曲线如图 4-2 所示。

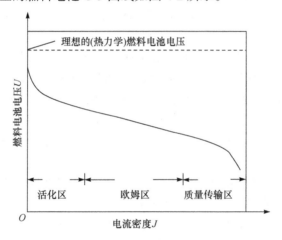

图 4-2　燃料电池的 U-J 曲线示意图

从燃料电池输出的电流越多，其损耗越大。燃料电池的损耗主要有以下三种：

(1) 活化损耗 η_{act}。发生在低电流密度区，由电化学反应引起，并由最慢的电极反应动力学步骤控制。

(2) 欧姆损耗 η_{oh}。由离子和电子传导引起，在中电流密度区占主导地位。

(3) 浓度损耗 η_{con}。由质量传输引起，主要发生在高电流密度区。

因此，燃料电池的实际电压的计算公式如下：

$$V = E - \eta_{act} - \eta_{oh} - \eta_{con} \qquad (4-5)$$

式中，V 是燃料电池的实际输出电压；E 是热力学计算的理论电压。

从燃料电池的工作原理不难发现，可以作为燃料电池的燃料和氧化剂的物质有很多。目前常用的燃料是氢气，氧化剂则是来自于空气中的氧气。原因主要是氢气电化学氧化反应的动力学快，空气无成本且可直接取自电池周围的环境中，电池的唯一排放物为水，从而可实现零污染排放，符合当今对洁净能源转换技术的要求。但是自然界中的氢常以化合物的形式存在于水、石油、天然气等中。从这些物质中经济环保地提取氢气，对燃料电池技术的大规模应用是非常重要的。

4.1.3 燃料电池的特点

燃料电池是一种将储存在燃料和氧化剂中的化学能持续转化为电能的电化学装置，其在原理和结构上与普通意义上的电池(一次、二次电池)完全不同。一次和二次电池的容量是有限的，电池内的活性物质一旦消耗完毕，电池的寿命就终止，必须更换或者充电后方可继续使用；而燃料电池的活性物质是存储在电池之外的，只要这些燃料和氧化剂源源不断地注入电池内部，燃料电池就能持续发电。作为一种发电装置，燃料电池和现在广泛使用的热机(蒸汽机和内燃机)及其他发电方式相比，具有如下几项优点：

(1) 效率高。燃料电池是利用电化学原理，通过等温的电化学反应直接将化学能转化为电能的。理论上它的化学能到电能的转化效率可达 85%～90%。但以目前的技术水平，电池在工作时由于受各种极化的限制，实际的发电效率均在40%～60%的范围内，已经可以与火力发电效率(30%～40%)相匹敌。若实现热电联供，燃料的总能量转化效率可达 80%以上。随着燃料电池技术的进步，其发电效率将有希望进一步提高。

(2) 污染低。当燃料电池以纯氢气体为燃料时，电池反应的唯一产物为水，因此可以实现零污染排放。目前主要利用化石燃料来制取氢气，比如将天然气经过水气转换反应即可获得作为燃料电池燃料的富氢气体。在这种制氢过程中所排放的二氧化碳的量要比将化石燃料直接燃烧发电所排放的二氧化碳的量减少40%以上，从而可有效减缓地球的温室效应。另外，由于燃料电池的燃料气在反应前必须脱除硫及其化合物，而且燃料电池按电化学原理发电(燃料与空气无直接接触)，不经过热机的燃烧过程(空气与燃料直接混合)，所以它几乎不排放硫氧化物(SO_x)、氮氧化物(NO_x)以及粉尘等，从而减少了大气污染物排放，有利于降低酸雨对环境的破坏。随着技术的进步，未来可以利用太阳能、风能、水能、地热能、海洋能等这些绿色可再生能源以及核能来提取水中的氢气，以其为燃料，再利用燃料电池发电，将会从根本上实现无污染发电。

(3) 噪声低。火力发电、水力发电、核能发电这些目前使用的发电技术均需使用大型涡轮机，其在工作过程中高速运转，产生很大噪声。作为车船动力的内燃机也产生了相当大的噪声，必须进行隔音降噪，从而增加了成本。燃料电池按电化学原理工作，电池本身没有运动部件，附属系统也只有很少的运动部件，且都是低噪声的，因此它可以安静地将燃料转化为电能。实验表明，距离 40kW 磷酸燃料电池电站 4.6m 的噪声水平是 60dB。而 4.5MW 和 11MW 的大功率磷酸燃料电池电站的噪声水平不高于 55dB。我国对居住、商业、工业混杂区的噪声标准是昼间≤60dB、夜间≤50dB。显然，燃料电池电站的安静程度已符合可以建在居民生活和办公区域附近的要求.将燃料电池电站设置在需要电的工厂或住宅附近，可以有效地降低长距离输送所造成的电能损失。

(4) 使用范围广，机动灵活。燃料电池的基本单元是单电池，即两个电极夹一层电解质。基本单元组装起来就构成一个电池组，再将电池组集合起来就构成燃料电池发电装置。发电容量取决于单电池的功率与数目。燃料电池采用模块式结构进行设计和生产，可以根据不同的需要灵活地组装成不同规模的燃料电池发电站。所以燃料电池发电站的建设成本低、周期短。另外，由于燃料电池重量轻、体积小、比功率高，移动起来比较容易，布置方式也灵活多样，所以特别适合在海岛上或边远地区建造分散性电站。近年来世界上发生的几次大的停电事故启示我们："大机组、大电网、高电压"模式的现代电力系统非常脆弱，在战争状态下更是不堪一击。燃料电池的机动灵活性可以有效解决供电安全问题。

目前燃料电池可以从 1W 级做到兆瓦级，如此宽的功率范围使得燃料电池的应用范围十分广泛。燃料电池按照发电量分为 7 级，各自有不同的应用领域，见表 4.1。

表 4.1　不同级别燃料电池的应用领域

发电容量级别	应用领域
1W 级	小型便携式电源，如数码相机、笔记本电脑、手机等
10W 级	便携式电源，如应急作业、警用装备、军用野外作战装备等
100W 级	电动自行车、摩托车的动力源，小型服务器，UPS 等
1kW 级	各种移动式动力源，如家庭电源、野外作业动力源等
10kW 级	电动车动力源，中型通信站后备电源
100kW 级	舰艇、潜艇、公共汽车等交通工具的动力源，小型移动电站
1MW 以上级	局域分散电站，集中式并网电站，大型舰船、潜艇动力电源

4.1.4　燃料电池的分类

燃料电池的分类方式很多，可依据所用电解质性质、电池工作温度、燃料种类及使用方式等进行分类。目前广为采纳的分类方法是依据燃料电池中所用的电解质类型来进行分类，即分为五类燃料电池：碱性燃料电池(alkaline fuel cell，AFC)，质子交换膜燃料电池(proton exchange membrane fuel cell，PEMFC)，磷酸燃料电池(phosphoric acid fuel cell，PAFC)，熔融碳酸盐燃料电池(molten carbonate fuel cell，MCFC)和固体氧化物燃料电池(solid oxide fuel cell，SOFC)。依据工作温度，燃料电池可以分为低温燃料电池、中温燃料电池和高温燃料电池。碱性燃料电池和质子交换膜燃料电池属于低温燃料电池，磷酸燃料电池则为中温燃料电池，熔融碳酸盐燃料电池和固体氧化物燃料电池归类为高温燃料电池。根据燃料的来源，燃烧电池可分为直接型、间接型和再生型。按燃料及其使用方式，燃料电池可分为三类：第一类是直接式燃料电池，即燃料直接在电池的阳极催化剂上被氧化。如直接甲醇燃料电池(direct methanol fuel cell，DMFC)、直接碳燃料电池(direct carbon fuel cell，DCFC)、直接硼氢化物燃料电池(direct borohydride fuel cell，DBFC)等。第二类是间接式燃料电池，其燃料不是直接使用，而是经过转化后再使用。比如把甲烷、甲醇或其他烃类化合物，通过蒸汽转化或催化重整转变成富氢混合气后，再供应给燃料电池来发电。第三类是再生式燃料电池，它是指把燃料电池反应生成的水，经某种方法分解成氢和氧，再将氢和氧重新输入燃料电池中发电。

下面就几种常见的燃料电池的特性及其发展状况做简单介绍。

1. 碱性燃料电池

碱性燃料电池是第一种得到实际应用的燃料电池。碱性燃料电池在 1902 年提出，但由于当时研究水平有限，该类燃料电池一直没有商业化。直至 20 世纪 40 年代，剑桥大学的培根开发出了世界上第一个碱性燃料电池。他采用 KOH 溶液替代了酸性电解质溶液，开发出了双孔电极，增加了电极的反应界面。20 世纪 60～70 年代，由于载人航天飞行对高比功率、高比能量电源需求的推动，在国际上形成了碱性燃料电池研制的高潮。美国艾丽斯-查尔莫斯公司和联合碳化物公司分别将碱性燃料电池应用于农场拖拉机和移动雷达系统以及民用电动自行车上。1960～1965 年，美国 Pratt-Whitney 受美国国家航空航天局(NASA)的委托，在英国 Bacon 教授工作的基础上，为阿波罗登月飞行成功开发了 PC3A 型碱性燃料电池系统。20 世纪 70 年代，美国联合技术公司在 NASA 的支持下，成功开发了航天飞机用的石棉膜型碱性燃料电池，并于 1981 年 4 月首次用于航天飞行。碱性燃料电池在载人航天飞行中取得了成功应用，不但证明了碱性燃料电池具有高的质量比功率和体积比功率、高的能量转化效率(50%～70%)，而且运行高度可靠，展示出燃料电池作为一种新型、高效、环境友好的发电装置的可能性。

碱性燃料电池采用强碱(如氢氧化钾、氢氧化钠)溶液为电解液；氢为燃料；采用纯氧或脱除微量二氧化碳的空气为氧化剂；采用对氧电化学还原具有良好催化活性的 Pt/C，Ag，Ag-Au，Ni 等为电催化剂制备的多孔气体扩散电极，即氧电极；以具有良好催化氢电化学氧化的 Pt-Pd/C，Pt/C，Ni 或硼化镍等为电催化剂制备的多孔气体电极，即氢电极；以无孔碳板、镍板或镀镍甚至镀银、镀金的各种金属(如铝、镁、铁等)板为双极板材料，在板面上可加工各种形状的气体流动通道构成双极板。电池工作温度一般为 60～220℃。在低温工作的碱性燃料电池(<120℃)采用 35%～50%(质量分数)的碱性电解液；在较高温度工作的碱性燃料电池则采用 85%(质量分数)的碱性电解液，碱性燃料电池的工作条件为：温度为 60～80℃，电池的工作压力应为 0.4～0.5MPa。

碱性燃料电池有两种结构模式：电解质固定式和电解质循环式。前者是将电解液浸在多孔石棉膜中，夹在气体扩散性阴阳两极之间构成电池。后者采用具有两种孔径的电极，气体一侧孔径较大，电解液一侧孔径较小，阴阳两极之间形成一个电解液腔，工作时采用泵使电解液流经电解液腔在电池内外部循环，利用电解液在电极细孔中的毛细作用来防止气体泄漏。航天飞机上使用的碱性燃料电池是电解质固定式的，阿波罗登月飞船上使用的是电解液循环式的。

与其他类型的燃料电池相比，碱性燃料电池有一些显著的优点：①由于在碱性电解液中，氢气的氧化反应和氧气的还原反应交换电流密度比在酸性电解液中要高，反应更容易进行，所以不必像在酸性燃料电池中必须采用铂等贵金属为电催化剂，可以采用镍、银等较便宜的金属为催化剂，从而降低燃料电池的成本。②碱性燃料电池的工作电压较高，一般为 0.8～0.95V，电池的效率可以高达 60%～70%，如果不考虑热电联供，碱性燃料电池的电效率是几种燃料电池中最高的。③碱性燃料电池的双极板可以用镍，其在碱性条件下是稳定的，这样可以降低电池堆的成本。事实上，就电池堆而言，碱性燃料电池的制作成本是所有燃料电池中最低的。碱性燃料电池的缺点主要是必须以纯氢为燃料、纯氧为氧化剂，这是因为电池中的碱性电解液非常容易和 CO_2 发生化学反应生成碳酸盐，其会堵塞电极的孔隙和电解质的通道，影响电池的寿命，所以不能直接采用空气作为氧化剂，也不能使用重整气体(H_2+CO_2)作为燃料。这极大地限制了碱性燃料电池的大规模民用，基本局限在航天和军事上。

2. 质子交换膜燃料电池

质子交换膜燃料电池是研究时间最长的一种燃料电池，采用能够传导质子的聚合物膜作为电解质，Pt/C 或 Pt-Au/C 为电催化剂，氢或净化重整气体为燃料，空气或纯氧为氧化剂，带有气体流动通道的石墨或表面改性的金属极为双极板。20 世纪 60 年代，美国首先将通用电气公司开发的质子交换膜燃料电池用于双子星座航天飞机，该电池当时采用的是聚苯乙烯磺酸膜，在电池工作过程中该膜发生了降解。膜的降解不但导致电池寿命的缩短，而且还污染了电池的生成水，使宇航员无法饮用。在 20 世纪 70 年代，美国杜邦公司研制并生产了具有高质子电导率、较好化学稳定性和机械性能的全氟磺酸膜，商品名为 Nafion 膜，延长了电池寿命，解决了电池生成水的污染问题。到 20 世纪 80 年代，由于电池材料和制备技术取得突破性进展，质子交换膜燃料电池的性能大幅度提高，实用化前景较为看好，从而又掀起了研发热潮。1983 年，加拿大国防部资助巴拉德动力系统公司进行质子交换膜燃料电池研究并取得了突破性进展。首先采用薄的(50～150μm)高电导率的 Nafion 和 Dow 全氟磺酸膜，使电池性能提高数倍。接着又采用 Pt/C 催化剂代替纯铂，在电极催化层中加入全氟磺酸树脂，实现了电极的立体化，并将阴极、阳极与膜热压到一起，组成电极-膜-电极"三合一"组件。这种工艺减少了膜与电极的接触电阻，并在电极内建立起质子通道，扩展了电极反应的三相界面，增加了 Pt 的利用率，大幅度提高了电池的性能，使电极的 Pt 担载量降至低于 $0.5mg/cm^2$，电池输出功率密度高达 $0.5～2W/cm^2$，电池组的质量比功率和体积比功率分别达到 700W/kg 和 1000W/L。到 1993 年，巴拉德动力系统公司研制成了以高压氢为燃料，空气中的氧为氧化剂的质子交换膜燃料电池作动力源的公共汽车，该种质子交换膜燃料电池电动汽车的输出功率为 120kW，电机输出功率为 80kW，行驶距离为 160km。1997 年，戴姆勒-克莱斯勒公司开发了以重整甲醇为燃料的质子交换膜燃料电池电动车，输出功率为 50kW，行驶里程 400km。1999年，德国尼奥普兰汽车公司开发出车长 8m 的质子交换膜燃料电池公共汽车，2000 年悉尼奥运会上，美国通用汽车公司开发的纯氢作燃料的质子交换膜燃料电池电动车做马拉松竞技的先导车。日本本田公司开发了 FCX-V 型混合燃料电池车，该车采用压缩氢气作燃料，与超级电容器联合供电，解决了单独使用氢气作燃料时存在的启动时间长的问题，该车性能可与汽油车相媲美。

我国对质子交换膜燃料电池的研制十分重视，从"九五"期间就开始资助这方面的研究。1999 年，由清华大学和北京世纪富原燃料电池有限公司合作研制的我国第一辆质子交换膜燃料电池电动车在北京国际电动车展览会上展出。2000 年，中国科学院大连化学物理研究所和东风汽车制造厂合作研制了质子交换膜燃料电池样车。2002 年，北京绿能公司与多家单位合作研制成功 3 辆小、中型燃料电池电动汽车。2004 年，同济大学和上海神力公司等单位研制成"超越一号"质子交换膜燃料电池电动汽车，其性能达到国际上第三代质子交换膜燃料电池电动车水平，并在 2008 年奥运会期间，小批量、示范性地行驶在北京街头。

所有这些应用当中，最引人注目的是由欧洲最现代化的造船公司——霍瓦兹德意志造船公司研制建造的世界上第一艘全新的燃料电池驱动的潜艇 U31 "克拉西"号。U31 号 212A 型潜艇是世界上第一艘装备燃料电池的不依赖空气动力装置的潜艇。该艇于 2003 年 4 月 7 日在德国基尔港进行了首次下水试航，并已于 2004 年 10 月交付德国海军使用。U31 号基于 212A 型常规动力潜艇，潜艇长为 55.9m，宽 7m，吃水 6m，水上排水量 1450t，水下排水量 1830t，最大下潜深度

200m，自持力能够达到 49 天。这种潜艇最大的特点在于其驱动力来源于燃料电池，噪声低，在巡航时不易被发现。日本机器人公司——斯比西斯于 2005 年 6月 30 日在东京展示了世界上第一款以燃料电池为动力的机器人。这台机器人高度为 50cm，质量为 4.2kg，内部装有一个氢气罐，配备 5 个燃料电池组，双臂各有 2 个，后背 1 个。燃料电池以电池盒形式使用，更换方便、容易。

质子交换膜燃料电池的核心部分称作膜电极组件(membrane electrode assembly，MEA)，它由质子交换膜、阴极和阳极催化层、阴极和阳极气体扩散层等几层叠压在一起构成，如图 4-3 所示。质子交换膜是质子交换膜燃料电池的关键部件，它直接影响电池性能与寿命。用于质子交换膜燃料电池的质子交换膜必须满足以下条件：①具有高的 H^+ 传导能力，一般电导率要达到 0.1S/cm 的数量级；②在质子交换膜燃料电池运行的条件(即在电池工作温度、氧化与还原气氛和电极的工作电位)下，膜结构与树脂组成保持不变，即具有良好的化学与电化学稳定性；③不论在干态或湿态(包括吸水)，膜均具有低的反应气体(如氢气、氧气)的渗透系数，保证电池具有高的法拉第效率；④在膜树脂分解温度之前的某一温度，膜表面具有一定的黏弹性，以利于在制备膜电极"三合一"组件时电催化剂层与膜的结合，减少接触电阻；⑤不论干态或湿态，膜均应具有一定的机械强度，适于膜电极"三合一"组件的制备和电池组的组装。质子在膜中的传导要依靠水，质子交换膜只有在充分润湿的情况下才能有效地传导质子，因此，质子交换膜燃料电池的工作温度通常低于水的沸点，在 80℃左右。工作温度低加之电解质为酸性，这就要求阴阳两极电催化剂的活性要高，所以，质子交换膜燃料电池采用贵金属 Pt 为催化剂。为了减少其用量，降低电池成本，Pt 均以纳米级颗粒形式高分散地担载到导电、抗腐蚀的担载体上，通常将其高度分散在炭粉(应用最广的是 Vulcan XC-72R 炭黑，平均粒径约 30nm，比表面积为 $250m^2/g$)载体上。低温下 Pt 对 CO 的中毒非常敏感，当利用由烃或醇等经过重整等技术制备的富氢气体作为燃料时，其中 CO 的浓度必须低于 $5×10^{-6}$(体积分数)，这就加大了制氢的成本。

由于质子交换膜燃料电池工作温度低于水的沸点，生成的水为液态，容易使气体扩散电极被淹没。液态水太多容易造成电极的水淹现象，水太少又容易引起膜干燥，降低膜的电导率，二者都会导致电池性能的下降，所以质子交换膜燃料电池的水管理特别重要。质子交换膜燃料电池工作温度低还造成其余热利用价值不高，但是低温工作也使得质子交换膜燃料电池具有启动迅速、达到满载的时间短的特性，加之质子交换膜燃料电池的功率密度高、寿命长、运行可靠、环境友好，使其最有希望成为电动汽车的动力源。世界几大汽车制造商，如戴姆勒-克莱斯勒、通用、福特、丰田、本田等，都在积极推动质子交换膜燃料电池电动汽车的发展。限制燃料电池汽车大规模发展的主要因素包括燃料电池系统价格昂贵、缺乏供氢系统等，短期内还很难实现商业化。质子交换膜燃料电池在移动电源和分散式电站方面也有一定市场，但不适合大容量集中型电厂。

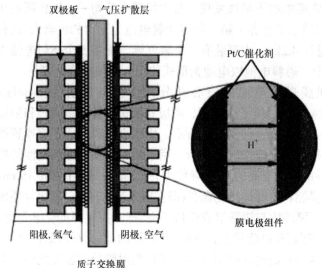

图 4-3　质子交换膜燃料电池结构示意图

3. 磷酸燃料电池

碱性燃料电池在载人航天飞行中的成功应用，证明了按电化学方式直接将化学能转化为电能的燃料电池的高效率与可靠性。为了提高能源的利用率，人们希望将这种高效发电的方式用于地面发电。如果在地面使用碱性燃料电池，用空气中的氧代替纯氧做氧化剂，由于碱性燃料电池使用碱性溶液为电解液，空气中的 CO_2 将与碱作用而使碱性燃料电池性能逐步变差。因此，20 世纪 70 年代，世界各国开始致力于研究以酸为导电电解质的酸性燃料电池。由于磷酸具有较好的热学、化学和电化学稳定性，高温下挥发性弱，以及对于 CO_2 的耐受力强等特点，各国开始研究磷酸燃料电池。

在 20 世纪 60 年代，美国能源部制订了发展磷酸燃料电池的 TARGET 计划，在该计划的支持下，1967 年，美国国际燃料电池公司与其他 28 家公司合作，组成了 TARGET 集团，开始研制以含 20%CO_2 的天然气裂解气为燃料的磷酸燃料电池发电系统。第一台磷酸燃料电池 4kW 的样机作为家庭发电设备运行了几个月。在 1971～1973 年，研制成了 12.5kW 的 NFC 发电装置，它由 4 个电池堆组成，每个电池堆由 50 个单体电池组成。此后，他们生产了 64 台磷酸燃料电池发电站，分别在美国、加拿大和日本等 35 个地方试用。在 TARGET 成功的基础上，美国能源部、美国燃气技术研究所和美国电力研究所组织了一系列磷酸燃料电池的开发计划，这些计划的共同目标是完善磷酸燃料电池发电系统，使磷酸燃料电池达到商业化的要求。其中，FRI-DOC 计划最引人注目。1976～1986 年，FRI-DOC 计划研制 48 台 40kW 的磷酸燃料电池发电站，其中两台分别在日本东京煤气公司和大阪煤气公司进行实验，其余的在美国 42 个地方进行了应用实验。结果表明磷酸燃料电池本体性能良好，但辅助系统有些问题，同时发现磷酸燃料电池造价太高。

　　磷酸燃料电池工作原理如图 4-4 所示。当以氢气为燃料，氧气为氧化剂时，在电池内发生的电极反应和总反应为：氢气进入气室，到达阳极后，在阳极催化剂作用下，失去 2 个电子，氧化成 H^+。

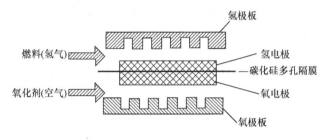

图 4-4　磷酸燃料电池工作原理

　　H^+通过磷酸电解质到达阴极，电子通过外电路做功后到达阴极。氧气进入气室到达阴极，在阴极催化剂的作用下，与到达阴极的 H^+和电子结合，还原成水。

　　磷酸燃料电池采用 100%的磷酸作为电解液，其具有稳定性好和腐蚀性低的特点。主要的技术突破是采用炭黑和石墨作电池的结构材料，因为其具有高的电导率且在酸性条件下具有高的抗腐蚀能力和低成本等特性。将纳米级的铂担载到乙炔炭黑担载体上，极大地提高了铂的利用率，至今阳极铂担载量已降至 $0.1mg/cm^2$，阴极为 $0.5mg/cm^2$。采用模注成型的石墨化碳材料作电池扩散层和双极板材料，大幅度降低了电池成本。此外，室温时磷酸是固态，熔化温度 42℃，这样方便电极的制备和电池堆的组装。使用时磷酸依靠毛细管作用力保持在由少量聚四氟乙烯(PTFE)和碳化硅(SiC)粉末组成的隔膜的毛细孔中。隔膜的厚度一般为 100～200μm，这个厚度既可以满足低电阻损耗的要求，同时也有足够的机械强度防止反应气体从一极向另一极渗透。阴极和阳极均为气扩散电极，分别附着在隔膜两侧，构成"三明治"结构。为了使磷酸电解质具有足够高的电导率，磷酸燃料电池的工作温度一般在 200℃左右。在这样的温度下，仍然需要高活性的铂作为电催化剂。但是在此温度下，CO 对铂的中毒已经不像质子交换膜燃料电池那样严重，所以，作为燃料的重整气，CO 的浓度上限可以提高到 1%(体积分数)，这样就显著降低了燃料的制备成本，简化了燃料的制备和净化装置。这也是磷酸燃料电池能够最早实现商业化的原因之一。磷酸燃料电池较高的工作温度使得其余热具有一定的利用价值，可以用于工厂、办公楼、居民住宅的取暖和热水供应的热源，因此磷酸燃料电池非常适合用作分散式固定电站，其发电效率可达

40%~50%，如果采用热电联供，系统总效率可高达 70%。与其他燃料电池相比，磷酸燃料电池制作成本低，技术成熟，已经有多个千瓦级和兆瓦级的磷酸燃料电池电站在运行。影响磷酸燃料电池大规模使用的主要原因：一是磷酸电解质对电池材料的腐蚀导致其使用寿命难以超过 40000 小时；二是磷酸燃料电池电站的运行发电成本比网电价格要高很多，无明显商业运行优势。

4. 熔融碳酸盐燃料电池

熔融碳酸盐燃料电池的概念最早出现于 20 世纪 40 年代；50 年代 Broes 等演示了世界上第一台熔融碳酸盐燃料电池；80 年代加压工作的熔融碳酸盐燃料电池开始运行，熔融碳酸盐燃料电池开始进入商业化阶段。熔融碳酸盐燃料电池是一种中高温燃料电池，它的电解质为 Li_2CO_3-Na_2CO_3 或者 Li_2CO_3-K_2CO_3 的混合物熔盐，浸在用 $LiAlO_2$ 制成的多孔隔膜中，高温时呈熔融状态，对碳酸根离子(熔融碳酸盐燃料电池的导电离子)具有很好的传导作用。

熔融碳酸盐燃料电池的工作原理如图 4-5 所示，电极反应为

阴极反应：
$$\frac{1}{2}O_2 + CO_2 + 2e^- \longrightarrow CO_3^{2-} \tag{4-6}$$

阳极反应：
$$H_2 + CO_3^{2-} \longrightarrow CO_2 + H_2O + 2e^- \tag{4-7}$$

总反应：
$$\frac{1}{2}O_2 + H_2 + CO_2(阴极) \longrightarrow H_2O + CO_2(阳极) \tag{4-8}$$

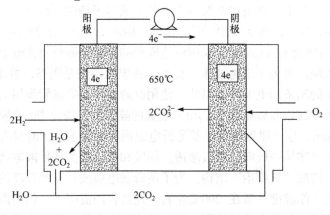

图 4-5　熔融碳酸盐燃料电池工作原理

由电极反应可知，熔融碳酸盐燃料电池的导电离子为 CO_3^{2-}。与其他类型燃料电池的区别是：在阴极，二氧化碳为反应物；在阳极，二氧化碳为产物。为确保电池稳定连续地工作，必须将阳极产生的二氧化碳转移到阴极。通常采用的办法是将阳极室所排出的尾气经燃烧消除其中的氢和一氧化碳后，进行分离除水，然

后再将二氧化碳送回到阴极。

隔膜式熔融碳酸盐燃料电池的核心部件必须具备强度高、耐高温熔盐腐蚀、浸入熔盐电解质后能够阻挡气体通过，以及良好的离子导电性能。早期的熔融碳酸盐燃料电池曾采用 MgO 制备隔膜，但由于 MgO 在熔盐中有微弱的溶解现象，所制备出的隔膜易于破裂。多种材料的实验研究结果表明偏铝酸锂具有很强的抗碳酸盐腐蚀的能力，目前普遍采用偏铝酸锂来制备熔融碳酸盐燃料电池的隔膜。

熔融碳酸盐燃料电池的工作温度在 $600 \sim 650$℃，余热利用价值颇高。与低温燃料电池相比，高温燃料电池具有明显的优势：①在较高温度下，氢气的氧化反应和氧气的还原反应活性足够高，不需要使用贵金属 Pt 等作为电催化剂，所以熔融碳酸盐燃料电池阳极催化剂通常采用 Ni-Cr、Ni-Al 合金，阴极催化剂则普遍采用 NiO，这样可以降低电池成本；②可以直接使用甲烷或一氧化碳等作为燃料，使其在电池内部进行重整(内重整)而转化为反应物氢气，从而简化系统；③熔融碳酸盐燃料电池产生的高温余热具有更高的利用价值，可以将其回收用于蒸汽轮机实现联合发电，提高发电效率。与另一种高温燃料电池——固体氧化物燃料电池相比，熔融碳酸盐燃料电池的工作温度较低，对材料的要求较低，可以使用相对廉价的金属材料。此外，电极、电解质隔膜、双极板的制作技术简单，密封和组装技术的难度也较小，易于大容量发电机组的组装，且造价较低。熔融碳酸盐燃料电池的缺点是阳极产生的二氧化碳必须循环到阴极，因此需要一个循环系统。熔融碳酸盐具有腐蚀性和挥发性，因此比固体氧化物燃料电池寿命短。此外联合发电效率也低于固体氧化物燃料电池。熔融碳酸盐燃料电池的启动时间较长，不适合作为备用电源和频繁启停的车用电源。它的理想用途在于分散式电站和集中型大规模电厂。熔融碳酸盐燃料电池目前正处于商品化前的示范运行阶段，美国能源研究公司的 2MW 示范电厂于 1996 年开始运行并累计发电 250 万度。日本也已开展了 1MW 熔融碳酸盐燃料电池实验电厂工作。为实现熔融碳酸盐燃料电池的商品化，还需要在电池堆寿命、电池堆性能、系统可靠性以及发电成本等方面继续努力。

5. 固体氧化物燃料电池

固体氧化物燃料电池与质子交换膜燃料电池类似，也是一种全固体燃料电池，从 1899 年 Nernst 发明了固体氧化物电解质而起步，1937 年 Baur 和 Preis 制造了第一台在 1000℃下运行的陶瓷燃料电池。1962 年美国的 Weissbart 和 Ruka 首次用甲烷做燃料，为固体氧化物燃料电池的发展奠定了基础。

固体氧化物燃料电池通常采用的结构类型有管型和平板型两种。两种电池结构各自具有不同的特点，因而应用的范围不同。管型固体氧化物燃料电池组由一端封闭的管状单电池以串联、并联方式组装而成。每个单电池从内到外由多孔支撑管、空气电极、固体电解质薄膜和金属陶瓷阳极组成。多孔管起支撑作用，并允许空气自由通过，到达空气电极。空气电极支撑管、电解质膜和金属陶瓷阳极通常分别采用挤压成型、电化学气相沉积、喷涂等方法制备，经高温烧结而成。在管型固体氧化物燃料电池中，单电池间的连接体设在还原气氛一侧，这样就可以使用廉价的金属材料作电流收集体。单电池采用串联、并联方式组合到一起，目的在于当某一单电池损坏时避免电池束或电池组完全失效。在串联结构中，用镍毡将一个单电池的阳极与相邻的另一个单电池的连接体相连接；而在并联结构中，则用镍毡将一个单电池的阳极与相邻的另一个单电池的阳极相连接。典型的管型固体氧化物燃料电池束为 6×3 阵列结构。管型固体氧化物燃料电池的主要特点是：电池组相对简单，容易通过电池单元之间并联和串联组合成大功率的电池组。管型固体氧化物燃料电池一般在 900~1000℃以下工作，主要用于固定电站系统。

平板型固体氧化物燃料电池的空气电极、YSZ 固体电解质、燃料电池烧结成一体，组成"三合一"结构(positive electrolyte negative plate，PEN)。PEN 间用开设导气沟槽的双极板连接，使之相互串联构成电池组。空气和燃料气体在 PEN 的两侧交叉流过。PEN 与双极板间通常采用高温无机黏合材料密封，以便有效地隔离燃料与氧化剂。平板式固体氧化物燃料电池的优点是 PEN 制备工艺简单，造价低，输出功率高于管式固体氧化物燃料电池。

固体氧化物燃料电池工作原理如图 4-6 所示，采用固体氧化物为电解质。固体氧化物高温下具有传递 O^{2-} 的能力，在电池中起传递 O^{2-} 和分离空气、燃料的作用。

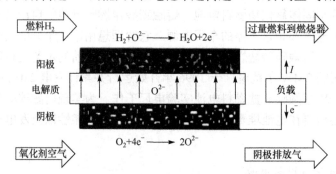

图 4-6 固体氧化物燃料电池工作原理

在阴极上，氧分子得到电子被还原成氧离子

$$O_2 + 4e^- \rightleftharpoons 2O^{2-} \tag{4-9}$$

氧离子在电势差和氧浓度差驱动力的作用下，通过电解质中的氧空位定向跃迁，迁移到阳极上与燃料发生氧化反应。

电解质的主要作用是在阴极和阳极之间传递氧离子和对燃料及氧化剂的有效

隔离。因此,要求固体氧化物在氧化性气氛和还原性气氛中均具有足够的稳定性,能够制备出具有足够致密性的电解质隔膜及在操作温度下具有足够高的离子电导率。固体氧化物燃料电池电解质为固态致密无孔的复合氧化物,最常用的是氧化钇(Y_2O_3)掺杂的氧化锆(ZrO_2),简写为 YSZ。这样的电解质材料在高温($800\sim1000℃$)下具有很好的氧离子传导性。ZrO_2 本身不具有离子导电性,掺入约 10% 的 Y_2O_3 后,晶格中的部分 Zr^{4+} 被 Y^{3+} 取代,形成 O^{2-} 空穴,在电势差和浓度差的驱动下,氧离子可以在陶瓷材料中迁移。

固体氧化物燃料电池在工作时,氧气在阴极被还原成氧离子,通过电解质中氧离子空穴传导作用运动到阳极,氢气在阳极被氧化,结合氧离子生成水。固体氧化物燃料电池的阳极为多孔 Ni-YSZ,阴极材料广泛采用的是掺锶的锰酸镧。阳极和阴极都制作成多孔电极,将阴极、电解质和阳极三层烧结在一起构成“三合一”电池组件。由于固体氧化物燃料电池为全固体结构,因此外形具有很大的灵活性,可以制成管式、平板式和瓦楞式等。与液态电解质燃料电池(AFC、PAFC、熔融碳酸盐燃料电池)相比,固体氧化物燃料电池不存在电解质挥发和电池材料腐蚀问题,因而电池的使用寿命较长,目前已经可以达到连续工作 70000 小时的水平。固体氧化物燃料电池的工作温度要比熔融碳酸盐燃料电池还高,因此甲烷和一氧化碳(CO)可以直接作为燃料而无须外重整,利用余热的联合发电效率更高。固体氧化物燃料电池的缺点是工作温度很高,带来了一系列材料、密封和结构上的问题,比如电极的烧结、电解质与电极之间的界面化学扩散、热膨胀系数不同的材料之间的匹配、双极板材料的稳定性、电池的密封等,这些在一定程度上制约着固体氧化物燃料电池的发展,成为其技术突破的关键方面。与熔融碳酸盐燃料电池一样,固体氧化物燃料电池主要应用在分散式电站和集中型大规模电厂。

4.2　碱性燃料电池材料

碱性燃料电池主要由氢气气室、阳极和电解质、阴极及氧气气室组成。碱性燃料电池电堆是由一定大小的电极、一定的单电池层集在一起,用端板夹住或者使全体黏合在一起组成的。

4.2.1　燃料和氧化剂

1. 燃料

碱性燃料电池一般用纯氢做燃料,但它在地面使用,存在纯氢价格高、氢源的储氢量低等问题;而用有机物热解制氢做燃料,由于其中会含 CO 而带来不少问题。在这种情况下,人们考虑用液体燃料来代替氢,因为液体燃料的储存和运输比较方便、安全。研究过的液体燃料有肼、液氨、甲醇和烃类。

肼(也称为联氨)，极易在阳极上发生分解

$$N_2H_4 \longrightarrow N_2 + 2H_2 \tag{4-10}$$

由此可见，肼实际上是作为氢源使用的。但是，由于肼的分解反应和制得的氢中含较多的氮，因此，用肼做燃料的碱性燃料电池性能也不太好。肼曾经在 20 世纪五六十年代盛行过，当时主要应用在英、法、德、美的防御计划中，作为军用电源使用。但是联氨的剧毒性和高昂的价格使得它的应用到 20 世纪 70 年代就终止了。对这种燃料电池的研究也基本停止了。

另外，也有人对氨-空气燃料电池进行了研究。它的理想阳极反应为

$$4NH_3 + 3O_2 \longrightarrow 2N_2 + 6H_2O \tag{4-11}$$

在整个反应过程中，氨生成的有效氢比例较大，但是实际上由于氨反应产生的氮原子不容易互相结合形成氮气，反而会在电极上形成某种氮化物而导致电极催化剂中毒，发生如下的反应：

$$2NH_3 + 6OH^- \longrightarrow N_2 + 6H_2O + 6e^- \tag{4-12}$$

2. 氧化剂

碱性燃料电池的氧化剂既可以是空气，也可以是氧气。例如，美国国际燃料电池公司(IFG)和德国的西门子公司所开发的碱性燃料电池主要采用纯氧作为氧化剂，而比利时电化学能源公司(Elenco)主要采用空气作为氧化剂。在一定电压下，用空气做氧化剂的碱性燃料电池输出电流密度要比用纯氧的低 50%。最大的问题是空气中含 CO_2 等杂质，虽然通过预处理除去了 CO_2，但是还有一些其他杂质，如 SO_2 等存在；这些杂质对于电池的影响也是不利的。

4.2.2　电极

1. 电极结构

由于电极必须是气体扩散电极，因此，一般由三个部分组成。第一为扩散层，它与气体接触。因此，首先要求它有较大的孔径，一般大于 $30\mu m$，以利于气体的扩散；其次，还要具有较好的憎水性，其憎水性通过加入 PTFE 形成；最后，要具有好的导电性，因此，扩散层的主体材料一般是多孔金属粉，常用的是烧结镍粉、Raney 镍等，Raney 镍是由镍铝复合物中溶出铝得到的。第二是催化层，它是将催化剂和 PTFE 混合得到的，这样使催化层也有一定的防水性。PTFE 的质量比一般是催化剂的 30%～50%。第三是集流体，一般由镍网制成，它不易在 KOH 中腐蚀，而且又有较好的导电性。

2. 对催化剂的要求

催化剂性能的好坏对于电池性能的优劣有着很重要的影响。因此，对催化剂有如下要求：①具有良好的导电性或使用导电性良好的载体；②具有电化学稳定性，在电化学反应过程中，催化剂不会因电化学反应而过早失活；③必要的催化活性和选择性。要能促进主反应的进行，同时也能抑制有害的副反应发生。

3. 阳极催化剂

1) 贵金属催化剂

氢分子分解为氢原子过程所需的能量较大，约为 320 kJ/mol，所以只有一些对氢原子亲和力较大而且吸附氢原子的吸附热大于 160 kJ/mol 的电极才能与氢原子发生吸附。能够满足这些条件的电极多为金属电极，如 Pt、Pb、Fe、Ni 等。所以，人们虽然研究出了很多非贵金属催化剂；但是到目前为止，性能最好的仍然是贵金属催化剂。这些催化剂的催化性能远远超过了非贵金属催化剂。虽然非贵金属催化剂存在着价格上的优势；但是，就性能来考虑，贵金属催化剂还是存在着不可替代的优点，而且电池的性能和贵金属催化剂的用量相关。

2) 合金或多金属催化剂

在研制地面使用的 AFC 时，一般不使用纯氢和纯氧做燃料和氧化剂，因此要考虑进一步提高催化剂的电催化活性、提高催化剂的抗毒化能力和降低贵金属催化剂的用量。一般用 Pt 基二元和三元复合催化剂来达到上述要求。研究过的 Pt 基复合催化剂有 Pt-Ag、Pt-Rh、Pt-Pd、Pt-Ni、Pt-Bi、Pt-La、Pt-Ru、Ir-Pt-Au、Pt-Pd-Ni、Pt-Co-W、Pt-Co-Mo、Pt-Ni-W、Pt-Mn-W、Pt-Ru-Nb 等二元以及三元合金催化剂。

3) 镍基催化剂

碱性燃料电池由于在室温下操作，不需要加湿系统，而且电催化剂和电解质的成本较低，所以其具有在商业化燃料电池中应用的巨大优势。但是，为了扩大其应用范围，应该进一步降低催化剂成本，因此，碱性燃料电池催化剂的另一发展方向，就是采用镍或者其合金 Raney 镍作为阳极催化剂，最早使用的是 Raney 镍。所谓 Raney 镍就是先将 Ni 与 Al 按 1∶1 的质量比配成合金，再用饱和 KOH 溶液将 Al 溶解后形成多孔结构(Raney 金属通常是由一种活泼的金属(如镍)和一种不活泼的金属(如铝)混合得到类似合金的混合物，然后将这种混合物用强碱处理，把铝熔解掉，就可以得到一种表面积很大的多孔材料。这个过程不需要使用烧结镍粉，可以通过改变两种金属的量来控制孔径的大小)。其活性强，在空气中容易着火。为了保证电极的透液阻气性，应该将镍电极做成两层，使其在液体侧形成一个润湿的多孔结构，在气体侧有更多的微孔，即近气侧的孔径大于 30μm，而近液侧的孔径小于 16μm，电极厚度约为 1.6mm，以利于吸收电解液。不过为了使气液界面处在合适的位置，需要严格地控制气体与电解质间的压力差；控制合宜，就可有效地将反应区稳定在粗孔层内。在氧化 H_2 的反应中，如果单纯使用镍，其活性比 Pt 低了约 3 个数量级，改进的办法是加入助催化剂。助催化剂或称助剂，是加到催化剂中的少量物质，本身没有活性或活性很小，但加入后能提高主催化剂的活性、选择性，改善催化剂的耐热性、抗毒性、机械强度和寿命等性能。根据文献报道，有人研究出了含有若干助剂的各种 Raney 镍催化剂，它们相当稳定，在同样条件下，其活性是性能良好的 Raney 镍催化剂的 2～3 倍。助催化剂可分为结构型助催化剂和电子型助催化剂。张富利等采用 Co、Cu、Bi 和 Cu_2O 为助催化剂，制备了 Raney 镍催化剂，并考察了催化剂催化氢气氧化反应的性能，发现可以使电极的放电性能得到提高。

4) 氢化物电催化剂

实现碱性燃料电池商业化的一个阻碍是阳极催化剂贵金属 Pt 的价格昂贵。因此，为了实现碱性燃料电池与其他电池的竞争，必须寻找一种新的、以非贵金属催化剂作为碱性燃料电池的阳极材料。AB_5 型稀土储氢合金材料，在室温下具有可逆析放氢的优良性能，其作为 Ni/MH 电池的负极材料具有很多优点——优良的电化学性能，在碱性电解质中机械性能和化学性能稳定、原料来源丰富、价格低廉等。由于碱性燃料电池中的阳极活性材料的工作温度和压力非常接近于环境条件，其所使用的电解质是质量分数为 30%～40% 的 KOH 溶液。这些条件和 Ni/MH 电池的负极材料的工作条件非常接近，而且由于 AB_5 型稀土储氢合金材料所具有的优点，其可以作为碱性燃料电池的阳极材料。在几十年前，一些研究小组致力于研究金属储氢合金材料作为碱性燃料电池的阳极材料。初始的研究结果表明，将储氢合金作为阳极材料，其初始活性很高；但是随着时间的延长，其活性下降很快，需要进一步提高其活性以满足实际的需要。

4. 阴极催化剂

碱性燃料电池最初使用贵金属作为阴极催化剂，其研究始于 20 世纪 60 年代，但是由于贵金属价格昂贵，资源有限，而且 O_2 在碱性介质中的反应速率较快，所以不使用贵金属催化剂，因此，人们一直在寻找一种可以代替贵金属的阴极催化剂，人们研究过的非贵金属催化剂有复合氧化物、活性炭等。

1) 氮化物催化剂

近年来，金属氮化物的催化性能逐渐为人们所发现，有文献报道，氮化物可作为氧气在酸性介质中还原的电催化剂。研究表明，由特定的制备工艺制得的氮化物的催化性能可与贵金属相媲美，被称为"准铂催化剂"。另外，氮化物还具有磁性和一定的抗 CO 性，因此，氮化物也被认为是有望代替铂作为碱性燃料电池的阳极催化剂。目前，关于这方面的报道，国内还不多见。

2) 银催化剂

为了解决贵金属催化剂成本高的问题，研究者们开发了一系列的催化剂，其中银催化剂是燃料电池中常用的氧电极催化剂之一。滕加伟等研究了 Ag 作为碱性燃料电池阴极催化剂的性能，发现电极需要较大量的 Ag 才能达到适宜性能。Lee 等将 Ag 负载到炭黑上以降低催化剂 Ag 的用量；而且他们还制备了 Ag-Mg/C 催化剂及相应的气体扩散电极，并测试了气体扩散电极的氧还原性能。实验结果得到：Ag/C 电极中，Ag 的含量为 30%时，催化剂的活性最高。当电池运行 2h 后，电流密度达到最大。而对于 Ag-Mg/C 催化剂来说，其 Ag/Mg 的质量比为 3∶1 时，催化剂性能最佳。在 300mV 放电，电流密度可以达到 240mA/cm^2。

4.2.3　电极结构及制备

1. 双孔结构电极

在 20 世纪四五十年代，培根在设计燃料电池的时候，选择了成本低廉的非贵金属材料镍作为催化剂。当时镍电极由研成粉末的金属镍制成，这种电极结构是一种多孔结构。镍电极由两种不同规格的银粉组成，而且分为两层，即粗孔层和细孔层。粗孔层孔径≥30μm，细孔层孔径≤16μm。粗孔层孔径约为细孔层孔径的 2～3 倍。粗孔层主要是在气体扩散电极一侧，而细孔层则是在电解液一侧，电解液依靠毛细力保持在细孔层中，一般不会进入孔径较大的粗孔层中而堵塞气体通道。但是在毛细力作用下，细孔层内的电解液会浸润粗孔层，形成一个弯月面，这部分电解质浸润薄膜比较薄，只有几个微米，而且越靠近扩散层越薄。电化学反应时，粗孔层中的反应气体先进入液态电解质薄膜内，再扩散到反应点发生反应。而电子则借助于构成粗孔层和细孔层的金属骨架进行传导。离子和水在液态电解质薄膜与细孔层内的电解质中进行传递。

2. 掺有 PTFE 疏水剂的黏结型电极

由各种碳材料构成的电催化剂，具有导电的作用，而且可以提供液相传质的通道，但是无法提供气体通道。PTFE 是一种防水剂，把它加入催化剂中可以构成气体通道。PTFE 还可以起到黏合的作用，把分散的催化剂以及载体都牢固地结合在一起。这种由催化剂和防水剂构成的电极称为黏合型气体扩散电极。可以将这种电极简化为气体微孔、催化剂以及液态电解质等三相交错的网络体系——由疏水剂构成的疏水网络为反应气体的进入提供了通道；由催化剂构成的能被电解质润湿的亲水网络可以为液相离子和电子的传输提供通道。这种电极的制作方式，由于成本较低，还可以应用于其他电池上，如金属-空气等电池。

3. 流化床电极结构

如果燃料气或者氧化剂中有二氧化碳存在，生成的碳酸盐会析出，从而堵塞气体扩散电极的孔道。所以，有人研究了一种新的电极结构——流化床电极。流化床是由电极颗粒和电解液混合物组成的，在反应过程中，反应气体流过流化床，电池的阴极和阳极采用隔膜分开，并有各自的集流体。Nakagawa 采用圆筒形的流化床设计方案来组装碱性燃料电池，单电池在 0.8V 电压下放电，可以得到 1A 的电流。Holeschovsky 研究了淹没式的流化床碱性燃料电池。马祖诺也对流化床电极进行了研究。采用流化床设计方案可以不采用气体扩散电极，而且电池的成本得到了降低。这是一个新的发展方向。

4.2.4 电解质

碱性燃料电池一般用 KOH 或 NaOH 做电解质，在电解质内部传输的导电离子为 OH^-。比较典型的电解质溶液是质量分数为 35%～50%的 KOH 溶液，可以在较低温度下使用(<120℃)。而当温度较高时(如 200℃)，可以使用较高质量分数的电解质溶液(85%)。NaOH 也可作为电解质，其优点是价格比 KOH 低。但是如果在反应气中有 CO_2 存在，会生成 Na_2CO_3，其溶解度较 K_2CO_3 低，易堵塞电池的气体通道。因此 KOH 是最常用的电解质。

1. 循环电解质

大多数碱性燃料电池都是量子循环式电解质型的。采用循环式电解质有利于电解质的更换。因为在电池工作过程中，除了两个电极的主反应外，还存在着如下的副反应：

$$2KOH + CO_2 \longrightarrow K_2CO_3 + H_2O \tag{4-13}$$

即电解质氢氧化钾和二氧化碳反应生成碳酸钾，这样随着反应的进行，氢氧化钾的浓度逐渐降低，这降低了电池的效率。

氢氧化钾溶液被泵打入电解池中，在电解池内部循环。来自高压钢瓶的氢气在封闭循环系统中进行循环，以带走在阳极反应过程中生成的水。被氢气带走的水蒸发，然后在冷却系统中进行冷却回收。

电解质进行循环的优点如下：

(1) 循环电解质系统可作为电池系统的冷却系统，减少附加冷却系统的成本和其引起的系统的复杂性；

(2) 电解质在循环过程中，可以不断地进行搅拌和混合，解决阴极周围电解质浓度过高和阳极周围电解质浓度过低的问题；

(3) 电解质在循环的同时可以带走在阳极产生的水，无须附加蒸发系统；

(4) 反应时间增加时，电解质的浓度会产生变化，这时可以泵入新鲜溶液代替旧溶液。

但是，循环电解质也存在一些缺点：

(1) 需要附加一些装置，比如泵；

(2) 容易产生寄生电流；

(3) 附加的管路增加了电池系统泄漏的可能；

(4) 每一个单体电池必须有各自独立的电解质循环，否则容易短路。

4.3　质子交换膜燃料电池材料

构成质子交换膜燃料电池的关键材料与元器件主要包括：电极催化剂、电极、质子交换膜、双极板和流场等。

4.3.1　电极催化剂

催化剂是电极中最主要的部分，电极催化剂的功能是加速电极与电解质界面上的电化学反应或降低反应的活化能，使反应更容易进行。在质子交换膜燃料电池中，催化剂的主要功能是促进氢气的氧化和氧气的还原。

1. 对催化剂的要求

一种催化剂要具有好的催化性能，必须具备以下几个条件。

1) 高的电催化活性

催化剂要对氢气氧化反应和氧气还原反应都具有较高的催化活性，而且还要对反应过程中存在的副反应具有较好的抑制作用。如对于阳极反应产生的中间产物具有较好的抗中毒能力，对于阴极反应具有较好的抗甲醇氧化的能力。一般来说，在各种金属元素中，无论是对于氢气的氧化，还是对于氧气的还原，Pt 的电催化活性都最高。

2) 高的电催化稳定性

催化剂的稳定性取决于其化学稳定性和抗中毒能力。化学稳定性好是指其在电解质溶液中不腐蚀。抗中毒能力是指催化剂不易被一些物质毒化。如当氢气中含有 CO 时，它会强烈地吸附在 Pt 催化剂的表面而使 Pt 催化剂毒化。此时，必须在 Pt 催化剂中加入 Ru 等第二或第三种组分，以提高 Pt 催化剂的抗中毒能力。

3) 大的比表面积

电催化活性一般与催化剂的比表面积有关。一般来说，比表面积大，电催化活性也高。

4) 催化剂的比表面积要大，其粒子一定要小，而且分散性要好。用适当的载体就能够达到这样的效果。常用的载体有活性炭、炭黑等，它们的比表面积大、导电性好。近年来，纳米碳管、导电聚合物、WC 等也被广泛研究；它们能与催化剂发生某种作用而使催化剂性能进一步提高。

5) 好的导电性

因为氢或氧在催化剂上反应后的电子要通过催化剂传导电流。

2. 催化剂的选择

阳极催化剂主要是催化氢气的氧化，阴极催化剂主要是催化氢气的还原。一般情况下阴、阳极催化剂都使用碳载铂催化剂(Pt/C)。

1) 阳极催化剂

对于阳极氢气的氧化，最早曾经采用镍作为催化剂，后来使用 Pt 黑作为催化剂。但是由于 Pt 黑的粒径较大，分散度较低，所以 Pt 的利用率很低。现在多采用 Pt/C 作为阳极反应的催化剂。

由于目前所使用的阳极燃料氢气除了一小部分由电解水制备外，大多数的氢气常采用煤炭、天然气、石油、有机小分子等热分解制备，其中常含有一定量的 CO，而 CO 能很强地吸附在 Pt 上，使 Pt 催化剂中毒。研究发现，当氢气中 CO 的体积分数为 10^{-5} 时，电极的有效反应面积仅为纯氢的 53%；而当 CO 的体积分数为 10^{-4} 时，电极的有效反应面积降低到纯氢的 16% 的水平。另外，在热解氢气中也会含 CO_2。而 CO_2 也能影响电极的性能，这可能是 CO_2 在氢气氛中会还原成 CO 而导致催化剂中毒所引起的。

要解决 CO 的中毒问题，首先，要降低氢气中的 CO 含量，即要把氢气中的 CO 分离出去，使 CO 的体积分数尽量控制在 10^{-5} 以下的水平。其次，要采用有效措施提高质子交换膜燃料电池对 CO 的容忍度。如采用渗氧法，即在阳极燃料气体中注入空气/氧气，使吸附在 Pt 表面的 CO 氧化成 CO_2，这样能够在一定程度上避免 CO 毒化。另外，在燃料气体增湿器中加入少量的过氧化氢，也可以起到类似渗氧法的效果。最后，必须研究抗 CO 中毒的催化剂。研究表明，Pt 基复合催化剂有较好的抗 CO 中毒的性能。研究过的 Pt 基复合催化剂有很多，如 Pt-Ru、Pt-Sn、Pt-Mo、Pt-Cr、Pt-Mn、Pt-Pd、Pt-Ir 等。第二种元素的作用主要是降低 CO 在 Pt 上的吸附强度，使其容易氧化为 CO_2，提高催化剂抗 CO 中毒的能力。如在 Pt-Ru 催化剂上，吸附 CO 的氧化电位要比在纯 Pt 催化剂上降低约 200mV,这样，Pt-Ru 催化剂能促进吸附 CO 的氧化。在上述这些催化剂中，Pt-Ru 催化剂的性能最好，而且尤以 Pt 与 Ru 的质量比为 1:1 时得到的催化剂性能最佳。例如，在质子交换膜燃料电池中用 Pt/C 做催化剂，工作温度为 80℃,电流密度为 500mA/cm², 使用含 80%氢、20%CO_2 和 CO 的体积分数为 10^{-5} 时，电池的输出电压比用纯氢时下降了 50mV。而在用 Pt-Ru/C 做催化剂时，即使 CO 的体积分数高达 10^{-1}，电池的输出电压比用纯氢时也只下降了 35mV。

2) 阴极催化剂

在质子交换膜燃料电池中，电池的极化主要来自氧电极，因此，必须提高阴极催化剂的性能。阴极一般采用 Pt 催化剂，因为在所有的元素中，Pt 对氧还原的电催化性能最好。在 20 世纪 70 年代末发现，用过渡金属与 Pt 的复合催化剂对氧还原的电催化活性要明显高于 Pt 催化剂。在此后的几十年中，发现许多二元和三元的 Pt 与过渡金属的合金催化剂，如 Pt-Co、Pt-Fe、Pt-Cr、Pt-Ni、Pt-Ti、Pt-Mn、Pt-Cu、Pt-V、Pt-Cr-Co、Pt-Fe-Cr、Pt-Fe-Mn、Pt-Fe-Co、Pt-Fe-Ni、Pt-Fe-Cu、Pt-Cr-Cu、Pt-Co-Ga 等对氧还原的电催化活性都不同程度地高于 Pt 催化剂。另外，还发现一些 Pt 与过渡金属氧化物的复合催化剂，如 $Pt-WO_3$、$Pt-TiO_2$、$Pt-Cu-Mo_x$ 等对氧还原也有很高的电催化活性。

这些 Pt 基复合催化剂对氧还原的电催化性能要好于 Pt 催化剂的机理，因为氧还原机理比较复杂。现在，一般认为氧有两条还原途径。一是氧分子在催化剂表面双位吸附，并解离成氧原子，然后与 H^+ 反应，生成水；另一种途径是氧在 Pt 催化剂表面单位吸附，即氧分子垂直吸附于催化剂表面，形成过氧化氢阴离子（HO_2^-），然后被进一步还原成水，或与 H^+ 反应生成过氧化氢。

氧分子在催化剂表面形成双位吸附与催化剂表面活性位结构有很大关系。一种观点认为只有当催化剂表面活性位间距与氧分子键长接近时才易于产生双位吸附，在 Pt 和过渡金属(M)形成 Pt-M/C 催化剂时，Pt 与 M 的合金化能导致 Pt 晶格收缩，Pt-Pt 距离减小有利于氧分子的双位吸附和解离。另一种观点认为 M 的加入会改变催化剂表层 Pt 的电子结构，使 Pt 的 d 空位增加，从而增强了两个相邻 Pt 原子与吸附氧分子的相互作用，促进了氧分子的双位吸附和解离。

3. 催化剂的制备

制备催化剂的方法很多。比较简单、能规模生产，且制得催化剂的性能较好的制备方法有以下几种：

1) 普通液相还原法

液相还原法是一种使用较多的制备 Pt/C 和 Pt-Ru/C 催化剂的方法。将催化剂前驱体 H_2PtCl_6 溶解后，与活性炭载体混合，再加入还原剂，如 $NaBH_4$、甲醛、柠檬酸钠、甲酸钠、肼等，使 Pt 还原、沉积到活性炭上，洗涤、干燥后，就可得到催化剂。用不同的还原剂得到的催化剂结构和性能会有很大的差别。这种方法的优点是简便；缺点是制得的催化剂分散性比较差，金属粒子的平均粒径较大，对于多组分的复合催化剂，还会产生各组分分布不均匀的问题。

其典型的制备步骤如下：①将碳载体超声分散在水或水与乙醇(异丙醇)的混

合溶液中，配成悬浮液，长时间进行搅拌，并加热至 80℃；②缓慢滴加一定量的 H_2PtCl_6 溶液，然后再加入 $RuCl_3$ 溶液，将溶液煮沸，并保持一定时间；③缓慢滴加过量的还原剂溶液进行还原，继续煮沸 1h；④长时间进行搅拌，过滤，在 80℃ 的真空干燥箱中烘干 12h，取出，即制得 Pt-Ru/C 催化剂。一般，Pt-Ru/C 催化剂中金属颗粒的尺寸在 2～5nm。

2) 溶胶-凝胶法

将催化剂前驱体在有机溶剂中还原制备成溶胶后，再吸附在活性炭上，可以得到分散性较好、均一度较高的催化剂。该方法由 Bonnemann 首次报道。他们用 $PtCl_2$ 和一种特殊的有机还原剂在有机溶剂中发生反应制备 Pt 溶胶；然后把活性炭载体与 Pt 溶胶混合均匀，洗涤、干燥后就得到 Pt/C 催化剂。用这种方法曾制备过 Pt-Ru、Pt-Au、Pt-Ru-Sn、Pt-Ru-Mo、Pt-Ru-W 等一系列多元金属溶胶；制得的催化剂中金属粒子的平均粒径较小，在 1.7nm 左右。但这种制备溶胶的过程极为复杂，条件苛刻，原料价格高，仅仅适用于实验室研究，而且用这种方法获得的催化剂往往含有一些杂质。最近，一些研究组在多元醇、乙醇或甲醇体系中制备了高性能催化剂，制备过程大大简化。

3) 固相反应方法

由于固相体系中粒子之间相互碰撞的概率较低，反应生成的金属粒子的平均粒径较小，结晶度较低，因此，制得的催化剂的电催化性能较好。例如，在固相条件下，用 H_2PtCl_6 和聚甲醛及活性炭合成的 Pt/C 催化剂中的 Pt 粒子的平均粒径在 3nm 左右，而用一般的液相还原法制得的 Pt/C 催化剂中 Pt 粒子的平均粒径在 8nm 左右；因此，催化剂的电催化活性比用液相反应法制得的 Pt/C 催化剂好很多。

4) 预沉淀法

为了得到金属粒子较小的催化剂，可采用预沉淀法来制备。例如，把 H_2PtCl_6 水溶液和活性炭混合均匀，然后在不断搅拌下加入氨盐，由于 NH_4PtCl_6 不溶于水而均匀地沉积到活性炭上，用还原剂还原后，得到 Pt 粒子较小的 Pt/C 催化剂。

5) 浸渍还原法

浸渍还原法也是制备 Pt/C 催化剂的常用方法。该方法是将载体在一定的溶剂(如水、乙醇等)中超声分散均匀，再加入一定量贵金属前驱体，如一定浓度的氯铂酸($H_2PtCl_6 \cdot 6H_2O$)，根据还原剂的种类将溶液的 pH 调节至酸性或碱性，并在一定的温度下，加入过量的还原剂($HCHO$、$HCOONa$、Na_2SO_3 等)反应一段时间，再经过过滤、洗涤、干燥等步骤，即可得到所需要的 Pt/C 电催化剂。这样制得的催化剂，金属粒径一般较小，约为几个纳米。采用该法时，制备条件(如溶剂、pH、反应温度等)是影响催化剂性能的关键因素，因此要严格进行控制。周振华等发展了调变的多元醇制备工艺。他们直接以还原剂乙二醇作为氯铂酸的溶剂，并逐渐加入经超声分散的乙二醇碳浆，采用氢氧化钠调节溶液的 pH 至碱性，并加热升温至 130℃，回流反应 3h，最后经过滤、洗涤、干燥等过程制备得到 Pt/C 催化剂。通过控制体系中的水含量来控制 Pt 粒径的大小能够实现在一定范围内粒径可控，避免了甲醛、甲醇等有毒试剂，对环境友好。肖成建等研究了还原温度、还原剂、pH 和甲醛用量等工艺条件对改进的浸渍还原法制备得到的 Pt/C 催化剂性能的影响。

6) 胶体法

胶体法是在特定的溶剂中，利用一定的还原剂将催化剂的前驱体(可以为多组分)还原为金属胶体，并均匀稳定地分散在溶剂中，然后将载体用溶剂分散成浆液，使金属吸附或沉积到碳上，制备出碳载金属催化剂；或合成特定的贵金属氧化物胶体，然后还原贵金属氧化物，同时吸附于碳载体上制备催化剂。

4.3.2　电极

一般可以将质子交换膜燃料电池的电极分为厚层憎水电极、薄层亲水电极和超薄催化层电极三种类型。无论电极是哪一种类型，均为气体扩散电极，它一般由扩散层和催化层组成。扩散层主要起支撑作用，并为反应气体的扩散和水的排出及电子的流通提供通道，而且起到收集电流的作用。催化层是反应物进行电化学反应的场所。

电极的制备方法大致可以分为两种：一种是将催化层直接制备到电解质膜上，形成所谓的催化剂覆盖的膜 CCM，然后将 CCM 与扩散层组合形成放电极；另外一种是将催化层与扩散层结合在一起形成气体扩散电极，然后将气体扩散电极与电解质膜一起热压，制备得到膜电极。

1. 扩散层

1) 扩散层的功能

(1) 支撑催化层。为了支撑催化层，扩散层一定要有一定的强度，而且催化层和扩散层的接触电阻要小。另外，扩散层要有较好的防水性，因此，一定要进行疏水处理，而且要有好的化学稳定性。

(2) 使气体反应物通过扩散层扩散到催化层。为了有利于气体的扩散，扩散层应有较高的孔隙率。

(3) 传递由催化层产生的电流。扩散层要传出由氢气在催化层上氧化所产生的电子和传递给阴极催化层氧气还原所需的电子，因此，扩散层必须是良导体。

2) 对气体扩散层材料的要求

气体扩散层材料必须满足以下要求：①均匀的多孔质结构，透气性能好；②电阻率低，电子传导能力强；③结构紧密且表面平整，减小接触电阻，提高导电性能；④具有一定的机械强度、适当的刚性与柔性，利于电极的制作，提供长期操作条件下电极结构的稳定性；⑤适当的亲水/憎水平衡，防止过多的水分阻塞孔腺而导致气体透过性能下降；⑥具有化学稳定性和热稳定性；⑦制造成本低，性价比高。

3) 扩散层的制备

鉴于上述扩散层的功能，在扩散层内必须形成两种通道，憎水的反应气体通道和亲水的液态水传递通道。目前，扩散层的材料一般为石墨化的碳纸或碳布。考虑到强度的问题，其厚度一般在 $100\sim300\mu m$。为了要增加碳纸或碳布的憎水性，必须把碳纸或碳布浸入 PTFE 乳液中，使其载上 50%左右的 PTFE，然后在340℃左右热处理，使 PTFE 乳液中的表面活性剂分解，同时使 PTFE 均匀分散。图 4-7 为北京有色金属研究总院乔永进和北京理工大学庞志成等制备的憎水基底的工艺流程。

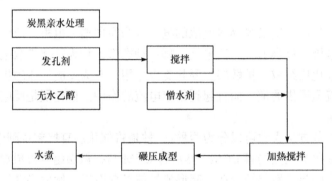

图 4-7　憎水基底的制作工艺流程图

毛宗强在其《燃料电池》一书中提到，经过憎水处理的碳纸或碳布可以直接使用，但是其表面往往凹凸不平，会影响实际使用时的性能，所以还需要后续处理。通常是在其表面涂覆一层炭粉进行整平处理，这样做的目的有两个：一是消除表面的凹凸不平；二是在碳纸或碳布表面再构建一个炭粉扩散薄层，以使气体进行均匀扩散。炭粉可以选用乙炔炭黑，将其与 PTFE 乳液进行混合，得到一定比例的溶液，并对其进行超声振荡，以便分散得更为均匀，之后将混合溶液均匀涂覆在碳纸或碳布的表面，最后在330~370℃进行热处理，即可得到扩散层。

2. 催化层的制备

1) 厚层、憎水催化层电极

催化剂粉末一般与一定量的 PTFE 混合使用，因为 PTFE 有较好的黏结性，能很好地固定催化剂粉末。另外，PTFE 还有较好的防水性，这主要是电极需要一定的防水性，以便形成很好的气、固、液三相界面。这样气体反应物容易扩散通过催化剂表面的波腹，到达催化剂表面，进行电化学反应。这样的电极一般称为气体扩散电极。

厚层、憎水催化层电极的制备方法如下：将 Pt/C 催化剂和 PTFE 乳胶在醇的水溶液中混合均匀，调成墨水状，然后将其均匀涂布在扩散层上，之后在 340℃左右热处理，使 PTFE 乳液中的表面活性剂分解，并使 PTFE 均匀分散，使催化层有较好的憎水性。然后把 0.25%Nafion 溶液喷到催化层表面，由于 Nafion 树脂中含有亲水基团，它很容易扩散进入催化层中，吸附在碳上，在 Pt/C 催化剂上形成 H^+ 导电网络。得到的电极催化层的厚度为 30~50μm，其中，PTFE 的质量分数一般在 20%左右，氧电极的 Pt 担载量一般为 0.3~0.5mg/cm^2，氢电极的 Pt 担载量一般为 0.1~0.3mg/cm^2，Nafion 树脂的担载量一般为 0.6~1.25mg/cm^2。

另外，也有把 Pt/C 催化剂、PTFE 乳液、Nafion 溶液直接配成墨水状乳液，制备催化层。但制备得到的电极性能不太好，因为同时加入 Nafion 树脂后，电极不能在 340℃左右热处理，以除去 PTFE 乳液中的表面活性剂，导致催化层的防水性不好。另外，Nafion 树脂不能很好地吸附到碳上，从而不能形成 H^+ 导电网络。

2) 薄层、亲水催化层电极

美国 Las Alamos 国家实验室的 Wilson 等首先提出了在制备催化层时不加 PTFE，而由 Nafion 做黏结剂的催化层工艺。这种电极的特点是催化层内不加 PTFE，而只用 Nafion 树脂做黏结剂和 H^+ 导体。该电极的制备方法如下：将 Pt/C 催化剂和质量分数为 5%的 Nafion 溶液分散在甘油和水的混合溶液中，并超声振荡，调成墨水状，然后将其均匀涂布在 PTFE 膜上，在 130℃下烘干，再将带有催化层的 PTFE 膜与 Nafion 膜压合，将 PTFE 膜剥离后，催化层就转移到 Nafion 膜上，形成所谓的催化剂覆盖的膜 CCM，再压上扩散层，就得膜电极。其制备工艺流程如图 4-8 所示。

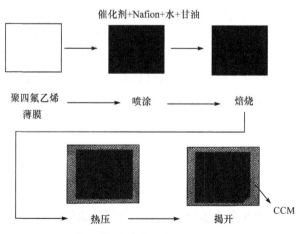

图 4-8　薄层转压法制备电极过程示意图

在该种电极中，由于没有憎水剂 PTFE，催化层没有憎水性，反应气体只能通过水扩散到达催化剂上, 而溶解氧和氢在水中的扩散系数要比在空气中小 2~3 个数量级, 因此, 这种亲水催化层只能很薄, 一般为 5μm, 只有厚层憎水催化层厚度的 1/10。厚度薄会大大减少催化剂的用量, Pt 担载量一般在 0.05~0.1mg/cm^2。催化层中, Nafion 树脂的含量较大, Pt/C 催化剂和 Nafion 树脂的质量比为 3︰1, 因此, 催化层中 H$^+$ 导电性增加, 基本上与 Nafion 膜的相同。

3) 超薄催化层电极

A. 溅射沉积型电极

超薄催化层一般用真空溅射法制备。将 Pt 采用真空溅射沉积技术在扩散层上沉积一层 Pt 层就得到超薄催化层电极。该电极的催化层厚度小于 1μm, 一般在十几纳米左右, Pt 担载量只有 0.1mg/cm^2, 但其性能与厚层憎水催化层电极相近(Pt 担载量为 0.4mg/cm^2)。

B. 超薄定向纳米催化电极

在基底材料上定向生长碳纳米管或纳米碳须也成为制备超薄层电极的一种趋势。这种方法是利用溅射、化学气相沉积等方法将催化剂直接制备到定向生长的纳米结构的碳材料表面, 然后将这种催化层转移到膜表面, 形成电极。这种电极厚度小于 1μm, Pt 的催化活性高(约为传统电极的 6 倍), 不需要添加额外的离子导电聚合物。

4) 双层催化层电极

由于 CO 能强烈地吸附在 Pt 上, 而使 Pt 催化剂中毒, 因此, 在使用含 CO 的氢气做燃料时, 必须要使用 Pt-Ru 催化剂。考虑到氢气的扩散速度要快于 CO, 而且 CO 在 Pt-Ru/C 催化剂上的吸附又强于氢气, 设计了双层催化层电极。其中, Pt-Ru/C 催化层靠近扩散层, 而 Pt/C 催化层靠近 Nafion 膜。即在 Pt-Ru/C 层进行氢气的电化学氧化的同时, 使燃料气体中含有的微量 CO 进行氧化, 而在 Pt/C 层, 因为 Pt/C 电催化剂对氢气氧化的催化活性高以及氢气的扩散速率高, 这使得氢电极性能得到提高。在用纯氢做燃料时, 这种双层催化层电极的性能与单 Pt/C 催化层电极相似, 但在使用含 CO 的氢气做燃料时, 这种双层催化层电极的性能要优于单 Pt-Ru/C 催化层电极。

4.3.3 质子交换膜

1. 质子交换膜的功能

质子交换膜是质子交换膜燃料电池的核心部件。它是一种绝缘体, 作为隔膜, 把阴、阳两极分开, 防止电池短路, 也防止氢气与氧气直接接触。它是一种质子导体, 它能把氢在阳极氧化生成的 H$^+$ 输送至阴极, 提供阴极反应所需要的 H$^+$, 并使电池形成电回路。因此, 质子交换膜最主要的性能是要有好的质子导电性。

2. Nafion 膜的性能

Nafion 膜是质子交换膜燃料电池中最常使用的质子交换膜，它是一种全氟磺酸膜，其外貌类似于包装食物用的半透明塑料膜。

实际上，Nafion 是一系列不同厚度的聚全氟磺酸膜的总称，根据其厚度的不同，Nafion 膜分别以 Nafion-115，Nafion-117 等命名，具体见表 4.2。

表 4.2　杜邦 Nafion 膜厚度与质量(23℃，RH50%)

型号	厚度/μm	干膜单位面积质量/(g/m²)
Nafion-111	25.4	50
Nafion-112	51	100
Nafion-1135，Nafion-1035	89	190
Nafion-115，Nafion-105	127	250
Nafion-117	183	360

Nafion 膜有很好的质子导电性，但发现 H^+ 在 Nafion 膜内的迁移必须伴随着水的迁移，一个 H^+ 的迁移一般要伴随 0.6 个水分子的迁移，在缺水的情况下，H^+ 的传导性将显著下降。所以保持膜的适度湿润性非常重要。但电池内含水过多不利于气体反应物扩散到催化剂上，也会使电池性能降低。因此，质子交换膜燃料电池的水含量控制是一个很重要的问题。另外，水中含其他离子，如钠、镍、铬、铁等也会使 Nafion 膜的 H^+ 迁移率降低，所以要注意电池中管道材料的防腐性，以免带入较多的无机离子。

对于质子交换膜的另一个重要的要求是有好的机械强度和柔韧性。干的 Nafion 膜有很好的机械强度，但当其含水量增加时，机械强度会降低，因此，从这个方面来看，也必须控制质子交换膜燃料电池的含水量。

虽然质子交换膜的厚度越薄越有利于减小电池的内阻和提高 H^+ 的迁移速率，但膜太薄，氢气和氧气易透过膜，气体的透过率与膜的厚度成反比，因此，Nafion 膜的厚度要在一定的范围内。

Nafion 膜的另一个优点是有好的化学稳定性，因为氧的还原会产生中间产物 H_2O_2，它有很强的氧化性，而 Nafion 膜有很好的抗过氧化氢氧化的能力。

3. Nafion 膜的问题

Nafion 膜也存在一定的问题。首先是价格高，每平方米 Nafion 膜的价格在 500～800 美元。其次，H^+ 在 Nafion 膜内的扩散要伴随水的移动，因为 H^+ 以水合离子的形式存在，这使得膜内水量的控制成为一个重要的问题。当膜内的相对湿度为 30%时，Nafion 膜的 H^+ 电导率严重下降，当相对湿度为 15%时，Nafion 膜已经成为绝缘体。而且,这也使质子交换膜燃料电池的操作温度不能超过100℃(高温下失水严重引起电导率的显著降低),一般在 80℃左右。更麻烦的是由于膜内必须有水,因此,如电池处于 0℃以下,膜内的水会结冰而破坏膜的结构,这个问题至今还没有很好的解决办法。因而新型质子交换膜的研究成为目前质子交换膜燃料电池研究的热点。

4.3.4 双极板和流场

阴极、阳极和电解质构成单个燃料电池,其工作电压约 0.7V。为了获得实际需要的电压,须将若干个单电池通过起导电作用的隔板连起来成为电池堆。此隔板的一侧与前一个燃料电池的阳极侧接触,另一侧与后一个燃料电池的阴极侧接触,因此叫做双极板。

1. 双极板的功能和要求

双极板又称集流板、隔极,是电池的核心部件之一。质子交换膜燃料电池的气室主要由双极板构成。每个双极板的两面形成两个气室,一面是氢气室,另一面是氧气室。双极板的中间是冷却管道。双极板有多种功能,它的主要作用是分隔反应气体并通过流场将反应气体导入燃料电池、收集并传导电流和支撑膜电极,同时还承担整个燃料电池系统的散热和排水功能。因此,对它也有多种要求。

(1) 提供气体通道。双极板必须具有合适的流场结构,而且能提供气体通道流动,并带出电池中生成的水汽。使反应气体在气室内均匀分布。

(2) 分开氢气和氧气。由于双极板要分开氢气和氧气,因此,要求双极板必须有阻气功能,不能采用多孔材料。如果必须采用,则要采取措施堵孔。

(3) 容易加工成型。

(4) 价格低廉。

(5) 集电流作用。单体电池通过双极板实现电连接,因此双极板必须有好的导电性,必须采用电的良导体。另外,双极板还必须是热的良导体,以保证电池组的温度均匀分布和排热方案的实施。

(6) 控制电池温度。双极板中间设计有冷却水的通道,用来控制电池温度,因此,双极板必须是热的良导体。

(7) 支撑隔膜和电极的组合体。双极板还起支撑隔膜和电极的组合体、保持电池结构稳定的作用,因此,双极板材料必须具有一定的强度。

(8) 要有好的抗腐蚀性。因为质子交换膜燃料电池的电解质为酸,而且双极板所处的环境还存在氧化介质(如阴极燃料氧气)和还原介质(如氢气),这些对双极板都有一定的腐蚀性。一般地,质子交换膜燃料电池要运行上万小时,因此,双极板材料一定要有好的抗腐蚀性。

(9) 重量轻。

(10) 较低的面电阻、体电阻以及较小的与 MEA 扩散层的接触电阻。

(11) 具有较高的机械强度。

2. 双极板材料

双极板作为质子交换膜燃料电池的关键组件之一，其性能优劣直接影响着电池的输出功率和使用寿命。目前，质子交换膜燃料电池中广泛使用的双极板材料有石墨双极板、金属双极板和复合双极板三种类型。

1) 石墨双极板

无孔石墨双极板和注塑石墨双极板是石墨双极板中的两大类。无孔石墨双极板一般由碳粉或石墨粉与可石墨化的树脂制备。无孔石墨双极板的优点是，在燃料电池环境中具有化学稳定性好、电导率高和阻气性好等优点；但该种石墨双极板也存在一定的缺点，石墨化加工周期长，流场加工困难，这些使该种双极板的制造成本高，价格昂贵，因此其使用受到一定的限制。而注塑石墨双极板则采用石墨粉或碳粉与树脂(酚醛树脂、环氧树脂等)、导电胶黏剂成型再经石墨化而成。成型方法可以采用注塑、浆注等。在双极板加工过程中，可直接在双极板表面加工流场，与机加工相比具有成本低、周期短等优点。但成型之后，还必须对双极板进行石墨化处理，额外的工序又使生产成本有所增加。另外，注塑石墨双极板还存在另外一个缺点，树脂在石墨化过程中会发生收缩导致石墨板发生变形，因此在该种石墨双极板的加工过程中，必须要有严格的控温步骤。对于加工工艺的要求也非常严格。

(1) 无孔石墨双极板。石墨材料是较早开发并应用到双极板的一种传统材料，较早开发的双极板一般采用无孔石墨，并经机械加工沟槽，将石墨粉与树脂混合压实后，2500℃加热石墨化后，经切割和研磨，制得 2～5mm 厚的石墨板。再经过机械加工孔道和刻绘流场，得到无孔石墨板。这种石墨板加工工艺烦琐，费用高，不适于批量生产。

(2) 膨胀石墨双极板。膨胀石墨又称柔性石墨，这种石墨通过在天然鳞片石墨层中间掺进插入剂，进行热处理，使石墨层间距离扩大 80 倍。膨胀后的石墨被压缩到预期密度，然后模压成板，可机械加工成各种密封制品。

膨胀石墨透气性小，导电、导热性好，Barllard 公司对膨胀石墨采用冲压方法来制备双极板，也可加入少量树脂以提高强度和改进阻气能力。

罗晓宽等采用如下的方法制备石墨双极板：将环氧树脂与酚醛树脂按 1:2 的比例混合，采用乙醇作为溶剂配成黏度为 20mPa·s 的溶液，然后在一定的压力下将此溶液灌入膨胀石墨。之后，将板材在烘箱中加温蒸发除去溶剂；再将低密度的板材用液压机压薄，这样可以得到密度为 1.2g/cm³ 的高密度板材，之后再将高密度的板材在油压机上用模具成型为有流场的氢气、空气单双极板；最后将氢气、空气单双极板粘结成一块双极板。通过测试得到该石墨双极板的透气性、机械性能及电阻性能。透气性测试发现，树脂具有一定的阻气功能，而且随着胶黏剂含量的增加，透气量减少，但幅度会逐渐减少，到达一定量以后，几乎为一恒定值。机械强度测试得到，对于膨胀石墨与树脂制作的双极板，主要由树脂起加强双极板强度的作用，随着树脂含量的降低，双极板的拉伸、弯曲强度降低，特别当树脂含量降低到小于28%时，双极板的机械性能急剧下降，这是由于此时树脂含量少，其纤维不能连续，然而石墨的机械性能很低，从而导致双极板机械强度降低。

(3) 模铸石墨双极板。模铸石墨双极板是将石墨粉与树脂混合后，在一定温度下冲压成型的。这种石墨双极板未石墨化，电阻较大。但由于采用模铸成型，加工价格较低，适于规模生产。

2) 金属双极板

与石墨双极板相比，金属双极板具有导电、导热性好，致密，不透气，而且加工性能好的优点。用金属材料做双极板，易于批量生产，金属双极板可以通过机械加工的方法，加工成各种流场，也有采用冲压的方法来加工流场。因此，可用薄金属板采用冲压技术制备双极板。但金属双极板具有易腐蚀的缺点，金属板腐蚀产生的金属离子进入电池后，可能使催化剂中毒，降低质子交换膜的 H^+ 电导率。金属板腐蚀也可能在金属板表面形成钝化膜，引起导电性降低而降低电池性能。因此，一般使用耐腐蚀性好的材料，如不锈钢、钴、镍等材料。也可以在金属双极板表面镀上贵金属或其氧化物导电性较好的金属，进行防腐处理。另外，金属双极板与电极扩散层间的接触电阻较大，因此，一般要在金属双极板上镀上Au 等导电性好的金属。

3) 复合双极板

为了避免金属双极板和石墨双极板的缺点，现在多采用复合双极板。一般是把金属作为双极板内部的分隔板，石墨作为外面的流场板。但在加工时，要注意金属板和石墨板之间的电接触。复合双极板主要可以分为以下三类：

(1) 碳-碳复合双极板。碳-碳复合材料的优点是：电导率较高、热导率较高、重量轻、耐高温、强度较高、高度耐腐蚀和耐化学性以及对膜电极集合体无污染等优点，但是该种双极板的制作过程比较复杂，需要高温条件，所以价格较高。

(2) 聚合物-填料复合双极板。这种复合双极板是将导电填料、树脂(如酚醛树脂、环氧树脂、乙烯基酯树脂等)和导电胶进行混合，并选择合适的模具，然后将混合物放置于模具中，采用聚合物的熔融温度和一定压力，并通过模压、注塑等工艺，可以制备出聚合物/填料复合双极板。这种材料具有和石墨相近的耐腐蚀性能，而且采用这种方法制备双极板，能够降低双极板的生产成本，可以大批量生产，具有商业化的可能。

(3) 金属基复合双极板。金属基复合双极板是采用薄金属板或其他导电材料作为分隔板，以塑料、聚砜和碳酸脂等材料制作边框，并采用导电胶将边框和金属板进行黏结，而采用金属板、石墨油毡等作为流场板。金属基复合双极板耐蚀性较好，而且质量比较轻，强度也高，但是，这种双极板具有结构复杂的缺点。

4.4　磷酸燃料电池材料

顾名思义，磷酸燃料电池也就是以磷酸为电解质的燃料电池。阳极通以富氢并含有 CO_2 的重整气体，阴极通以空气。对 CO_2 的承受力强是磷酸燃料电池的特征之一。磷酸燃料电池适于安装在居民区或用户密集区，高效、紧凑、无污染是其主要特征。它是目前最成熟和商业化程度最高的燃料电池，美国、日本、西欧建造了许多实验电厂，功率从数千瓦到数十兆瓦。

磷酸燃料电池的主要构件有电极、含磷酸的基质、隔板、冷却板、管路等。基本的燃料电池结构是含有磷酸电解质的基质材料置于阴阳两极之间。基质材料的作用一是作为电池结构的主体承载磷酸，二是防止反应气体进入相对的电极中。含有电解质的基质是离子导体，而不是电子导体。典型的磷酸燃料电池结构如图 4-9 所示。

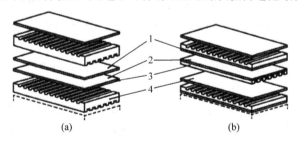

图 4-9　典型的磷酸燃料电池结构

(a) 肋拱隔板型；(b) 拱肋衬底型。1. 阳极；2. 基质；3. 阴极；4. 隔板

4.4.1　电极及催化剂

电极由载体和催化剂层组成。用化学吸附法将催化剂沉积在载体表面，电化学反应就发生在催化剂层上。

催化剂层的主要成分包括碳载体、高度分散的铂催化剂及疏水介质(如 PTFE)。催化剂层的厚度约 0.1mm。

高表面积的铂是目前的首选催化剂材料，而碳则是首选载体材料。对于较高温度的燃料电池，不必使用稀贵金属催化剂。而较低温度燃料电池则需使用贵金属催化剂来加速电化学反应。

前面也提到过，电化学反应是发生在电极表面的三相界面上，三相是指液相(磷酸)、固相(铂催化剂)和气相(反应气体 H_2、O_2)。为了增大电流密度，必须尽可能提高反应物接触点的数量，增加反应气体分压，缩短扩散路径，催化层也需有较高的导电性，以减小电极的欧姆损失。再有，电极的亲水性必须适当，以获得最大的气体扩散及控制电极的润湿性。酸涌现象会干扰反应气体的扩散，而反应气体的过扩散则会阻碍酸到达反应界面，这两种情况都是不希望发生的。磷酸在反应层中适宜的比例为 40%～80% 时，不仅对形成大的三相界面有利，而且此时的阴极、阳极的过电位均比较低。

利用 PTFE 的疏水性能可预防酸涌，即将黏结了催化剂的 PTFE 渗入碳载体层中，使其润湿性能适当。通常，阳极和阴极的最佳 PTFE 质量分数分别约为 30% 和 40%～60%。

防止气体过渗透的做法是将多孔电极中与基质相邻的层设计成具有良好毛细作用的层，电解质被牢固地吸附在微孔内，可阻止反应气体的过渗透。

电极的另一作用是能排出在阴极生成的水。在较高的工作温度下，水会以蒸汽形式从多孔电极中蒸发出来而被最终排出。虽然在工作温度下，水比酸的蒸汽压要高，但酸也多少会被水蒸气带出一些。

铂催化剂的活性取决于催化剂的类型、晶粒尺寸及表面积等。晶粒越小、比表面积越大，催化剂的活性越高。目前已制成了晶粒小至 2nm，比表面积大于 $100m^2/g$ 的铂催化剂。

催化剂的发展是 PAFC 的一个重要的方面，过渡金属(铁或钴)的有机材料现已被用做阴极电极催化剂；另一开发方向是 Pt 与过渡金属(如 Ti、Cr、V、Zr、Ta 等)形成的合金，例如，将铂镍合金用做阴极电极催化剂已经使性能得到 50% 的提高。

碳载体的结构是另一关键因素，影响电极的性能和寿命。碳载体的主要作用如下：

(1) 分散催化剂；

(2) 为电极提供大量微孔；

(3) 增加催化剂层的导电性。

目前用做碳载体的炭黑有两种类型，即乙炔炭黑和炉炭黑。与炉炭黑相比，乙炔炭黑的比表面积小，导电性差，但抗腐蚀性能好。这些特性会影响电极的初期性能及寿命。因而对这两种载体材料都要作一些处理。例如，对乙炔炭黑作蒸汽活化处理，以增加比表面积，而对炉炭黑则进行热处理，以提高其抗腐蚀能力。

通常电极性能随着运行而退化，主要是由于铂催化剂的烧结和催化剂层的堵塞妨碍了气体扩散。

4.4.2 衬底

衬底是用来支撑电极的，与催化剂层比较靠近，而且要求电子和反应气体能够通过。一般来说，衬底必须达到下列要求：

(1) 在电和热方面具有良导性；

(2) 在工作条件及磷酸环境下具有很好的稳定性；

(3) 具有多孔性，保证反应气体快速地扩散；

(4) 衬底需具有良好的机械强度，可以承受高压运行。

100%磷酸在工作温度时具有很强的腐蚀性，其中首选材料是石墨。制作衬底时是将酚醛树脂和石墨纤维与黏合剂混合后压模，然后经过高温进行烘烤。孔积率一般为 60%~65%，孔径 20~40μm。

多孔衬底具备储酸功能，为此设计了拱肋型的衬底结构。每个衬底厚度为 1~1.8mm，其中 0.6~1.0mm 是拱肋高度，拱肋跟分隔板相连，另一侧为催化剂层。支路方面，阴极和阳极衬底的拱肋则相互垂直。

目前的电池结构正走向电极衬底一体化，即一个分隔板由两个衬底层夹合而成，如图 4-10 所示。一体化能够改善各层之间的热传递与电导性，提高电池性能，而且一体化的组装方面也比较容易。

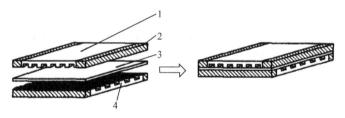

图 4-10 电极衬底一体化

1. 拱肋电极；2. 边缘密封；3. 隔板；4. 拱肋电极

4.4.3 电解质

选择磷酸作电解质是基于以下原因：

(1) 可在高温下工作；

(2) 可耐 CO_2；

(3) 低蒸气压；

(4) 高的氧溶解度；

(5) 高温下良好的离子导电性；

(6) 高温下的低腐蚀速度；

(7) 大的接触角(大于 90°)。

磷酸是无色、黏稠，并有吸水性的液体。在磷酸燃料电池中它不是以自由流体形式使用的，而是包含在 SiC 制成的多孔基质结构中。基质(matrix)这一概念在电池堆的设计中被广泛采用。

4.4.4　基质

磷酸是盛装在基质中的，基质的作用是靠毛细作用将酸吸附在其内。目前使用的基质是由 SiC 微粉与少量 PTFE 黏结组成的。

基质的厚度应尽可能小，以降低电池阻力，一般为 0.1～0.2mm。对基质的要求包括：

(1) 对磷酸有良好的毛细作用；

(2) 电绝缘性；

(3) 防止电池内反应气体交叉渗透；

(4) 良好的导热能力；

(5) 高温工作条件下的稳定性；

(6) 足够的机械强度。

除机械强度外，目前的基质结构可满足其他要求。

磷酸本身的蒸气压很低，但在较高温度下长时间工作，由蒸发而引起的酸损失却是不能忽略的。电解质消耗的量取决于电池内反应气体的速度和电流密度，即酸损失的速度是随气体流速和电流密度的增加而加快的。因为，电流密度越大，产生水的量越多，水蒸气压越高，夹杂在水蒸气中的以酸雾形式耗散的酸也就越多。

基质中酸损失过多时会引起基质内反应气体的交叉，导致电池性能下降，所以须对基质加酸。一种办法是开始就在电池中储备足够的酸，另一种方法是由外部向电池堆中补充酸，通常需要将这两种方法结合来用。还有一种方法是将衬底的微孔用作电解质储备源。

多余的电解质在多孔衬底中的储备对于因负载变化引起的酸体积变化而带来的空间膨胀也是很有用的。对于这种用途，碳化硅基质的孔径应小于衬底的孔径，这样可以保证基质总是被电解质润湿，减少了在不同压力下反应气体交叉渗透的可能性。

4.4.5　分隔板

为了防止电池中阳极和阴极的气体混在一起，需要设置分隔板，当然设置时需要保证两个电极导通。如果气体有泄漏的话，电池性能也会下降，而且会出现不安全的状况。

设置的分隔板应符合以下条件：

(1) 应具备良好的导电性和导热性；

(2) 在高温和高压条件下及在磷酸环境中能够保持化学稳定性；

(3) 气密性好，以免反应气体发生渗透；

此外，应具备较高的机械强度。

常用的玻璃态的碳板，越薄越好，有利于电和热的传输，一般要求小于 1mm。同时，应该采用表面平滑的隔板，使得各部件接触均匀。

4.5　熔融碳酸盐燃料电池材料

熔融碳酸盐燃料电池通常被称为第二代燃料电池，因为预期它将继磷酸燃料电池之后进入商业化阶段。熔融碳酸盐燃料电池的工作温度为 600～650℃，因而与低温燃料电池相比，有几个潜在优势。首先，在熔融碳酸盐燃料电池的工作温度下，燃料的重整，如天然气重整，能在电池堆内部进行，既降低了系统成本，又提高了效率；其次，电池反应的高温余热可用于工业加工或锅炉循环；最后，几乎所有燃料重整都产生 CO，它可使低温燃料电池电极催化剂中毒，但却可成为熔融碳酸盐燃料电池的燃料。熔融碳酸盐燃料电池的缺点是在其工作温度下，电解质的腐蚀性高，阴极需不断供应 CO_2。

熔融碳酸盐燃料电池由电极、电解质和隔膜等材料组成。

4.5.1　电极

1. 阳极

熔融碳酸盐燃料电池的阳极为 Ni-Cr 或 Ni-Al 合金，加入 2%～10%Cr 的目的是防止烧结，但 Ni-Cr 阳极极易发生蠕变。Cr 还能被电解质锂化，并消耗碳酸盐。减少 Cr 的含量可减少电解质损失，但蠕变增大。Ni-Al 阳极蠕变小，电解质损失少。低蠕变是由于合金中生成了 $LiAlO_2$。

镍基阳极的成本相对较高，许多研究集中在探索镍的代用金属，以降低成本。Cu 的研究较多。Cu 不能完全取代 Ni，因为铜的蠕变比镍大。Cu-50%Ni-5%Al 合金有较好的抗蠕变性能。

熔融碳酸盐燃料电池的镍基阳极存在的主要问题是电极结构的稳定性。微孔性镍基阳极的烧结和机械变形导致性能的严重降低。

熔融碳酸盐燃料电池系统的耐硫能力很受重视，特别是用煤做燃料时，对硫的耐受力高，可以减少或取消净化设备，提高效率、降低成本。当特别需要低温除硫时，重整后的燃料气体温度降低，然后再加热到电池的温度。这一升一降，导致系统效率降低，成本上升。目前，还没有理想的耐硫电极。$LiFeO_2$ 阳极和涂 Mn 或 Nb 的 $LiFeO_2$ 阳极性能不高，电流密度低于 $80mA/cm^2$。未来研究的焦点是提高电极的性能，开发耐硫的阳极材料。

2. 阴极

熔融碳酸盐燃料电池对阴极的要求是导电性好、结构强度高、在熔融碳酸盐中溶解度低。目前的 NiO 阴极，导电性和结构强度都合适，但 NiO 可溶解、沉淀，并在电解质基底中重新形成枝状晶体，导致电池性能降低，寿命缩短。阴极溶解是影响熔融碳酸盐燃料电池寿命的主要因素，特别是在加压运行时。

当使用薄电解质结构时，NiO 在熔融碳酸盐中的溶解很明显；尽管 NiO 在碳酸盐中的溶解度很低(约 $10^{-5}g/g$)，Ni^{2+} 仍向阳极扩散，当遇到氢气还原环境时，还原为金属镍并沉积下来，沉积的金属镍反过来加速 Ni^{2+} 的扩散。NiO 在熔融碳酸盐中的溶解度与其酸碱性有关。

解决阴极溶解的可能途径有，开发新的阴极材料，增加基底厚度，在电解质中加入添加剂提高其碱性。$LiFeO_2$ 电极在阴极环境下化学性能稳定，基本上无溶解。但与 NiO 电极相比，反应动力学性能差，加压情况下性能有所提高。涂 Co 的 $LiFeO_2$ 电极正在研究中。NiO 电极表面涂 5%的 Li、厚度 0.2mm、电流密度 $160mA/cm^2$ 时，电压提高 43mV。

减少基底厚度将降低电池寿命，增加电解质基底厚度则有利于提高寿命。这时由于增加了 Ni^{2+} 的扩散路径，降低了传输速率。但增加基底厚度，电池性能略有降低。CO_2 的分压减少 1/3，NiO 的溶解度也减少 1/3。

4.5.2　电解质

1. 载体

载体是陶瓷颗粒混合物，形成毛细网络容纳电解质。载体为基质电解质提供结构，但不参加电学或电化学过程。基质的物理性质在很大程度上受载体控制。载体颗粒的尺寸、形状及分布决定孔积率和孔隙分布，进而决定基质的欧姆电阻等性质。载体颗粒的物理及化学稳定性很重要，颗粒的不稳定性将导致电解质损失及电池性能下降。

载体一般是粗、细颗粒及纤维的混合物。所有熔融碳酸盐燃料电池使用的细颗粒材料都是 γ-$LiAlO_2$，它能提供高孔积率。粗粒材料(约 $10\mu m$)用于提高抗压强度及热循环能力。加入 Al_2O_3 纤维的目的是提高抗张强度和抗弯强度。典型的载体组成见表 4.3。

表 4.3　典型载体组成

形状	材料	粒径/μm	组成/%
细粒	$\gamma\text{-}LiAlO_2$	0.1	55
粗粒	$\alpha\text{-}Al_2O_3$	10	35
纤维	$\alpha\text{-}Al_2O_3$	5	10

　　熔融碳酸盐燃料电池与磷酸燃料电池相似，都使用液态电解质，并将其固定在一个多孔的基体上。在磷酸燃料电池中，PTFE 作为黏结剂和疏水材料，在多孔电极中建立了电极-电解质-反应气体的三相界面。在熔融碳酸盐燃料电池的工作温度下却没有任何材料能够如此稳定地工作。因此就需要在熔融碳酸盐燃料电池多孔电极中建立一个稳定的电解质-反应气体界面，如图 4-11 所示，在熔融碳酸盐燃料电池中多孔电极是依靠毛细管的压力平衡来建立电解质接触面边界的。

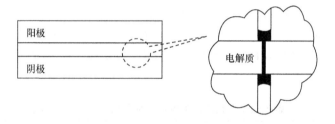

图 4-11　熔融碳酸盐燃料电池电解质动态平衡示意图

　　通过适当调整电极以及电解质基体中的孔径，就可获得图 4-11 所示的电解质分布，可使熔融碳酸盐完全充满电解质基体，而多孔电极只是被部分充满。孔径愈大填充的愈少，因此，电解质基体的孔径应尽可能小，使其被完全充满，而电极孔径稍大些可被部分充满。所以，获得高性能、高寿命熔融碳酸盐燃料电池的关键是控制熔融碳酸盐电解质的最佳分布。电解质结构改进的另一个方面是其阻止气体穿过的能力。

　　1980 年以前，电解质结构的常规制作方法是热压法，将 $LiAlO_2$ 与碱金属碳酸盐混合物(液态时体积比 1:1)在 3.5MPa、略低于碳酸盐熔点的温度下热压成型。这种成型结构，又称电解质瓦，厚度较大，1～2mm，需要大型工具和较大压力，制造尺寸不能大。热压成型电解质结构的缺点是：

　　(1) 无效空间大(孔积率小于 5%)；

　　(2) 微观结构不均；

　　(3) 机械强度差；

　　(4) 欧姆损失高。

　　为了克服热压成型电解质结构的缺点，发展了其他工艺，如带铸、电泳沉积等。带铸是陶瓷工业中常用的加工方法。在制作熔融碳酸盐燃料电池电解质结构时，将陶瓷粉末分散在有机溶剂中，其中含有溶解性黏合剂(通常为有机物)、增塑剂和能产生适当泥釉流变的添加剂。泥釉铸在移动的光滑衬底上，厚度由副片机控制。泥釉干燥后，装入燃料电池。在电池启动阶段，有机黏合剂因热分解而去除，碱金属碳酸盐吸附进入陶瓷结构。

带铸和电泳沉积法可制造面积大、厚度小的电解质结构，厚度在0.25~0.5mm。电解质结构的欧姆电阻及因此而产生的极化，对熔融碳酸盐燃料电池的输出电压有很大影响。电解质衬底中的欧姆损失占全部欧姆损失的70%。

2. 电解质

电解质的成分也从几个方面影响熔融碳酸盐燃料电池的性能和寿命，富锂电解质的离子电导率高，因而欧姆极化低。Li_2CO_3的离子电导率比Na_2CO_3和K_2CO_3高，但在Li_2CO_3中，气体溶解度小、扩散系数低、腐蚀速度快。

制造较为温和的电池环境，有利于减缓阴极溶解。途径之一是向电解质中加入添加剂增加其碱性，少量添加剂不影响电池性能，但添加剂量大时，可降低电池性能。表4.4为添加剂用量范围；另一途径是增加电解质中Li的比例，或用Li-Na二元碳酸盐代替62%Li-38%K熔盐。

表4.4　熔融碳酸盐燃料电池电解质添加剂用量范围　(单位：%，摩尔分数)

添加剂	62%Li_2CO_3-38%K_2CO_3	52%Li_2CO_3-48%Na_2CO_3
$CaCO_3$	0~15	0~5
$SrCO_3$	0~5	0~5
$BaCO_3$	0~5	0~5

熔融碳酸盐燃料电池运行初期，欧姆损失约65mV，运行40000h后，高达145mV。电压损失主要发生在电解质及阴极。其中，电解质的欧姆损失占70%。电解质结构孔积率增加5%，基底电阻减少15%；用Li-Na代替Li-K，基底电阻率降低40%。M-C电力公司正在开发Li-Na电解质系统，其离子电导率高，阴极溶解度低，蒸气压低，而电池性能较高。

4.5.3　隔膜

隔膜是熔融碳酸盐燃料电池的核心部件，要求强度高、耐高温熔盐腐蚀、浸入熔盐电解质后能阻气并具有良好的离子导电性能。早期的熔融碳酸盐燃料电池隔膜用MgO制备，然而MgO在熔盐中有微弱溶解并易开裂。研究结果表明，$LiAlO_2$具有很强的抗碳酸熔盐腐蚀的能力，目前普遍采用其制备熔融碳酸盐燃料电池隔膜。

国内外已经开发出了多种 $LiAlO_2$ 隔膜的制备方法,有热压法、电沉积法、真空铸造法、冷热滚法和带铸法。带铸法制备的 $LiAlO_2$ 隔膜,不但性能、重复性好,而且适于大批量生产。

带铸法制膜过程是:在 γ-$LiAlO_2$ 粗料中掺入 5%~15%的 γ-$LiAlO_2$ 细料,同时加入一定比例的黏结剂、增塑剂和分散剂;用正丁醇和乙醇的混合物作溶剂,经长时间球磨制备适于带铸的浆料,然后将浆料用带铸机铸膜,在制膜过程中要控制溶剂挥发速度,使膜快速干燥;将制得的膜数张叠合,热压成厚度为 0.5~0.6mm、堆密度为 1.75~1.85g/cm³ 的电池用隔膜。

围内开发了流铸法制膜技术。用该技术制膜时,浆料配方与带铸法类似,但加入溶剂量大,配成浆料具有很大的流动性。将制备好的浆料脱气至元气泡,均匀铺摊于一定面积的水平玻璃板上,在饱和溶剂蒸气中控制膜中溶剂挥发速度,让膜快速干燥。将数张这种膜叠合,径热压制备成厚度为 0.5~1.0mm 的电池用膜。热压压力为 9.0~15.0MPa,温度为 100~150℃,膜的堆密度为 1.75~1.85g/cm³。

4.6　固体氧化物燃料电池材料

固体氧化物燃料电池是一种把燃料(如氢气和甲烷)和氧化剂(如氧气)中的化学能直接转变为电能的全固体组件能量转换装置。与常规电池不同,它的燃料和氧化剂储存在电池的外部,当工作(输出电流并做功)时,需要不间断地向电池内输入燃料和氧化剂,并同时排出反应产物。SOFC 单体电池是由阴极(氧化剂电极)、电解质和阳极(燃料电极)组成的三合一结构。单体电池通过连接板串联形成电池堆,电池堆可以单独或经串、并联后向外供电。阴极、电解质、阳极、连接板和密封材料是固体氧化物燃料电池堆的主要组成部分。

4.6.1　电解质材料

固体电解质是固体氧化物燃料电池最核心的部分。固体电解质的电导率、稳定性、热膨胀系数、致密化温度等性能不但直接影响电池的工作温度及转换效率,还决定了所需要的与之相匹配的电极材料及其制备技术的选择。电解质的主要作用是在电极之间传导离子,而一种好的电解质材料必须具有以下的条件:

(1) 高的离子电导率(在 1000℃大于 0.1S/cm)和低的电子电导率(在 1000℃小于 10^{-3}S/cm)。在氧化和还原双重气氛中,电解质都要有足够高的离子电导率和低得可以忽略的电子电导率,并且在较长的时间内稳定。

(2) 良好的致密性。为防止氧气和燃料气的相互渗漏,发生直接燃烧反应,电解质应该致密,从室温到操作温度下,都不允许燃料气和氧气渗漏。

(3) 良好的稳定性。在氧化和还原气氛中，从室温到工作温度的范围内，电解质必须要求化学稳定、晶型稳定和外形尺寸稳定。

(4) 匹配的热膨胀性，即相同或相近的热膨胀收缩行为。从室温到操作温度和制作温度的范围内，电解质都应该与相邻的阴极和阳极的热膨胀系数相匹配，以避免开裂、变形和脱落。

(5) 化学相容性。在操作温度和制作温度下，电解质都应该与其他组元化学相容而不发生化学反应。

(6) 足够的机械强度和韧性，较高的抗热振性能、易加工，以及较低的成本等。

随着固体氧化物燃料电池研究的不断深入，先后出现了许多类型的固体电解质材料，其中主要有氧化锆基(ZrO_2)电解质、氧化铈基(CeO_2)电解质材料；氧化铋基(Bi_2O_3)电解质材料、镓酸镧基($LaGaO_3$)电解质材料和质子传导电解质等。电解质的种类和温度的高低对电解质材料的导电性能影响很大。

1. 氧化锆基(ZrO_2)电解质

氧化锆是一种用途广泛的氧化物陶瓷，具有优良的化学稳定性，可以抵抗各种熔体侵蚀，同时还具有高温导电性和高的氢离子电导性，可以用做氧敏感传感器和氧浓差电池等。常温下纯 ZrO_2 属单斜晶系，1100℃不可逆地转变为四方晶体结构，在 2370℃下进一步转变为立方萤石结构，立方相是高温稳定相，熔点是 2715℃。单斜和四方之间的相变引起很大的体积变化(5%～7%)，易导致基体的开裂。因此，纯 ZrO_2 难以制成坚实致密的陶瓷。

具有萤石结构的氧化物是研究得最多的固体电解质材料。在这些材料中，研究得最多和最成熟的，也是应用得最成功和最多的是钇稳定氧化锆(YSZ)，对它的研究已有数十年了。目前进入商业化的 SOFC 几乎都以它作为电解质。虽然它的氧离子电导率也不是很大，但它几乎没有电子电导率，在高温的氧化和还原条件下有很好的长期化学和物理稳定性、易于烧制成薄膜或其他不同形状以满足不同的电池设计要求，好的机械强度和相对较低的价格等是其不可多得的优越之处。YSZ 电解质的主要缺点是氧离子电导率偏低，以它作为电解质的 SOFC 通常需要在较高温度(1173～1273K)下操作。在这样高的温度下操作会导致燃料电池其他组件材料性能的下降以及在电池烧制上的困难。此外 YSZ 材料的力学性能表现一般，并且会随着温度的升高有明显衰减，这对于它作为电解质自支撑的平板式 SOFC 工业化应用有一定限制。

为了提高 YSZ 电解质的氧离子电导率，有人提出用镱或钪替代钇作为掺杂剂，得到的钪稳定氧化锆(SSZ)和镱稳定氧化锆(YBSZ)。SSZ 和 YBSZ 与 YSZ 陶瓷电解质一样，钪和镱的含量需在一定范围内才能使它们显示出单一的相。

2. 氧化铈基(CeO₂)电解质

纯氧化铈从室温至熔点都是立方萤石结构，N-型半导体，依赖于小极化子迁移导电，离子电导可以忽略。在温度和氧压力变化时，可以形成具有氧缺位型结构的 $CeO_{2-\delta}$。CeO_2 中 Ce^{4+} 半径很大，可以与很多物质形成固溶体，当掺入二价或三价氧化物后，在高温下表现出高的氧离子电导和低的电导活化能，使其可以用做 SOFC 电解质材料，特别适合直接用甲烷气的 SOFC 中。CeO_2 有可能成为 SOFC 电解质材料的优点如下：

(1) 纯的 CeO_2 本身就具有稳定的萤石结构，不像 ZrO_2 需要加稳定剂；

(2) CeO_2 的工作温度为 500~700℃，远远低于 YSZ 的工作温度；

(3) CeO_2 有比 YSZ 更高的离子电导率和较低的电导活化能。

3. 氧化铋基(Bi₂O₃)电解质

萤石结构的 δ-Bi_2O_3 含 25%的氧离子空位，因此具有很高的离子电导率。在熔点附近，电导率可达 0.1 S/cm，因此近年来对其研究受到越来越多的重视。δ-Bi_2O_3 具有极高离子导电能力的原因有两方面，首先，Bi^{3+} 具有易于极化的孤对电子；其次，Bi 原子和 O 原子之间的键能较低，因此提高了晶格中氧空位的迁移率。高离子电导率相 δ-Bi_2O_3 仅存在于很窄的温度范围(730~825℃)。纯铋氧化物在冷却到低于 973K 时，其结构由立方的 δ 相转变为单斜的 α 相，相变产生的体积变化，会导致材料的断裂和严重的性能老化。

Bi_2O_3 电解质材料具有以下优点：

(1) 立方 Bi_2O_3 在中温具有很高的离子电导率，在相同温度下其电导率比 ZrO_2 电解质高两个数量级。

(2) 与 ZrO_2 电解质相比，Bi_2O_3 与电极之间的界面电阻更小，氧的吸附和扩散直接发生在电解质表面，而不是像 ZrO_2 电解质那样发生在电极表面。其结果是不仅界面电阻很低，而且对电极材料的依赖性减弱，因此，传统使用的混合氧化物电极可用金属替代。

(3) Bi_2O_3 基电解质材料的晶界效应不影响其体电导率，这是此种材料的一个显著的优点。

Bi_2O_3 基电解质材料未被普遍应用于 SOFC，主要是因为其存在以下两个致命的缺点：

(1) Bi_2O_3 基电解质材料在低氧分压下极易被还原。虽然报道的临界氧分压值不尽相同，但在 SOFC 燃料侧，氧分压值肯定低于临界值，会导致 Bi_2O_3 的还原，还原出的细小金属铋使燃料侧"变黑"。

(2) 掺杂稳定的 Bi_2O_3 基电解质材料退火后，会有立方-菱方相变出现，在低于 700℃时呈热力学不稳定状态，而菱方相导电性能很差。因此，对低于 700℃，且运行时间超过几百小时的 SOFC 来说，虽然 Bi_2O_3 基电解质材料离子导电性很好，但实用价值不大。

只有解决了以上两个问题，Bi_2O_3 基电解质材料才有可能获得成功的应用。

4. 质子传导电解质

用钙铁矿型质子导体材料作为电解质制成的 SOFC 具有氧离子导体电解质材料所不具备的一些独特的优点和性能，已日益成为固体电解质研究的热点之一。质子导体是指通过质子传递来传导电流的导体，而质子传递包括质子(H^+)及带有质子的基团(如 OH^-、H_2O、NS^-、HS^- 等)的传输。固体质子导体对于燃料电池、传感器等的发展是至关重要的。虽然质子导体有多种分类方法，但是最简单方便的分类方法是按其实际应用的温度范围来分类。质子导体按使用温度可分为中低温质子导体和高温质子导体两大类。中低温质子导体主要为一些固态酸和 β-氧化铝，高温质子导体(HTPC)的研究主要集中在钙钛矿型化合物。高温质子导体同样可以作为固体氧化燃料电池的电解质材料，但还处在研究阶段，应用较少。HTPC 作为高温质子导体有以下几个要求：

(1) 有晶格氧缺陷，一种是利用低价元素掺杂，另一种是利用结构的缺陷。

(2) 在适当的水蒸气气压条件下能吸收水。

(3) 能够产生较快的质子迁移，电导率应在 0.01～0.1S/cm。

4.6.2　电极材料

1. 阳极材料

SOFC 通过阳极提供燃料气体，阳极又叫燃料极，从阴极扩散过来的氧负离子在电解质与阳极的界面处发生电化学反应。在燃料电池运行的过程中，阳极不仅要为燃料气的电化学氧化提供反应场所，也要对燃料气的氧化反应起催化作用，同时还要起着转移反应产生的电子和气体的作用。从阳极的功能和结构考虑，阳极材料必须具备下列条件：

(1) 在还原气氛和工作温度范围内，有足够的电子电导率，使反应产生的电子顺利传到外回路产生电流。同时具有一定的离子电导率，以实现电极的立体化。

(2) 在燃料气体流动的环境中，从室温至工作温度范围内，必须保持性能稳定、化学稳定、外形尺寸和微结构稳定，无破坏性相变。

(3) 由于 SOFC 在中高温下操作，其阳极材料必须与电池的电解质等相邻材料热膨胀系数相匹配，以避免开裂、变形和脱落，在室温至操作温度内，乃至更高的制备温度范围内，化学上相容，不发生化学反应。

(4) 阳极材料必须具有足够高的孔隙率以减小浓差极化电阻，良好的界面状态以减小电极和电解质的接触电阻，以利于燃料向阳极表面反应活性位的扩散，并把产生的水蒸气和其他副产物从电解质与阳极的界面处释放出来。

(5) 对阳极的电化学反应有良好的催化活性。对于直接烃固体氧化物燃料电池而言，其阳极还必须具有催化烃类燃料的重整或直接氧化反应的能力，并且能有效避免积碳的产生。

(6) 在阳极支撑 SOFC 中，还要求其有一定的机械强度和韧性、易加工性和低成本性。

1) 金属陶瓷复合阳极材料

金属陶瓷复合材料是通过将具有催化活性的金属分散在电解质材料中得到的，这样既保持了金属阳极的高电子电导率和催化活性，同时又增加了材料的离子电导率，还改善了阳极与电解质热膨胀系数的不匹配性问题。金属粒子除提供阳极中电子流的通道外，还对燃料的电化学氧化反应起催化作用。复合材料中的陶瓷相主要起结构方面的作用，保持金属颗粒的分散性和长期运行时阳极的多孔结构，还可以阻止在 SOFC 系统运行过程中由 Ni 粒子团聚而导致的阳极活性降低。由于电解质是离子导电相，可以传导 O^{2-}，从而使反应区域由电解质与阳极的界面扩展到阳极中所有的电解质、阳极和气体的三相界面，增大了电化学活性区的有效面积。

金属 Ni 因其便宜的价格及较高的稳定性，常与 YSZ 混合制成多孔的 Ni/YSZ 陶瓷，虽然 Ni/YSZ 金属陶瓷阳极材料存在一些缺点，但就目前的研究来说，因其具有可靠的热力学稳定性和较好的电化学性能，仍被认为是以 YSZ 为电解质，氢气为燃料的 SOFC 阳极材料的首选。

Cu 是一种惰性金属，可以在很高的氧分压下稳定存在，它没有足够的催化活性，减弱了对甲烷催化生成碳的反应，减少了阳极积碳。因此，Cu 基金属陶瓷材料得到了进一步的研究。Cu_2O 和 CuO 的熔点比较低，用 Cu_2O 和 CuO 制备 Cu/YSZ 陶瓷阳极时，烧结温度不能过高，但若采用比较低的烧结温度，又会导致阳极层与电解质层的不紧密结合。在 Cu/YSZ 中掺入另一种氧化物 CeO_2，形成 $Cu/CeO_2/YSZ$ 阳极，可以得到更加稳定的电池性能。因为 Cu 的硫化物不稳定，Cu 基阳极对含硫的燃料气体有比传统的 Ni 基阳极更高的耐受度，再者 Cu 基阳极材料中 Cu 不充当催化剂的角色，少许的硫化也不影响电池的性能。对于含 CeO_2 的 Cu 基阳极，Ce_2O_2S 的生成可能会影响到电池性能。但这种阳极只要在 973K 下稍微暴露在水蒸气中进行处理就可以得到恢复。另外，还可以通过改变电池工作的环境避免 Ce_2O_2S 的生成。总体说来，$Cu/CeO_2/YSZ$ 作为 SOFC 阳极材料有其工业化的应用前景。除了 Cu 外，人们也尝试过用 Co、Ru 等其他金属来代替 Ni。

2) 混合导体氧化物

混合导体氧化物就是离子电子混合导体的氧化物，氧离子和电子都是可以移动的，氧离子能够直接传到阳极颗粒，电子也能很快传到连接体。所以电化学反应就不需要像陶瓷阳极材料的三相界面，更不会跟金属阳极一样被局限在电解质和阳极的界面，而是在整个阳极和燃料气体的界面上发生，大大增加了电化学活性区的有效面积。混合导体氧化物也可以用来催化干燥的甲烷等碳氢气体的电化学氧化反应，氧化物没有足够的活性促使碳沉积，也不会发生硫中毒，这些都显示出其作为 SOFC 阳极材料的优势。

CeO_2 被证实对干燥甲烷的氧化有很好的催化活性，掺杂和不掺杂的 CeO_2 基材料在低氧分压下都能够表现出混合导体的性能，是很有潜力的 SOFC 阳极材料。CeO_2 在许多反应，包括碳氢化合物的氧化和部分氧化中，均可以作为催化剂，同时 CeO_2 还具有阻止碳沉积和催化碳的燃烧反应的能力。因此它被研究用做以合成气、甲醇、甲烷为燃料的 SOFC 阳极材料或复合阳极材料的组成部分。通过均匀分散恒量的贵金属催化剂，如 Ru、Nb 等，掺杂 CeO_2 基阳极的性能特别是低温性能将会有很大的提高。虽然 CeO_2 基氧化物阳极对甲烷的直接催化有很好的作用，但是用其组装的电池的性能却不是很理想，这主要是因为 CeO_2 基氧化物的电子电导太小。尽管如此，由于 CeO_2 能够抗碳沉积，在 SOFC 的工作环境下的结构和性能稳定，还是认为经过掺杂改性的 CeO_2 有潜力作为甲烷催化的阳极材料。

钙钛矿结构的氧化物因其能在很宽的氧分压和温度的范围内保持结构和性质稳定而受到电化学工作者的极大关注。掺杂的钙钛矿结构的氧化物均可以表现出混合导体的性能，同时对燃料的氧化具有一定的催化作用。在这类材料中，$LaCrO_3$基和 $SrTiO_3$ 基材料表现出了相对优越的特性，但目前存在的主要问题是电导率比较低，催化活性还不够理想。人们正在试图通过不同种类物质在不同位置的掺杂来改变它们的各项性能。

2. 阴极材料

SOFC 通过阴极提供燃料空气(氧气)氧化剂，所以阴极又叫空气极，氧气在阴极上还原成氧负离子。阴极的作用是为氧化剂的电化学还原提供场所，作为阴极材料必须满足以下要求：

(1) 足够高的电导率。在电池工作温度范围内，必须具有足够高的电子电导率，以降低运行过程中阴极的欧姆极化；此外阴极还必须具有一定的离子导电能力，以利于氧还原产物(氧离子)向电解质隔膜的传递。

(2) 化学稳定、晶型稳定、外形尺寸稳定。在氧化气氛下，从室温到 SOFC 的工作温度范围内，阴极材料必须性能稳定。

(3) 与电池其他材料具有好的热匹配性。在燃料电池工作温度下，阴极不能与邻近的组元发生反应，以避免第二相形成，或引起热膨胀系数变化，使电解质电子电导率增加。与其他组元热膨胀系数相匹配，以免出现开裂、变形和脱落现象。

(4) 相容性。必须在 SOFC 制备与操作温度下与电解质材料、连接材料或双极板材料与密封材料化学上相容，即在不同的材料间不能发生元素的相互扩散与化学反应。

(5) 多孔性。必须具有足够的孔隙率，以确保反应活性位上氧气的供应。阴极的孔隙率越高，对降低在电极上的扩散影响越有利，但必须考虑电极的强度，过高的孔隙率会造成电极强度与尺寸稳定性的严重下降。

(6) 催化活性。在 SOFC 操作温度下，对氧电化学还原反应具有足够高的催化活性，以降低阴极上电化学活化极化过电位，提高电池的输出性能。

(7) SOFC 的阴极材料还必须满足强度高、易加工、低成本的要求。

4.6.3　连接材料

连接体在 SOFC 中的基本功能主要分为两大方面，一方面在相邻的两个电池的电极之间(阴极和阳极之间)起着导电和导热的作用，另一方面又起到分隔相邻两个单电池的阴极中的空气(氧气)和阳极中的燃料气体(氢气)的作用。连接材料应满足以下要求：

(1) 近乎 100%的电子导电。对于连接体而言，在氧化和还原气氛中，SOFC 的高温工作环境中都必须维持很高的电子导电性，以降低欧姆损失。

(2) 热膨胀系数应当与电解质和电极材料相匹配。氧分压发生变化时从室温到工作温度范围内，连接体的热膨胀系数应和构成 SOFC 的电解质和电极材料的热膨胀系数接近为好，这样可以最大限度地降低热循环所发生的热应力。氧分压发生变化时，热膨胀系数要保持不变。

(3) 稳定性。在氧化和还原的环境中，从室温至工作温度范围内，必须保持性能稳定、化学稳定、外形尺寸和结构稳定，无破坏性相变，不能与阴、阳极材料发生相互的扩散反应。能够承受燃料气中存在的杂质的污染。

(4) 相容性。在 SOFC 的工作温度和制作温度下，连接体必须与阳极材料、阴极材料以及密封材料化学上相容，即在不同的材料间不能发生元素的相互扩散与化学反应。

(5) 气密性。从室温至工作温度范围内，氮气、氢气渗透能力低。

(6) 机械强度特性。连接体材料在 SOFC 的工作温度下必须具有足够的高温强度和耐蠕变能力。

(7) 经济性。从经济角度来看，连接体自身的价格和制造成本应该低一些，加工容易一些才能适合商业化的生产。

1. 陶瓷连接体

在众多的 SOFC 陶瓷连接体研究材料中，具有钙钛矿结构的 LaCrO₃ 备受关注。这是因为 LaCrO₃ 不仅在阴极和阳极环境中都具有良好的导电性，其热膨胀系数也和 SOFC 的其他构件的热膨胀系数相吻合，而且具有一定程度的稳定性，因而通常作为高温 SOFC 的连接体的候选材料来研究。但是 LaCrO₃ 也有不少弱点，一是 LaCrO₃ 在空气中不易烧结，难加工；二是 LaCrO₃ 易挥发，导致其导电性能显著下降。为此，通常在 LaCrO₃ 中添加 Ca 或者 Sr 等碱土金属，在 LaCrO₃ 中添加碱土金属后，不仅可以在空气中烧结，而且在氧化氛围中由于生成正四价的 Cr 离子，导电能力得到了提高。遗憾的是，在 LaCrO₃ 中添加碱土金属后，在还原氛围中由于其内部会出现大量的氧空位，材料的体积会发生较大的变化，添加 Ca 时尤为严重。添加 Sr 时，体积畸变现象稍微弱些，如果再添加微量的 Ti 或者 Zr，体积畸变现象则能得到更好的改善，因此在高温平板型 SOFC 中，主要利用含 Sr 的 LaCrO₃ 材料。

2. 合金连接体

合金连接体比起陶瓷连接体材料在加工性、生产成本、电导性和导热性方面具有明显的优势，但合金连接体材料在 SOFC 氧化氛围中在其表面生成氧化物，致使接触电阻急剧增大。由于 Cr 基合金在高温下能形成稳定的 Cr₂O₃，所以一直被用做 SOFC 的连接体候选材料来开发，Cr-5Fe-1Y₂O₃ 合金是 Cr 基合金开发的典型代表。又由于热膨胀系数与 SOFC 的组成构件的热膨胀系数相类似，高温下的机械稳定性也好，Cr 基合金开发研究主要朝着增加 Cr₂O₃ 黏附性和降低膜生长速度的方向进行。为了达到上述目的，在大部分的 Cr 基合金里以 ODS(氧化物分散剂)的形式添加 Y、La、Ce 和 Zr 元素。用来做 SOFC 连接体的 Fe 合金，通常是指以 Fe 和 Cr 为基的铁素体合金，适合做 SOFC 连接体材料的铁素体 Fe-Cr 合金中的 Cr 的含量在 17%～26%范围内。另外，如果在 Fe-Cr 合金中加 Y、La、Ce、Zr 和 Ti 等微量元素，可以有效控制合金表面 Cr₂O₃ 的生长机制，也就是说，通过调节氧化物的构成、组织、氧化膜的黏附性和生长速度来提高耐氧化性和增加导电性。随着平板型 SOFC 关联技术的迅速发展，用合金材料替代陶瓷连接体材料的可能性在逐步提高，由于合金连接体材料在加工和经济性方面的优越性，它将会促进 SOFC 的实用化进程。

4.6.4　密封材料

密封材料在单电池与连接板之间形成密封，使燃料气体和空气(或氧气)各行其道。由于固体氧化物燃料电池在较高的温度下工作，电池堆在工作时密封胶接触氧化性和还原性气体,并且密封材料与电池堆的其他部件相结合,因此密封材料的热膨胀性能不仅要与电池的其他部件相配合,还要有良好的热稳定性和化学稳定性,普通的无机密封胶已经不能满足固体氧化物燃料电池对密封材料的要求,它必须满足以下要求:

(1) 密封材料必须是电子和离子的绝缘相。

(2) 必须与所连接的材料有相近的热膨胀系数。在 SOFC 工作温度范围内,氧分压变化时,热膨胀系数要保持不变。

(3) 在氧化和还原双重气氛中,从室温到工作温度范围内,密封材料化学性质必须稳定,与被连接的材料间无新相生成。

(4) 密封材料应该形成气密垫层,不能有燃料和氧气的渗漏。密封材料与阴阳极材料之间润湿性低,防止密封材料在工作温度下渗入电极,恶化电极性能。

(5) 从室温到工作温度范围内,密封材料与其他材料应具有良好的黏结性能。

(6) 易加工、低成本。

国内外对板式 SOFC 密封材料及密封方法进行过很多研究,硬密封是指密封材料与 SOFC 组件间进行硬连接、封接后密封材料不能产生塑性变形的密封方式,是国内外广泛采用的封接方法。玻璃及玻璃陶瓷是板式 SOFC 普遍采用的密封材料,受到广泛的重视。商业硅酸盐玻璃 AF45(SiO_2-B_2O_3-BaO_2-Al_2O_3-As_2O_3)已经成功地被应用于固体氧化物燃料电池堆,在 950~1000℃高温时,该玻璃在 H_2/H_2O 和 O_2/N_2 气氛下有气孔产生。从软化温度和结晶过程角度考虑,硅酸盐 CaO-Al_2O_3-SiO_2 体系的密封玻璃可以作为固体氧化物燃料电池的密封材料。硼酸盐玻璃 SrO-B_2O_3-Al_2O_3-La_2O_3-SiO_2 等、磷酸盐玻璃 MgO-Al_2O_3-P_2O_5 等也有作为密封材料的报道,但也都存在诸如稳定性较差等缺点。与通常的玻璃密封胶相比,云母压缩密封不采用黏结剂与电池相连接的方式,对所有电池组件的热膨胀性能方面的要求就会降低甚至消除。但云母作为密封材料的其他性能,如长期稳定性等,还需要进一步研究。

成本过去一直被认为是 SOFC 产业化的最主要的障碍,如今工业界发现密封也是 SOFC 产业化的主要障碍之一。由于密封材料需要承受高温、氧化及还原气氛以及与不同材料间化学相容等苛刻要求,板式 SOFC 的密封尚面临许多挑战。从 SOFC 密封材料的发展历史及研究现状来看,必须在以下几方面取得突破,才有可能满足 SOFC 长期稳定运行。对密封材料的要求:一是探索新型结构。探索 SOFC 电池堆结构新型设计,以减少需要密封的面积,探索密封的新型结构,如通过梯度、复合等结构设计来缓解热应力等。二是开发新材料。当前用于密封的玻璃、玻璃陶瓷、金属、层状云母等都存在各自的不足,因此研究界将会不断探索可用于 SOFC 密封的新材料体系,比如尝试将更多的材料用于 SOFC 密封,寻找性能更好的层状无机化合物,将玻璃、玻璃陶瓷、金属、金属氧化物进行复合形成复合密封材料等。三是关注化学相容性及高温热稳定性。由于已经认识到热稳定性差及高温反应对 SOFC 长期稳定的危害,密封材料的高温热稳定性及其与其他材料的化学相容性将会受到普遍关注。四是密封玻璃的定量设计。玻璃及玻璃陶瓷廉价易得,仍将是 SOFC 密封的主要材料。由于密封玻璃需满足化学相容性、热膨胀系数、黏度、热稳定性等多个目标,因而密封玻璃组成一般较为复杂,加之玻璃组成对上述性质的影响往往呈现相反的趋势,采用以往基于经验的设计方法不但进程缓慢,也很难兼顾上述几个目标,必须发展密封玻璃的定量设计方法,才有可能获得最佳组成。

思 考 题

(1) 简述燃料电池的工作原理。燃料电池有哪些特点?

(2) 简述燃料电池的分类及其发展状况。

(3) AFC 单体电池主要由哪些材料组成?

(4) 构成质子交换膜燃料电池的关键材料与元器件主要包括哪些?

(5) 简述熔融碳酸盐燃料电池的相关材料。

(6) 氧化铋基(Bi_2O_3)电解质有哪些优缺点?

参 考 文 献

Adriana M, Mircea R, Elena C, et al. 2018. Iodine-doped graphene- Catalyst layer in PEM fuel cells. Applied Surface Science, 456: 238-245.

Bang J H, Kim H S, Lee D H, et al. 2008. Study on operating characteristics of fuel cell powered electric vehicle with different air feeding systems. Journal of Mechanical Science and Technology, 22(8): 1602-1611.

Chan P C H. 2008. Development of a miniature silicon wafer fuel cell using L-ascorbic acid as fuel. Journal of Zhejiang University-SCIENCE A, 9(7): 955-960.

Douvartzides S, Coutelieris F, Tsiakaras P. 2003. Energy and exergy analysis of a solid oxide fuel cell plant fueled by ethanol and methane. Ionics, 9(3-4): 293-296.

Drozdov Y N, Makarov V V, Leonov M A, et al. 2007. Dynamics of frictional interaction between the shell of a fuel element and a fuel assembly spacing grid cell. Journal of Machinery Manufacture and Reliability, 36(3): 245-250.

Feali M S, Fathipour M. 2014. An air-breathing microfluidic fuel cell with a finny anode. Russian Journal of Electrochemistry, 50(2): 162-169.

Feali M S, Fathipour M. 2014. Multi-objective optimization of microfluidic fuel cell. Russian Journal of Electrochemistry, 50(6): 561-568.

Garcia-Fresnillo L, Shemet V, Chyrkin A, et al. 2014. Long-term behaviour of solid oxide fuel cell interconnect materials in contact with Ni-mesh during exposure in simulated anode gas at 700 and 800℃. Journal of Power Sources, 271: 213-222.

Giddey S, Ciacchi F T, Badwal S P S. 2005. Fuel quality and operational issues for polymer electrolyte membrane (PEM) fuel cells. Ionics, 11(1-2): 1-10.

Ginder R S, Pharr G M. 2017. Creep behavior of the solid acid fuel cell material CsHSO₄. Scripta Materialia, 139: 119-121.

Haile S M. 2003. Fuel cell materials and components. Acta Materialia, 51(19): 5981-6000.

Hu G L, Chen S. 2005. Three-dimensional numerical simulation of a straight channel proton exchange membrane fuel cell. Journal of Visualization, 8(3): 196.

Huang J B, Xie F C, Wang C, et al. 2012. Development of solid oxide fuel cell materials for intermediate-to-low temperature operation. International Journal of Hydrogen Energy, 37(1): 877- 883.

Hwang J W, Lee J Y, Jo D H, et al. 2011. Polarization characteristics and fuel utilization in anode-supported solid oxide fuel cell using three-dimensional simulation. Korean Journal of Chemical Engineering, 28(1): 143-148.

Kan C C, Wachsman E D. 2010. Isotopic-switching analysis of oxygen reduction in solid oxide fuel cell cathode materials. Solid State Ionics, 181(5-7): 338-347.

Khazaee I, Ghazikhani M. 2012. Experimental investigation of irreversibility of a proton exchange membrane fuel cell at different channel geometry. Heat and Mass Transfer, 48(12): 1985-1994.

Khazaee I, Ghazikhani M. 2013. Experimental characterization and correlation of a triangular channel geometry PEM fuel cell at different operating conditions. Arabian Journal for Science and Engineering, 38(9): 2521-2531.

Kim B H, Park H S, Kim H J, et al. 2004. Enrichment of microbial community generating electricity using a fuel-cell-type electrochemical cell. Applied Microbiology and Biotechnology, 63(6): 672-681.

Kolb G, Hessel V, Cominos V, et al. 2005. Microstructured fuel processors for fuel-cell applications. Journal of Materials Engineering and Performance, 83(6): 626-633.

Lee B, Park P, Kim K, et al. 2014. The flight test and power simulations of an UAV powered by solar cells, a fuel cell and batteries. Journal of Mechanical Science and Technology, 28(1): 399-405.

Lee I, Jin S, Chun D, et al. 2014. Ash-free coal as fuel for direct carbon fuel cell. Science China Chemistry, 57(7): 1010-1018.

Lee S K, Kim D, Lee J, et al. 2005. Comparative studies of a single cell and a stack of direct methanol fuel cells. Korean Journal of Chemical Engineering, 22(3): 406-411.

Lee S W, Jeon B Y, Park D H. 2010. Effect of bacterial cell size on electricity generation in a single-compartmented microbial fuel cell. Biotechnology Letters, 32(4): 483-487.

Lorente E, Berrueco C, Millan M, et al. 2013. Effect of tar fractions from coal gasification on nickel-yttria stabilized zirconia and nickel-gadolinium doped ceria solid oxide fuel cell anode materials. Journal of Power Sources, 242: 824-831.

Marsh G. 2001. Fuel cell materials. Materials Today, 4(2): 20-24.

Mateo S, Canizares P, Rodrigo M A, et al. 2018. Driving force of the better performance of metal-doped carbonaceous anodes in microbial fuel cells. Applied Energy, 225: 52-59.

Min Z, Prasad J V R. 2013. Transient Characteristics of a Fuel Cell Powered UAV Propulsion System. Journal of Intelligent & Robotic Systems, 74(1-2): 209-220.

Mitsuda K, Murahashi T. 1991. Air and fuel starvation of phosphoric acid fuel cells: a study using a single cell with multi-reference electrodes. Journal of Applied Electrochemistry, 21(6): 524-530.

Miyabayashi A, Danielsson B, Mattiasson B. 1987. Development of a flow-cell system with dual fuel-cell electrodes for continuous monitoring of microbial populations. Biotechnology Techniques, 1(4): 219-224.

Nachiappan N, Kalaignan G P, Sasikumar G. 2013. Effect of nitrogen and carbon dioxide as fuel impurities on PEM fuel cell performances. Ionics, 19(2): 351-354.

Park E, Taniguchi S, Daio T, et al. 2014. Comparison of chromium poisoning among solid oxide fuel cell cathode materials. Solid State Ionics, 262: 421-427.

Ponmani K, Durga S, Gowdhamamoorthi M, et al. 2014. Influence of fuel and media on membraneless sodium percarbonate fuel cell. Ionics, 20(11): 1579-1589.

Santoro C, Arbizzani C, Erable B, et al. 2017. Microbial fuel cells: from fundamentals to applications, a review. Journal of Power Sources, 356: 225-244.

Sidik R A. 2009. The maximum potential a PEM fuel cell cathode experiences due to the formation of air/fuel boundary at the anode. Journal of Solid State Electrochemistry, 13(7): 1123-1126.

Sister V G, Fateev V N, Bokach D A. 2007. Effect of the fuel electrode composition and structure on the performance of the direct methanol fuel cell. Russian Journal of Electrochemistry, 43(9): 1097-1100.

Song G H, Meng H. 2013. Numerical modeling and simulation of PEM fuel cells: progress and perspective. Acta Mechanica Sinica, 29(3): 318-334.

Tsypkin M A, Lyutikova E K, Fateev V N, et al. 2000. Catalytic layers in a reversible system comprising an electrolyzing cell and a fuel cell based on solid polymer electrolyte. Russian Journal of Electrochemistry, 36(5): 545-548.

Walter X A, Greenman J, Ieropoulos I. 2018. Binder materials for the cathodes applied to self-stratifying membraneless microbial fuel cell. Bioelectrochemistry, 123: 119-124.

Wargo E A, Hanna A C, Cecen E A, et al. 2012. Selection of representative volume elements for pore-scale analysis of transport in fuel cell materials. Journal of Power Sources, 197(none): 168-179.

Weil K S, Xia G, Yang Z G, et al. 2007. Development of a niobium clad PEM fuel cell bipolar plate material. International Journal of Hydrogen Energy, 32(16): 3724-3733.

Welaya Y M A, Mosleh M, Ammar N R. 2013. Energy analysis of a combined solid oxide fuel cell with a steam turbine power plant for marine applications. Journal of Marine Science and Application, 12 (4): 473-483.

Yang C, Moon S, Kim Y. 2016. A fuel cell/battery hybrid power system for an unmanned aerial vehicle. Journal of Mechanical Science and Technology, 30(5): 2379-2385.

Zheng C H, Cha S W, Yeong-il P, et al. 2013. PMP-based power management strategy of fuel cell hybrid vehicles considering multi-objective optimization. International Journal of Precision

Engineering and Manufacturing, 14(5): 845-853.

Zheng C H, Park Y I, Lim W S, et al. 2012. Fuel economy evaluation of fuel cell hybrid vehicles based on optimal control. International Journal of Automotive Technology, 13(3): 517-522.

Zheng C H, Park Y I, Lim W S. et al. 2012. Fuel consumption of fuel cell hybrid vehicles considering battery SOC differences. International Journal of Automotive Technology, 13(6): 979-985.

第 5 章 节 能 材 料

5.1 LED 固体照明

5.1.1 LED 的发展概况

人们对半导体 PN 结发光现象的发现可以追溯到 20 世纪 20 年代。德国科学家 O. W. Lossow 在研究 SiC 检波器时，首先观察到了这种发光现象。由于当时受材料制备、器件工艺技术的限制，这一重要发现没有被迅速利用。直至四十年后，随着Ⅲ-Ⅴ族材料与器件工艺的进步，人们终于研制成功了具有实用价值的发射红光的 GaAsP 发光二极管，并被 GE 公司大量生产用作仪器仪表指示。此后，由于 GaAs、GaP 等材料研究与器件工艺的进一步发展，除深红色的 LED 外，包括橙、黄、黄绿等各种色光的 LED 器件也大量涌现于市场。

出于多种原因，GaP、GaAsP 等 LED 器件的发光效率很低，光强通常在 10mcd 以下，只能用作室内显示之用。虽然 AlGaAs 双异质结 LED 可发射波长为 660nm 的高亮红光，然而，对于其他颜色的光，由于 Al 含量的增加，AlGaAs 材料进入间接跃迁型区域，发光效率迅速下降。随着半导体材料及器件工艺的进步，特别是金属有机化学气相沉积(MOCVD)等外延工艺的日益成熟，至 20 世纪 90 年代初，日本东芝公司与美国 HP 公司先后研制成功双异质结与多量子阱结构的橙色与黄色的 InGaAlP 发光二极管。与 GaP 和 GaAsP 器件相比，其光强获得了数十倍的提高。不久，日本的日亚化学公司(Nichia)与美国的克雷(Cree)公司通过 MOCVD 技术分别在蓝宝石与 SiC 衬底上成功生长了具有器件结构的 GaN 基 LED 外延片，并制造了亮度很高的蓝、绿及紫光 LED 器件。

超高亮度 LED 器件的出现，为 LED 应用领域的拓展开辟了极为绚丽的前景。首先是亮度提高使 LED 器件的应用从室内走向室外。即使在很强的阳光下，这类 cd 级的 LED 管仍能熠熠发亮、色彩斑斓。目前已大量应用于室外大屏幕显示、汽车状态指示、交通信号灯、LCD 背光与通用照明等领域。超高亮 LED 的第二个特征是发光波长的扩展，InGaAlP 器件的出现使发光波段由短波扩展到 570nm 的黄绿光区域，而 GaN 基器件更使发光波长短扩至绿、蓝、紫色波段。如此，LED 器件不但使世界变得很多彩，更有意义的是使固态白色照明光源的制造成为可能。与常规光源相比，LED 器件是冷光源，具有很长的寿命与很小的功耗。其次，LED 器件还具有体积小、坚固耐用、工作电压低、响应快、便于与计算机相连等优点。统计表明，在 20 世纪的最后五年内，高亮 LED 产品的应用市场一直保持着 40%以上的增长率。随着世界经济的复苏以及白色照明光源项目的启动，相信 LED 的生产与应用会迎来一个更大的高潮。

5.1.2 LED 的结构及工作原理

1. LED 的结构

图 5-1 为 LED 的结构截面图。要使 LED 发光，有源层的半导体材料必须是直接带隙材料，越过带隙的电子和空穴能够直接复合发射出光子。为了使器件有好的光和载流子限制，大多采用双异质结(DH)结构。

2. LED 的发光原理

LED 是由Ⅲ-Ⅴ元素化合物(如 GaAs、GaP、GaAsP 等半导体材料)制成的，其核心是 PN 结。除具有一般 PN 结的 I-U 特性(即正向导通、反向截止和击穿特性)外，在一定条件下，还具有发光特性。

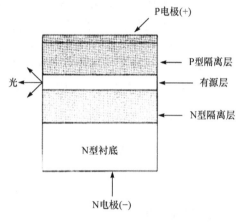

图 5-1 LED 的结构截面图

图 5-2 为 LED 发光原理示意图。在正向电压下，电子由 N 区注入 P 区，空穴由 P 区注入 N 区，进入对方区域的少数载流子中一部分与多数载流子复合而发光。

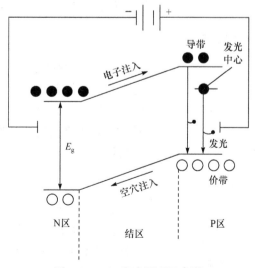

图 5-2 LED 发光原理示意图

假设发光是在 P 区中发生的, 那么注入的电子与价带空穴直接复合而发光, 或者先被发光中心捕获, 再与空穴复合发光。除了这种发光复合外, 还有些电子被非发光中心捕获, 而后再与空穴复合, 每次释放的能量不大, 不能形成可见光。发光的复合量相对于非发光复合量的比例越大, 光量子效率越高。由于复合式在少子扩散区内发光, 所以光仅在靠近 PN 结面数微米以内产生。理论和实践证明, 发光的波长或频率取决于选用的半导体材料的能隙 E_g, E_g 的单位为电子伏(eV):

$$E_g = h\nu/q = hc/(\lambda q) \tag{5-1}$$

在式(5-1)中, $\lambda = hc/(qE_g) = 1240/E_g$; ν 为电子运动频率; h 为普朗克常量; q 为载流子所带电荷; c 为光速; λ 为发光的波长。

若能产生可见光(波长 380～780nm), 半导体材料的 E_g 应在 1.63～3.26eV。比红光波长长的光称为红外线。现在已有红外、红、黄、绿及蓝光 LED, 但其中蓝光 LED 成本、价格很高, 使用不普遍。

3. LED 的主要参数

(1) 允许功耗 P_m, 即允许加于 LED 两端正向直流电压与流过它的电流之积的最大值, 超过此值, LED 会发热损坏。

(2) 最大正向直流电流 I_{Fm}, 即允许加的最大的正向直流电流, 超过最大正向直流可损坏 LED。

(3) 最大反向电压 U_{Rm}, 即所允许加的最大反向电压。超过此值, LED 可能被击穿损坏。

(4) 工作环境温度 T_{oPm}, 即发光二极管可正常工作的环境温度范围。低于或高于此温度范围, 发光二极管将不能正常工作, 效率大大降低。

5.1.3　LED 的主要参数特性

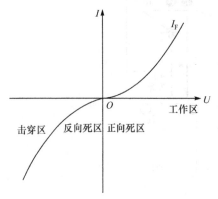

图 5-3　LED 的 I-U 特性曲线

LED 是利用化合物材料制成 PN 结的光电材料, 它具备 PN 结器件的电学特性(I-U 特性, C-U 特性)、光学特性(光谱响应特性、发光强度指向特性、时间特性)及热学特性。

1. LED 的电学特性

1) I-U 特性

LED 的伏安特性具有非线性、单向导电性, 外加正偏压时表现为低电阻, 反之为高电阻。其 I-U 特性曲线如图 5-3 所示。

(1) 正向死区，外加电场小于开启电压，R 值增大，不同 LED 其值不同，GaAs lV、GaAsP 1.2V、GaP 1.8V、GaN 2.5V。

(2) 正向工作区，工作电流 I_F 与外加电压呈指数关系

$$I_F = I_S(e^{qU_F/(kT)} - 1) \qquad (5\text{-}2)$$

式中，I_S 为反向饱和电流。

在 $U > U_F$ 正向工作区，$I_F = I_S e^{qU_F/(kT)}$，$I_F = 20\text{mA}$，LED $U_F = 1.4 \sim 3\text{V}$，环境温度升高，I_F 将下降。

正向伏安特性：在正向电压小于某一值(阈值)时，电流极小，不发光；当超过某一值后，正向电流随电压迅速增加而使 LED 发光，I_R 反向漏电流 $I_R < 10\text{mA}$。

LED 伏安特性模型可用下式表示：

$$U_F = U_{\text{turn-on}} + R_S I_F + (\Delta U_F / \Delta T)(T - 25\text{℃}) \qquad (5\text{-}3)$$

式中，$U_{\text{turn-on}}$ 为 LED 启动电压；R_S 为伏安曲线斜率；T 为环境温度；$\Delta U_F / \Delta T$ 为 LED 正向电压的温度系数，-2V/℃。LED 启动电压-电流关系图如图 5-4 所示。

结论：LED 在正向导通后，其正向电压的细小变动将引起电流很大变化，而且环境温度、时间等因素也将影响 LED 的电气特性。由于 LED 的输出光通量直接与 LED 电流相关，可以在 LED 应用中控制驱动电流和环境温度。若 LED 电流失控，将影响 LED 的可靠性和寿命，甚至使 LED 失效。

2) C-U 特性

LED 的 C-U 特性如图 5-5 所示，呈二次函数关系。

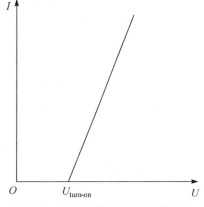

图 5-4　LED 启动电流-电压关系图

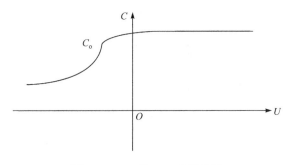

图 5-5　LED 的 C-U 特性曲线

3) 允许功耗 P

$$P = U_F \times I_F \tag{5-4}$$

4) 响应时间

表征显示器随外部信息变化的快慢，即显示器点亮和熄灭所经历的时间。LCD 液晶显示器响应时间 $10^{-5} \sim 10^{-3}$s，CRT、PDP、LED 为 $10^{-7} \sim 10^{-6}$s，GaAs 小于 10^{-9}s，GaP 为 10^{-7}s，因此可应用于 $10 \sim 100$MHz 高频系统中。

2. LED 光学特性

1) 发光强度及其角分布

(1) 发光强度。表征它在某个方向上的发光强弱，LED 采用圆柱形、圆球形封装。由于凸透镜的作用，故具有很强的指向性，位于法线方向发光强度最大，当偏离法线不同角度时发光强度也随之变化。

(2) 发光强度分布。LED 光通量是集中在一定角度内发射出去的，例如，GaAsP 发射角度为 $22°$。

(3) 光出射度。发射的光出射度与输入电流具有良好的线性关系。

(4) 发光强度的角分布。可用半值角$(\theta/2)$和视角来衡量，半值角是指发光强度值为轴向强度值一半的方向与发光轴向(法向)的夹角。半值角的 α 倍为视角(或称半功率角)，离开法线方向角越大，相对发光强度越小，常用圆球形 LED 封装角 $2\theta_1/2$ 为 $6°$。

2) 发光峰值波长及其光谱分布

LED 光并非单一波长，其波长大体按图 5-6 所示分布，波长 λ_0 的光强度最大，称为峰值波长。光谱半宽度$\Delta\lambda$表示 LED 光谱纯度 1/2 峰值光强所对应的波长间隔，半高宽度反映谱线宽度，表示发光管光谱纯度。

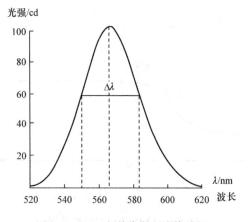

图 5-6　LED 光谱分布和峰值波长

(1) 光通量：表征 LED 总光输出的辐射能量，功率级芯片白光Φ=181m。

(2) 发光效率和视角灵敏度：

发光效率：光通量与电功率之比，是表征光源节能特性的最重要指标。

内部效率：PN 结附近由电能转化成光能的效率，可据此评价芯片优劣。

外部效率：辐射出光能量(发光量)与输入电能之比。

(3) 发光亮度：指定某方向上发光体表面亮度等于发光体表面上单位投射面积在单位立体角内所辐射的光通量，L_m。其正法线方向的发光亮度为$L_0=I_0/A$，亮度与外加电流密度J_0有关，电流密度增加，L_0也近似增大。亮度与环境温度有关，环境温度升高，复合率下降，L_0减小。

目前存在几个问题：基底会吸收 LED 产生的大部分光线，用透明铝铟磷化镓基底来解决或在基底添加 Bragg 反射器光栅层提高 2 倍，加反射器可提高 4 倍。

(4) 寿命。随着工作时间的延长出现发光强度衰减的现象称为老化，老化程度与外加恒流源大小有关，$L_t=L_0e^{-t/\tau}$，L_t为 t 时间后的亮度，L_0 为初始亮度，$L_t=L_0/2$，所经历时间 t 称为 LED 寿命。

测量方法：给 LED 通以一定恒流源，通电 10^3 小时(约 1.5 个月)后，先测得 L_0；L_t=1000～10000，代入 $L_t=L_0e^{-t/\tau}$，求τ；再把 $L_t=L_0/2$ 代入，可求出寿命 t。

3. LED 的热学特性

LED 的全波长与温度的关系：$\lambda_p(T')=\lambda_0(T_0)+\Delta T_g\times 0.1\text{nm}/℃$。

当结温升高 10℃，则波长向长波漂移 1nm，且发光的均匀性、一致性较差，因此在 LED 的使用过程中要注意散热，确保 LED 长期稳定。

4. LED 发光质量

(1) LED 的光亮度。LED 发光管的亮度是指发光体所发出光的强度，称为光强，以 MCD 表示。影响它的主要因素是 LED 芯片质量。

(2) LED 寿命。静电、焊点、散热。这些因素与金线和灯杯有直接关系。

(3) LED 一致性。一是总角度，主要是偏角和角度大小不一致；二是亮度，与芯片质量和灯杯的好坏有关，与生产工艺设备和操作人员技术水平有关。

5.1.4 照明用 LED 特性

1. 发光效率(又称作流明效率)

发光效率是指发光材料所产生的发射能量与激发能量之比，即激发能量转换为发射能量的效率。一般发光效率可以有两种表示方式：能量效率和量子效率。

能量效率为

$$\eta_E = \frac{E_{em}}{E_{in}} \tag{5-5}$$

式中，E_{em} 为发射能量；E_{in} 为激发能量。

量子效率的表达方式如下：

$$\eta_Q = \frac{Q_{em}}{Q_{in}} = \eta_v \eta_i \eta_{ext} \tag{5-6}$$

式中，Q_{em} 为发射光子数，Q_{in} 为输入光子数，η_v 为电压效率，η_i 为内部量子效率，η_{ext} 为外部量子效率，其取决于所用的发光材料和 LED 器件封装材料等外部因素的特性。

2. 显色指数(CRI，又称平均显色指数，Ra)

光源能使被照射物体呈现出真实色彩的程度被称为光源的显色性，显色性的数学量化表示就是显色指数。显色指数 Ra 等于光源对八个色样显色指数的算术平均值。如果物体在一种光源照射下呈现的颜色与在太阳光照射下所呈现的真正颜色完全一样，则显色指数为最高，值为 100，而偏差越大，其值也就越小。

在传统光源中，显色性好的光源发光效率低(白炽灯)，而发光效率高的显色性往往又比较差(高压钠灯)。对于 LED 光源，近几年发光效率大幅度提高的同时，显色指数也稳步提高，某些多种芯片配成的白光 LED 光源，其显色指数可达到 95 或以上。此外，采用紫外激发的三基色荧光粉 LED 器件，其显色指数也可以达到惊人的 90 或以上。

3. 色度坐标(也称色品坐标)

在三色系统中，任意一种颜色的色刺激可用适当数量的三个原色的色刺激相匹配，每一种颜色的刺激量与三原色的总刺激量的比值，称为该颜色的色度坐标，简称为色坐标，色度坐标的表示方法如下：

$$x = X/(X + Y + Z)$$
$$y = Y/(X + Y + Z)$$
$$z = Z/(X + Y + Z)$$

式中，X、Y、Z 分别为三基色的刺激量，x、y、z 为色度坐标，因为 $x+y+z=1$，所以一对色度坐标 (x, y) 即可表示一种颜色。所有的光谱色在色度坐标上为一马蹄形曲线，如图 5-7 所示，该图称为 CIE1931 色坐标图。在图中红色(R)、绿色(G)、蓝色(B)三基色的色坐标为图的三个顶点，三个点所围成的三角形中的任一颜色可以由这三个基本颜色通过比例调节变换而来。靠近图中心的是白色部分，相当于中午阳光的光色，其色度坐标为 $x=0.3101$，$y=0.3162$。

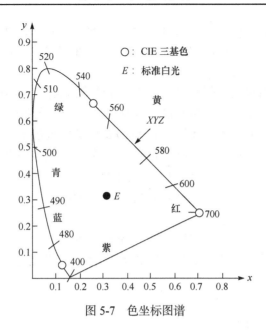

图 5-7　色坐标图谱

4. 色温

色温是指一个光源发射光呈现的颜色与在某一温度下黑体发射光的颜色相同时，我们称黑体的温度(T_c)为该光源的色温，单位为 K。不同温度的黑体发射光的色度值可以在色坐标上连接成一条曲线，这条曲线叫做黑体轨迹线，图 5-7 中心部分黑色线指的即是黑体轨迹线，对许多光源来说，其发射光的色坐标是很难落在黑体轨迹上的，这种情况下，以离黑体轨迹上最近一点的黑体温度作为该光源的色温，叫做相关色温。对于三基色合成的白光光源，可以通过调节三基色的比例来控制光源色温。

5.1.5　LED 光源特点

LED 作为一个发光器件，之所以备受人们关注，是因为它具有较其他发光器件优越的特点，归纳起来 LED 有下列一些优点：

(1) 工作寿命长。LED 作为一种半导体固体发光器件，较之其他发光器件有更长的工作寿命。其亮度半衰期通常可达到 10 万小时。如用 LED 替代传统的汽车用灯，那么，它的寿命将与汽车的寿命相当，具有终身不用修理与更换的特点。

(2) 耗电低。LED 是一种高效光电器件，因此在同等亮度下，耗电较少，可大幅度降低能耗。随着未来工艺和材料的发展，LED 将具有更高的发光效率。

(3) 响应时间快。LED一般可在几十纳秒(ns)内响应，因此是一种高速器件，这也是其他光源望尘莫及的。采用LED制作汽车的高位刹车灯，在高速状态下，大大提高了汽车的安全性。

(4) 体积小、重量轻、耐冲击。这是半导体固体器件的固有特点。

(5) 易于调光、调色，可控性强。LED作为一种发光器件，可以通过流过电流的变化控制亮度，也可通过不同波长LED的配置实现色彩的变化与调节。因此用LED组成的光源或显示屏，易于通过电子控制来达到各种应用的需要，与计算机在兼容性上无丝毫困难。另外，LED光源的应用，原则上不受空间的限制，可塑性极强，可以任意延伸，实现积木式拼装。目前超大屏幕的彩色显示屏非LED莫属。

(6) 绿色、环保。用LED制作的光源不存在诸如水银、铅等环境污染物，不会污染环境。因此，人们将LED光源称为"绿色"光源是毫不为过的。

5.1.6　LED的分类

1. 常见LED器件形式

(1) 贴片式LED发光灯。也称SMD LED，LED采用贴焊形式封装，用于户内全彩色显示屏，可实现单点维护，能有效地克服马赛克现象。

(2) 单体LED。由单个LED芯片、反光碗、金属阳极和金属阴极构成，外包是具有透光聚光能力的环氧树脂外壳，由于其高亮度，可用于户外显示屏。

(3) LED点阵模块。构成高密度显示屏，多用于户内显示屏。

(4) 数码管和像素管。用于交通灯倒计时、室外诱导屏、指示标志、家用电器产品信息显示用。

2. 常见LED照明产品

通用照明指超高亮度白光照明。特殊照明主要包括景观照明用显示屏、交通信号灯、汽车灯、背景光源、特殊工作照明(矿灯、警示灯、防爆灯、救援灯、野外工作灯)、军事和其他应用(玩具、礼品、手电筒)等。

3. LED发光质的分类

(1) 按发光颜色分：红、橙、绿(黄绿、标准绿和纯绿)、蓝和白。有的含有两种或三种颜色的芯片。(按直径分：Φ2mm、Φ4mm、Φ5mm、Φ8mm、Φ10mm、Φ20mm。)

(2) 按出光面特征分：圆形、方形、矩形面发光管、侧向管。

(3) 按结构分：全环氧包封、金属底座环氧封装、陶瓷底座环氧封装。

(4) 按发光强度和工作电流分：普通亮度 LED(发光强度小于 10mcd)、高亮度
(10～100mcd)、超高亮度(大于 100mcd)，一般工作电流为十几毫安至几十毫安。

(5) 按发光强度角分布图来分，LED 发光有以下几种。

高指向型：半值角为 5°～20°，具有很高的指向性，作自动检测系统光缆。

标准型：指示灯用，半值角为 20°～45°。

散射型：半值角为 45°～90°，添加散射剂量大。

(6) 按波长分：可见光 LED(380～780nm)和不可见光 LED(用于红外线遥控器
的 LED，波长为 850～950nm，用于光通信光源的 LED 的波长为 1300～1550nm)。

5.2 LED 芯片外延技术

5.2.1 LED 的发光有源层——PN 结

发光二极管的实质性结构是半导体 PN 结。在 PN 结上加正向电压时注入少数
载流子，少数载流子的复合发光就是发光二极管的工作机理。PN 结就是指在一单
晶中，具有相邻的 P 区和 N 区的结构，它通常是在一种导电类型的晶体上以扩散、
离子注入或生长的方法生产另一种导电类型的薄层来制得的。如曾用离子注入法制
成碳化硅蓝色 LED，用扩散法制成 GaAs、$GaAs_{0.60}P_{0.40}$/GaAs、$GaAs_{0.35}P_{0.65}$:N/CaP、
$GaAs_{0.15}P_{0.85}$:N/GaP、GaP:ZnO/GaP 的红外、红光、橙光、黄光 LED，而 GaAlAs、
InGaN、InGaAlP 超高亮度 LED 都是由生长结制成的，效率较高的 GaAs、
GaP:ZnO/GaP 和 GaP:N/GaP LED PN 结也是用生长结制成的。生长结一般较扩
散法和离子注入法制得的 LED 效率高，因为生长结晶体质量比较高，扩散结和离
子注入法往往是过补偿制成 PN 结，无用杂质过多且晶体质量下降，缺陷增多，
非辐射复合增加，发光效率下降。

1. LED 有源层的外延方法

生长 LED 有源层的外延方法有气相外延(VPE)、液相外延(LPE)、金属有机化
学气相沉积(MOCVD)、分子束外延(MBE)。它们生长 LED 有源层的材料分别有
VPE 的 GaAsP、GaP，LPE 的 GaP、GaAlAs，MOCVD 的 InGaAlP、InGaN，MBE
的 ZnSe 等。

VPE 比较简便，往往在外延生长后要再通过扩散的方法制作 PN 结，所以效
率较低。LPE 已能一炉生长 60～100 片，生产效率较高，通过镓的重复使用，成
本也已降得很低，可用以制造高亮度 GaP 绿色发光器件和一般亮度的 GaP 红色发
光器件，也可用它制造超高亮度 GaAlAs 发光器件。MOCVD 是目前生产超高亮度
InGaN 蓝色、绿色 LED 和 InGaAlP 红色、黄色 LED 的主要方法。它既能精确控制

厚度——生长厚度能控制到 20Å 左右，又能精密控制外延层的组成。可用此法生长超高亮度 LED 结构中所需要的量子阱层和 DBR 反射结构中的 20 个左右的周期层，也适用于大批量生产，是目前生产超高亮度 LED 的主要方法。MBE 目前主要用于研制 ZnSe 白色发光二极管，效果很好，能生长小于 10Å 的外延层，缺点是生长速度较慢，每小时约 1μm，装片容量也颇少，生产效率较低。

　　当前，生产超高亮度 LED 的外延方法主要有两种，即 LPE 生产 AlGaAs LED 和 MOCVD 生产 AlGaAs、AlGaInP 和 InGaN LED。其中尤以 MOCVD 方法为主。下面简要叙述 LPE 和 MOCVD 方法。

　　LPE 是最早的外延技术，在这种技术中，需要沉积的材料含在液体中。很多书中都综述了用 LPE 技术生产 LED 的基础。Steranka 综述了应用于大规模 AlGaAs LED 生产的各类成熟的 LPE 技术。

　　通过在熔融的纯 Ga 中引入 Al、GaAs 和掺杂剂，制备由 Al-Ga-As 相图确定的初始熔体。一般，外延过程在一个水平滑板上进行(图 5-8)。Al 和掺杂含量不同的熔体装在滑板上的不同凹槽中，衬底置于基板上。滑板和基板都是用高纯度石墨制成的，装在一个充满纯氢的石英管中。依次把凹槽移动至衬底上生长异质结构。熔体的初始温度略高于生长温度(800~900℃)。当熔体移动到和衬底接触时，温度降低，熔体变为过饱和，引起 AlGaAs 层生长。生长所需层厚之后，滑板送来下一种熔体，通过设定适当的温度控制方式，生长继续进行。生长需要的温度通过缓慢降低炉中的温度(缓冷却 LPE)或在装有熔体的炉膛内建立一个垂直温度梯度(温差 LPE)而实现。

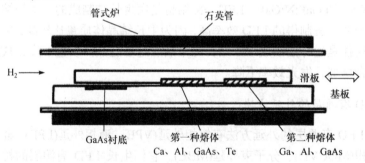

图 5-8　水平滑板法 LPE 的基本配置

　　LPE 技术的优点是工艺简单，生产的薄膜纯度高(像氧这样不希望出现的杂质被排到熔体上部)，并且可生长 LED 光引出所要求的厚层。如前所述，LPE 不能用来生长 AlGaInP 和 AlInGaN 基异质结结构。对于 AlGaInP，主要原因是 AlP 和 InP 热力学稳定性的差别使组分控制困难并引起 Al 偏析。在 AlInGaN 中除了和 AlGaInP 相似外，由于氮化物的高熔融温度及氮的高平衡压力，熔融很难处理。迄今为止，最适合Ⅲ族磷化物和氮化物基高亮度 LED 的技术是 MOCVD。正在发展的其他技术, 如 MBE 和氢化物气相外延(HVPE)或氯化物气相外延(ClVPE), 尚未应用于大规模生产。

MOCVD 是 Manasevit 引入的一种非平衡生长技术。用三甲基镓(TMG)作镓源, AsH₃ 作 As 源, H₂ 作载气在绝缘衬底(Al₂O₃、MgAlO₄ 等)上首次成功地气相沉积了 GaAs 外延层, 创立了 MOCVD 技术。后来的研究表明, 这是一种具有高可靠性、控制厚度精确、组成掺杂浓度精度高、垂直性好、灵活性大、非常适合于进行Ⅲ-Ⅴ族化合物半导体及其固溶体的外延生长的方法, 也可应用于Ⅱ-Ⅵ族化合物等材料的生长, 是一种可以实现像硅外延那样大规模生产的工艺, 具有广阔的发展前途, 目前是生产 AlGaInP 红色和黄色 LED 和 InGaN 蓝色、绿色和白色 LED 的可工业化方法。

由于 MOCVD 的晶体生长反应是在热分解中进行的, 所以又叫热分解法。通常用Ⅲ族烷基化合物(Al、Ga、In 的甲基或乙基化合物)作为Ⅲ族源, 用Ⅴ族氢化物(NH₃、PH₃、AsH₃ 等)作为Ⅴ族源。最广泛应用的Ⅲ族源是三甲基铝 Al(CH₃)₃ (TMAl), 三甲基镓 Ga(CH₃)₃ (TMGa), 三甲基铟 In(CH₃)₃ (TMIn)。由于Ⅲ族烷基化合物在室温附近是蒸气压较高的液体, 所以用氢气作载气鼓泡并使之饱和, 再将其与Ⅴ族氢化物一起通入反应炉中, 即在加热的衬底上进行热分解, 生成化合物晶体沉积在衬底上(图 5-9)。

典型的掺杂剂前驱体是金属有机化合物二乙基锌(DEZn), 二甲基锌(DMZn), 二茂基镁(Cp₂Mg), 二甲基碲(DMTe), 以及氢化物硅烷(SiH₄)和乙硅烷(SiC₃H₆)。对于 AlGaInP 和 AlInGaN 材料体系, 基本 MOCVD 反应的例子分别是

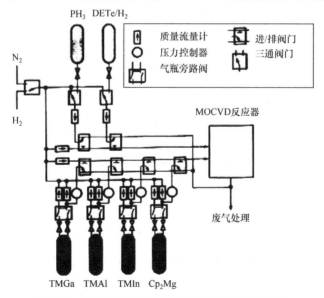

图 5-9 AlGaInP MOCVD 反应器配气系统示意图

$$xAl(CH_3)_3 + yGa(CH_3)_3 + zIn(CH_3)_3 + PH_3 \longrightarrow Al_xGa_yIn_zP + CH_4$$

和

$$xAl(CH_3)_3 + yGa(CH_3)_3 + zIn(CH_3)_3 + NH_3 \longrightarrow Al_xGa_yIn_zN + CH_4$$

本反应包含尚未完全了解的中间过程。尽管如此，还是得到了高质量外延层。

Chen 等于 1997 年综述了设计 AlGaInP 发光二极管 MOCVD 生长的问题。AlGaInP MOCVD 反应器配气系统的一个例子示意如图 5-9。载体气体(N_2 或 H_2)流过含有金属有机化合物前驱体的气瓶。进/排阀门配置保证前驱体快速、有效、开关可控地进入反应器。反应器中有放在石墨板(基座)上的 GaAs 衬底，基座用射频感应，电阻用红外灯加热到 $700 \sim 800$℃。在V/Ⅲ前驱体分压比为 250 的条件下，典型的生长速度为 $2\mu m/h$。

AlInGaN 材料体系 MOCVD 生长的配气系统与图 5-9 所示类似，只是前驱体有所不同。图 5-10 是 Nakamura 于 1991 年研制的一种 MOCVD 反应器。不锈钢制的反应室内放置着蓝宝石衬底的一块旋转基板。水平气流通过水平石英喷嘴输送到前驱体。另一路不活泼气体的气流沿垂直方向流入使前驱体与衬底接触。在生长高质量氮化物之前，降低的温度($450 \sim 600$℃)生长一层成核层。然后在较高温度(>1000℃)下进行生长，典型生长速率是 $4\mu m/h$。生长在常压或稍低一些的压力下进行。

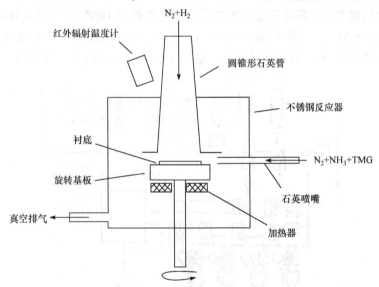

图 5-10　生长氮化物半导体的双气流 MOCVD 反应器的示意图

先进的 MOCVD 设备应具有一个同时生长多片均匀材料，并能长期保持稳定的生长系统。设备的精确过程控制是保证能重复和灵活地生产优质外延材料的必要条件。所以设备应具有对载气流量和反应剂压力的精密控制系统，并配备有快速的气体转换开关和压力平衡装置。采用合适结构,使热场均匀,气流稳定,以保证生长的外延片在厚度、层面、组成、掺杂方面达到均匀,并保证具有满意的结晶质量和表面形貌以及外延炉内片与片、炉与炉之间的均匀性。

目前,国际上供应 MOCVD 设备的公司主要有两个,即美国 Veeco 公司和德国的 Aixtron 公司。

2. 生长外延层的衬底材料

用得最为广泛的衬底材料是砷化镓,可用以生长发光材料外延层 GaAs、GaP、GaAlAs、InGaAlP,其优点是 GaAs 的晶格常数比较匹配,可制成无位错单晶,加工方便,价格较便宜。缺点是它是一种吸光材料,对 PN 结发的光吸收比较多,影响发光效率。磷化镓可生长 GaP:ZnO、GaP:N、GaAs、GaAlAs:N 以及 InGaAlP 的顶层,它的优点是其为透光物质,可以制成透明衬底提高出光效率。生长 InGaN 和 InGaAlN 的衬底主要有蓝宝石、碳化硅和硅。蓝宝石衬底的优点是透明,有利于提高发光效率,目前仍是 InGaN 外延生长的主要衬底。缺点是有较大的晶格失配,达到 13.8%,不利于降低位错。此外,蓝宝石衬底硬度高,加工成本高昂;热导率较低,不利于器件的热耗散,对制造功率 LED 不利。碳化硅衬底具有较小的晶格失配,仅为 3.4%,硬度低,易于加工。而且导热系数达 4.9W/(cm·K),是蓝宝石 0.46 的 10 倍多,有利于制作功率器件。此外,垂直结构和单金线封装也使抗静电能力加强及加工方便。目前已作出蓝光芯片 30mcd/20mA 的好结果,InGaN 白光器件的最高水平为 92 lm/W,但进一步提高发光效率困难较大。

对 InGaN 外延生长来说,理想的衬底要算是 GaN 和 AlN 单晶了。目前正加紧研制,最近已有 2 英寸[①]GaN 单晶问世,AlN 晶体生长也有一定把握,大家期待更好的衬底材料出现。

3. 高效 LED 的外延层结构

为了提高 LED 的发光效率,对其外延结构进行了许多改进,目前都已应用到产品上,对 LED 发光效率的提高起到极重要的作用。现分述如下:

(1) 单量子阱(SQW)结构。这种结构是对双异质结(DH)结构的改进,不同的是将原来掺 Zn 的 InGaN 有源层改为未掺杂的 2nm 厚的 InGaN 薄层。单量子阱蓝色 LED 结构由 2nm 的 $In_{0.2}Ga_{0.8}N$ 的阱层和 50nm N 型 $In_{0.02}Ga_{0.98}N$,100nm P 型 $Al_{0.30}Ga_{0.70}N$ 两个势垒层组成。光谱半宽从 70nm 降为 25nm,光更纯了。而发光效率提高了一倍。单量子阱绿色 LED 结构由 30Å $In_{0.45}Ga_{0.55}N$ 的阱层和 4μm 厚的 N 型 GaN 势垒层及 1000Å P 型 $Al_{0.2}Ga_{0.8}N$ 势垒层组成。用这种结构外延片制成的

---

① 1 英寸=2.54 厘米。

绿色 LED 法向光强达到了 12cd，比双异质结的高三倍多。

(2) 多量子阱(MQW)结构。采用 $In_{0.22}Ga_{0.78}N/In_{0.06}Ga_{0.94}N$ 的薄层交替结构，曾制作阱宽和势垒宽同为 100Å 和 30Å 的两种结构，周期数为 20。这种结构在 InGaAlP LED 中也用得较多，阱宽可以是 30Å 到 100Å 不等，势垒宽也可以不与阱宽相同，而阱数可从 3 增加到 40，效率明显提高了。

(3) 分布布拉格反射(DBR)结构。InGaAlP 外延生长采用 GaAs 作衬底，晶格匹配可以很好，但衬底的光吸收造成相当一部分损失。采用分布布拉格反射结构可将射向衬底的那部分光由分布布拉格反射镜反射出来，大大减少衬底吸收。

(4) 透明衬底技术(TS)。在 InGaAlP 外延后，在上面用 VPE 方法外延生长透明的 P 型 GaP 层，约 50μm。然后再将砷化镓衬底腐蚀移除，并将暴露出的 N 型 InGaAlP 与 GaP 基底加温加压黏结起来，可提高光输出两倍以上。

(5) 镜面衬底法(MS)。利用芯片融合技术以形成镜面衬底 InGaAlP/金属/二氧化硅/硅结构。使用 AuBe-Au 作黏结材料，以黏结外延片和硅衬底。这种方法后来用到 InGaN 倒装芯片上非常有效。硅取代了导热差的蓝宝石，再加上金属反射，适用于功率 LED 的制造。

(6) 透明胶质黏结型。采用旋涂式玻璃将 InGaAlP 外延片与透明衬底蓝宝石黏结，然后再将 GaAs 衬底腐蚀移除，并在其上形成 N 型欧姆接触电极，同时部分刻蚀至 P 型电流分布层而形成另一 P 型欧姆接触电极。两个电极位于同一方向。由于蓝宝石透光性能极好，LED 的发光效率得以大幅度提升，特别是黄光尤为明显。

(7) 纹理表面结构。将芯片窗口层表面腐蚀成能够提高出光效率的纹理结构，其基本单元为具有斜面的三角形结构，可大大减少全反射，增加光输出。加上分布布拉格反射层的结构，其效率可达到常规器件的 2 倍，与采用晶片键合技术的透明衬底(TS)LED 性能相当。此方法工艺简单，效果明显，是值得推广的技术。在实际产品中，往往选择以上有关技术再加以最佳组合，可以达到很好的效果。

4. 半导体发光材料

1) 无机材料

常用来制造 LED 的半导体材料主要有砷化镓、磷化镓、镓铝砷、磷砷化镓、铟镓氮、铟镓铝磷等Ⅲ-Ⅴ族化合物半导体材料，其他还有Ⅳ族化合物半导体碳化硅、Ⅱ-Ⅵ族化合物硒化锌、氧化锌等。其中，采用 ZnSe 制作白色发光二极管已获成功。它是采用硒化锌单晶作衬底，用 MBE 方法生长而成的，通常是双异质结结构。其活性层为多量子阱外延层，N 型和 P 型势垒层由 ZnMgSSe+X 五种元素组成，X 为掺杂元素，其白光是由外延 PN 结发出的 480～490nm 蓝绿色光，激发 ZnSe 衬底产生中心波长为 585～600nm 的 510～780nm 的宽光谱光,两种波长的光混合而成。已制成超高亮度白色发光二极管,Φ 5mm 单灯可达 5～7cd。在 15mA 正向电流驱动时正向压降为 2.5～2.7V,压降甚低。抗静电性能好,由于衬底波长可调,所以色温可容易地控制在 2400～10000K,容易制作低色温器件。但由于生产成本太高和技术较为复杂,目前尚无商品出售。从晶体质量、禁带宽度等多方面看,ZnO 应是蓝光、紫外线 LED 的合适材料,但从研究的实际情况看,要得到器件质量的 P 型 ZnO 和同质的 PN 结,有很高的难度,上海硅酸盐研究所、南昌大学、浙江大学的课题组,取得了较大进展。

　　2) 有机材料

在美国柯达公司工作的华人科学家邓青云于 1979 年发现了具有发光特性的有机材料,随后于 1987 年获得了 OLED 设计的第一个专利。它是由非常薄的有机材料涂层和玻璃基板组成的。当有电荷通过时,这些有机材料就会发光。作为新一代平板显示器件,它有体积小、重量轻、能耗低、视角广、主动发光等优点,如用柔性材料做衬底,还能制成可卷曲、折叠的显示器,是一种可用以取代液晶显示器(LCD)的新型平板显示器件。按材料主要可分为两类:小分子 OLED 和高分子 OLED(也可称 PLED)。小分子器件采用真空热蒸发工艺,材料是小分子有机物,如 8-羟基喹啉铝等,现能达到亮度 200～1000cd/m^2,寿命几千小时。大分子 OLED 采用旋转涂覆或喷墨工艺,材料如共轭化合物聚乙炔、聚苯胺等。目前,国际上有关专利已有 1400 项,其中最基本的有三项:小分子 OLED 的基本专利属美国 Kodak 公司,高分子 OLED 的基本专利由英国 CDT(Cambridge Display Technology)和美国 Uniax 公司拥有。还有一类是镧系金属有机化合物(也可称稀土 OLED),量子效率理论上可达 100%,英国两家公司进行研发,发光效率已达 70 lm/W,最近德国 NOVEA　LED 公司又将绿光 OLED 发光的效率提高到 110 lm/W(在 1000cd/m^2 时)。

　　目前其应用产品主要是中、小屏幕显示器,并逐步向全彩色大屏幕扩展。目前,手机 OLED 全彩屏已有多家使用,三星电子公司继推出 15 英寸全彩 OLED 个人计算机和笔记本计算机样品后,于 2005 年 1 月 5 日宣布开发出世界上最大尺寸的 OLED 全彩显示器——21 英寸电视产品,迈出了 OLED 商品化的关键一步,而且能用现有的 LCD 液晶屏生产线来大批量生产 OLED。技术指标如下:分辨率为 1920×1200,亮度 1000cd/m^2,对比度 5000∶1,能用液晶生产线生产,将使成本大大降低。市场调查机构预测:整体 OLED 市场将大幅增长,预计 2005 年将达到 9.2 亿美元,2006 年达 18.5 亿美元,有潜力成为中小尺寸平板显示器市场的主力军。目前,小分子的发光效率可大于 30 lm/W,高分子的可大于 20 lm/W,也达到和超过了白炽灯的水平。随着技术的不断发展,发光效率也不断提高,目前绿光已达 72 lm/W,红光达 5.7 lm/W,白光也达到了 10 lm/W。所以从现阶段看，它将是已经大量采用的 LCD 的竞争对手，将是取代液晶显示器的价廉物美的理想产品。我们应该记得，LED 也是从效率颇低、只能用作显示器件的过去发展过来的，加上 OLED 近期在光效和寿命方面的快速进展，我们应该可以预料，OLED 最终将进入照明领域，时间可能比 LED 会晚，但意义似乎更大。因为从此照明光源将是面光源，而且可以弯曲，可以折叠。照明设计将变得随心所欲，此外，光源原材料可用廉价材料合成，取之不尽，用之不竭。不像 LED 的原材料(如锌、铟)是地球上的稀有或稀散元素，纯度还要 6N 以上，制造设备昂贵、工艺复杂、价格问题成了 LED 推广、应用的主要障碍。

5.2.2　LED 芯片的制造工艺

　　LED 芯片制造主要是为了制造有效可靠的低欧姆接触电极，并能满足可接触材料之间最小的压降及提供焊线的压垫，同时要尽可能多地出光。AlGaInP 基 LED 制备的主要流程如图 5-11 所示。

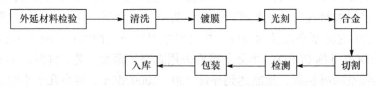

图 5-11　AlGaInP 基 LED 制备的主要流程

　　镀膜工艺一般用真空蒸镀方法，其主要在 1.33×10^{-4}Pa 高真空下，用电阻加热或电子束轰击加热方法使材料熔化，并在低气压下变成金属蒸气沉积在半导体材料表面。一般所用的 P 型接触金属包括 AuBe、AuZn 等合金。N 面的接触金属常采用 AuGeNi 合金。镀膜工艺中最常出现的问题是镀膜前的半导体表面清洗，半导体表面的氧化物、油污等杂质清洗不干净往往造成镀膜不牢。镀膜后形成的合金层还需要通过光刻工艺将发光区尽可能多地露出来，使留下来的合金层能满足有效可靠的低欧姆接触电极及焊线压垫的要求，正面最常用到的形状是圆形，对背面来说，若材料是透明的，也要刻出圆形，如图 5-12 所示。

　　光刻工序结束后还要通过合金化过程，合金化通常是在 H_2 或 N_2 的保护下进行的。合金化的时间和温度通常是根据半导体材料特性与合金炉形式等因素决定的，通常红黄 LED 材料中的合金化温度在 350～550℃。合金化成功后半导体表面相邻两电极间的 I-U 曲线通常是直线，当然若是蓝绿等芯片，电极工艺还要复杂，需增加钝化膜生长、等离子刻蚀工艺等。

　　红黄 LED 管芯切割方法类似于硅片管芯切割工艺，使用的是金刚砂轮刀片，其刀片厚度一般为 25μm。对于蓝绿芯片工艺来说，由于衬底材料是 Al_2O_3，要先用金刚刀划过以后掰裂的方法。

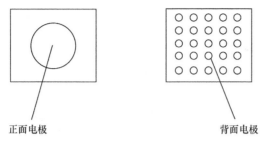

正面电极   背面电极

图 5-12　光刻工序示意图

发光二极管芯片的检测一般包括测试其正向导通电压、波长、光强及反向特性等。

芯片成品包装一般包括白膜包装和蓝膜包装。白膜包装一般是将焊垫的面粘在膜上，芯片间距较大，适合手动。蓝膜包装一般是背面粘在膜上，芯片间距较小，适合自动机。

1) LED 芯片制造工序中，对其光电性能有较重要影响的工序

一般来说，LED 外延片生产完之后它的主要电性能已定型，芯片制造不对其产生根本性改变，但在镀膜、合金化过程中不恰当的条件会造成一些电参数的不良。

例如，合金化温度偏低或偏高都会造成欧姆接触不良，欧姆接触不良是芯片制造中造成芯片正向压降 V_F 偏高的主要原因。

在切割后，如果对芯片边缘进行一些腐蚀工艺，对改善芯片的反向漏电会有较好的帮助。这是因为用金刚石砂轮刀片切割后，芯片边缘会残留较多的碎屑粉末，这些杂质如果粘在 LED 芯片的 PN 结处就会造成漏电，甚至会有击穿现象。

另外，如果芯片表面光刻胶剥离不干净，将会造成正面焊线虚焊等情况。如果是背面有时也会造成压降偏高。

在芯片生产过程中通过表面极化、划成倒梯形结构等办法可以提高光强。

2) 提高芯片发光强度与出光效率的工艺技术措施

LED 的亮度主要取决于外延方法和外延质量好坏，在芯片制造过程中采取不同的方法也可提高一些光强，即提高外量子效率，但是程度有限。现在使用最广泛的方法是进行表面粗化工艺，粗化的原理是增加发光面积，该方法适用于黄、绿、普红、普黄等 GaP 基材的外延片。另外，红外 LED 也可采用该方法，这种方法一般可以提高 30%。

另外，有一种方法是覆盖一层增透膜。由于发光二极管晶体的折射率比较高，当光线射向晶体表面时，在晶体和空气的交界面上就要产生折射。若假定该晶体的折射率为 n_1、入射角为 θ_1，在空气中的折射率为 n_2、折射角为 θ_2，如图 5-13 所示。根据折射定律，可得

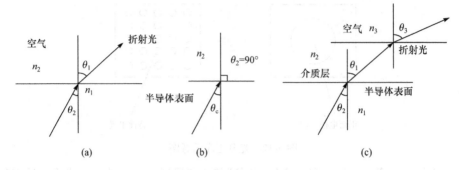

图 5-13　晶体与空气交界面折射示意图

$$n_1\sin\theta_1=n_2\sin\theta_2 \tag{5-7}$$

从式(5-7)知，$\theta_2=90°$时的θ_1称为全反射临界角，用θ_c表示，即

$$\theta_c=\arcsin(n_2/n_1) \tag{5-8}$$

显然当$\theta_1 \geqslant \theta_c$时，光线全部被反射向晶体内部，在 LED 晶体与空气之间镀一层中等折射率的介质层可增大临界角θ_c。比如 GaP 的$n_1=3.3$，如果没有介质层，则临界角$\theta_c=17.7°$，插入一层$n_2=1.66$的介质层后，θ_c可能增大到 30.3°，光强可提高到 2.5 倍。

目前，通过工艺和结构上的改进可以提高芯片的出光效率，归纳起来有如下几种有效方法：

1) 透明衬底技术

通常 LED 的衬底采用 GaAs 材料，但 GaAs 是一种吸光材料，LED 发出的光会被它吸收，降低出光效率。为此，在外延成 PN 结后，可用腐蚀的方法将 GaAs 衬底去除，然后在高温条件下将能透光的 GaP 粘贴上去做衬底，使 PN 结发出的光通过金属底板反射出去，提高出光效率。

另一种方法是制作 InGaAlP 四元芯片时，在去除 GaAs 衬底后，先用粘贴方法制作一层金属镜面反光层，然后再粘贴基板，这样使射向衬底的光反射到出光面，使芯片出光效率提高。

2) 芯片表面粗化法

由于 GaN 的折射系数$N_1=2.3$，与空气折射系数$N=1$相差较大，其反射临界角仅为 25°，大部分光不能逸出到空气中去，出光效率较低。为此，通过改变 GaN 与空气界面的几何形状，使全反射临界角增大，提高出光效率，这可以通过芯片表面粗化的方法来实现。图 5-14 为芯片出光面示意图。

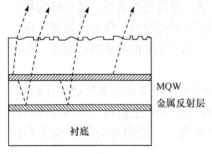

图 5-14　芯片出光面示意图

3) 芯片倒梯形结构

CREE 公司有一款芯片采用倒梯形结构后也提高了光强,如图 5-15。由于这种结构的芯片其边缘部分的全反射临界角增大,光子逸出率提高,并能从碗腔射出,所以光强和出光效率提高了。

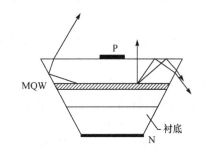

图 5-15 倒梯形结构的芯片出光示意图

4) flip-chip 技术(倒装芯片技术)

蓝光 LED 通常采用 Al_2O_3 衬底,其通常的芯片结构如图 5-16 所示。Al_2O_3 衬底硬度高、热导率和电导率低,如果采用正装结构,一方面会带来防静电的问题,另一方面,在大电流情况下散热也会成为最主要的问题。同时由于正面电极朝上,会遮掉一部分光,发光效率会降低。大功率蓝光 LED(图 5-17)通过芯片倒装技术可以比传统的封装技术得到更多的有效出光。

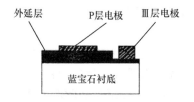

图 5-16 普通蓝光 LED 芯片

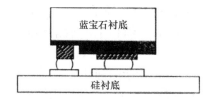

图 5-17 倒装蓝光 LED 芯片

现在主流的倒装结构做法是:首先制备出具有适合共晶焊接电极的大尺寸蓝光 LED 芯片,同时制备出比蓝光 LED 芯片略大的硅衬底,并在上面制作出供共晶焊的金导电层及引出导线层(超声金丝球焊点)。然后,利用共晶焊接设备将大功率蓝色 LED 芯片与硅衬底焊接在一起。这种结构的特点是外延层直接与硅衬底接触,硅衬底的热阻又远远低于蓝宝石衬底,所以散热的问题很好地解决了。由于倒装后蓝宝石衬底朝上,成为出光面,蓝宝石是透明的,因此出光问题也得到解决。如果在外延表面做一层金属反光层,那么有源层向下发的光通过金属镜面反射层反射向上,通过 Al_2O_3 衬底向外发射,提高了出光效率。

5.3 荧光材料及其工作原理

5.3.1 发光的基本原理

发光是物体不经过热阶段而将吸收的能量直接转换为非平衡辐射的现象,固体化合物受光子、带电粒子、电场或电离辐射等的激发,会发生能量的吸收、存储、传递和转换。如果激发能量转换为可见光区的电磁辐射，这个物理过程称为固体的发光。

发光固体一般都具有一定的晶体结构，基本特征是微粒按一定的规律呈现周期性排列，晶体内部原子间存在较强的相互作用，导致原子能级发生变化，形成许多能力相近的能级，称为能带(energy band)，能带又进一步被细分为价带(valence band)和导带(conduction band)，前者对应于基态下晶体未被激发的电子所具有的能量水平，后者对应于激发态下晶体被激发的电子所具有的能量水平。在价带和导带之间存在一个电子不能滞留的间隙带，称为禁带(forbidden band)。晶体内部存在的杂质原子和晶格缺陷，局部地破坏了晶体内部的规则排列，产生缺陷能级，其存在对晶体发光起到关键作用。发光是一种去激发的方式，晶体中电子的被激发和去激发互为逆过程，这两个过程可能在价带与导带、价带与缺陷能级、缺陷能级与导带，或者两个缺陷能级之间进行。将吸收的能量释放出来，形成光辐射，辐射的光能取决于电子跃迁前后的能量差值。在去激发过程中，电子可以将一部分能量转移给其他原子，因此可以形成小于能量差值的光辐射，空穴的迁移不能形成光辐射，但能为晶体辐射创造条件。

固体发光物理过程如图 5-18 所示，其中 H 表示基质晶格(host)，是发光材料的基体，其中掺杂两种外来离子 A 和 S。基质晶格 H 自吸收产生辐射称为自发光，或者称为掺杂发光。大部分固体发光都是掺杂发光，基质晶格吸收激发能量，传递给掺杂离子，使其跃迁到激发态，它返回基态的路径有三种，分别为①以热的形式把激发能量释放给邻近的晶格，称为荧光猝灭(fluorescence quenching)；②以辐射的形式释放激发能量，称为发光(luminescence)；③S 离子将能量传递给 A 离子，S 离子吸收的全部或部分激发能由 A 离子释放出来，这种现象称为敏化发光(sensitization luminescence)，A 离子称为激活剂(activator)，S 离子称为敏化剂(sensitizer)。

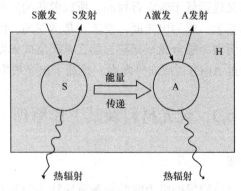

图 5-18　固体发光物理过程示意图

晶体的发光性能由构成它的化合物的组成和晶体结构所决定，组成和结构上的微小变化就会引起材料性能上的巨大差异。不同发光材料有着不同的发光过程和发光基质，对各类材料发光机制的研究，对于寻找和发现新型的功能更为优异的发光材料具有指导意义。

5.3.2　荧光材料

半导体发光材料是发光器件的基础。在半导体的发展历史上，20 世纪 90 年代之前，作为第一代的半导体材料以硅(包括锗)材料为主元素的半导体占统治地位。但随着信息时代的来临，以砷化镓(GaAs)为代表的第二代化合物半导体材料显示了其巨大的优越性。而以氮化物(包括 SiC、ZnO 等宽禁带半导体)为代表的第三代半导体材料，其优越的发光特征正成为最重要的半导体材料之一。如果没有这些材料的研究进展，发光器件也绝不可能有今天这样大的发展，今后器件性能的提高在很大程度上也取决于材料的进展。

成为半导体发光材料的条件包括：

(1) 半导体带隙宽度与可见光和紫外线光子能量相匹配；

(2) 只有直接带隙半导体才有较高的辐射复合概率；

(3) 要求有好的晶体完整性、可以用合金方法调节带隙、有可用的 P 型和 N 型材料及可以制备能带形状预先设计的异质结构和量子阱结构。

1. 砷化镓(GaAs)

砷化镓是黑灰色固体，属闪锌矿结构，晶格常数为 5.65×10^{-10}m，熔点为 1237℃，禁带宽度 1.4eV，是典型的直接跃迁型材料，发射的波长在 900nm 左右，属于近红外区。它是许多发光器件的基础材料，以及外延生长用的衬底材料。其发光二极管采用普通封装结构时发光效率为 4%，采用半球形结构时发光效率可达 20%以上。它们被大量应用于遥控器和光电耦合器件。

砷化镓是半导体材料中兼具多方面优点的材料，但用它制作的晶体二极管的放大倍数小，导热性差，不适宜制作大功率器件。虽然砷化镓具有优越的性能，但由于它在高温下分解，故要生长理想化学配比的高纯单晶材料，技术上要求比较高。

2. 氮化镓(GaN)

GaN 在大气压下一般是六方纤锌矿结构。它的一个原胞中有 4 个原子，原子体积大约为 GaAs 的一半。GaN 是极稳定的化合物，又是坚硬的高熔点材料，熔点约为 1700℃。它是一种宽禁带半导体(E_g=3.4eV)，自由激子束缚能为 25meV，具有宽的直接带隙，GaN 是优良的光电子材料，可以实现从红外到紫外全部可见光范围的光发射和红、黄、蓝三原色具备的全光固体显示。

作为一种宽禁带半导体材料，GaN 能够激发蓝光的独特物理和光电属性使其成为化合物半导体领域最热的研究领域，近年来在研发和商用器件方面的快速发展更使得 GaN 基相关产业充满活力。当前，GaN 基的近紫外、蓝光、绿光发光二极管已经产业化，激光器和光探测器的研究也方兴未艾。

3. 磷化镓(GaP)

GaP 是人工合成的化合物半导体材料，是一种橙红色透明晶体。磷化镓的晶体结构为闪锌矿型，晶格常数为(5.447±0.06)Å，化学键是以共价键为主的混合键，其离子键成分约为 20%，300K 时能隙为 2.26eV，属间接跃迁型半导体。

磷化镓分为单晶材料和外延材料。工业生产的衬底单晶均为掺入硫、硅杂质的 N 型半导体。磷化镓外延材料是在磷化镓单晶衬底上通过 LPE 或 VPE 加扩散生长的方法制得的，多用于制造发光二极管。LPE 材料可制造红色、黄绿色、纯绿色光的发光二极管，VPE 加扩散生长的材料，可制造黄色、黄绿色光的发光二极管。

4. 氧化锌(ZnO)

ZnO 具有铅锌矿结构，$a=0.32533nm$，$c=0.52073nm$，$z=2$，空间群为 $C46v$-$P63mc$。作为一种宽带隙半导体材料，其室温禁带宽度为 3.37eV，自由激子束缚能为 60meV。ZnO 与 GaN 的晶体结构、晶格常量都很相似，晶格失配度只有 2.2%(沿 $\langle 001 \rangle$ 方向)、热膨胀系数差异小，可以解决目前 GaN 生长困难的难题。

随着光电技术的进步，ZnO 作为第三代半导体以及新一代蓝、紫光材料，引起了人们的广泛关注，特别是 P 型掺杂技术的突破，凸显了 ZnO 在半导体照明工程中的重要地位。尤其与 GaN 相比，ZnO 具有很高的激子结合能(60meV)，远大于 GaN(21meV)的激子结合能，具有较低的光致发光和受激辐射阈值。本征 ZnO 是一种 N 型半导体，必须通过受主掺杂才能实现 P 型转变，但是由于氧化锌中存在较多的本征施主缺陷，对受主掺杂产生自补偿作用，并且受主杂质固溶度很低，因此 P 型 ZnO 的研究已成为国际上的研究热点。

5. 碳化硅(SiC)

SiC 的晶体结构可以包括立方(3C)，六方(2H，4H，6H，…)以及菱方(15R，21R，…)等。它们在能量上很接近，结构上由六角双层的不同堆积形成。最常见的形式是 3C(闪锌矿结构 ZB)。目前器件上用得最多的是 3C-SiC、4H-SiC 和 6H-SiC。通过对具有相对最小带隙的 3C-SiC(2.4eV)直至具有最大带隙的 2H-SiC(3.35eV)的能带结构的研究发现，它们所有的价带-导带跃迁都有声子参与，也就是说这些类型的 SiC 半导体都是间接带隙半导体。

SiC 是目前发展得最为成熟的宽禁带半导体材料。它的有效发光来源于杂质能级的间接复合过程。因此，掺入不同的杂质，可改变发光波长，其范围覆盖了从红到紫的各种色光。而 SiC 蓝光 LED 是唯一商品化的 SiC 器件，各种 SiC 多型体的 LED 覆盖整个可见光和近紫外线区域。6H-SiC 纯绿光(530nm)的 LED 通过注入 Al 或 LPE 得到，蓝光二极管是 n-Al 杂质对复合发光，4H-SiC 蓝光二极管是 n-B 杂质对复合发光。SiC 作为第三代宽禁带半导体的典型代表，无论是单晶衬底质量、导电的外延层还是高质量的介质绝缘膜和器件工艺等方面都比较成熟，或有可以借鉴的 SiC 器件工艺作参考，由此可以预测在未来的宽禁带半导体器件中，SiC 将担任主角，独霸功率和微电子器件市场。

5.3.3 白光 LED 用荧光材料

1. 硅酸盐

以硅酸盐为基质的发光材料已经成为一类应用广泛的重要的光致发光材料和阴极射线发光材料，它具有良好的化学稳定性和热稳定性，同时具有较宽的激发光谱，可以被紫外线、近紫外线、蓝光激发而发出各种颜色的光，成为白光 LED 荧光粉的重要组成部分，主要硅酸盐发光材料有二价铕激活的焦硅酸盐、含镁正硅酸盐及碱土正硅酸盐。本节将重点讨论硅酸盐发光材料及硅酸盐基质白光 LED 用发光材料的研究进展。

1) 硅酸盐发光材料

硅酸盐体系发光材料主要包括碱土正硅酸盐、含镁正硅酸盐及焦硅酸盐等。硅酸盐发光材料一般具有较好的分散性及结晶性，具有激发波长较宽、发光颜色极为丰富、物理化学性能稳定及光转化效率高、结晶透光性好等应用特性。

图 5-19 为硅酸盐体系发光材料的相图。

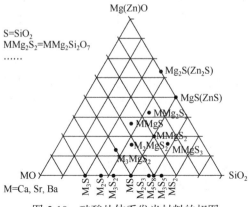

图 5-19　硅酸盐体系发光材料的相图

　　碱土二元正硅酸盐体系可以用 M_2SiO_4(M=Ca，Sr，Ba)表示，图 5-20 为 M_2SiO_4:Eu 中不同碱土金属离子的含量对发光体发射峰位置的影响。由图 5-20 可知，M 为单一碱土金属 Ca、Sr、Ba 时，对应正硅酸盐的发射峰值分别是 515nm、575nm 和 505nm，按 Ca、Sr、Ba 顺序，发射峰值呈先红移后蓝移趋势。M 为两种碱土金属混合时，发射峰值也呈现一定的规律性。当 M 为 Ca、Sr、Ba 时，随 Sr 含量的增加，发射峰由 515nm 逐渐红移至 595nm(此时达最大值)，继续增加 Sr 的含量，发射峰蓝移，当 M 为 Ca、Ba 时，峰值的规律性较差，部分 Ca/Ba 组分比对应发光体的发射峰值有待于进一步研究。

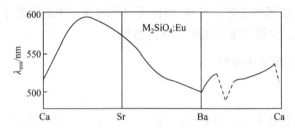

图 5-20　M_2SiO_4:Eu 中不同碱土金属离子的含量与发光体发射峰之间的
位置关系(M=Ca、Sr、Ba)

　　三元硅酸盐体系可统一用 MO-MgO-SiO_2(M=Ca、Sr、Ba)表示，随着 Ca、Sr、Ba 半径的增大，形成的三元化合物体系呈现无规律变化。作为发光材料的三元硅酸盐体系主要集中在焦硅酸盐和含镁正硅酸盐。其中焦硅酸盐作为白光 LED 发光材料的研究较多，其属于黄长石类，分子式可统一写成 MO_2(Mg、Zn)Si_2O_7(M=Ca、Sr、Ba)。

　　掺杂稀土离子的荧光材料发光的主要原因是化合物中稀土离子的存在。稀土离子的发光来源于 $4f^7(6P_1)\rightarrow4f^7(^8S_{7/2})$ 同一组态内的禁戒跃迁(f→f 跃迁)、$4f^6$ 5d 组态到基态 $4f^7(^8S_{7/2})$ 之间的跃迁(5d→4f 跃迁)以及电荷迁移(CTS)跃迁，即电子从配体(氧和卤素等)充满的分子轨道迁移到稀土离子内部部分填充的 4f 壳层时，在光谱中产生的较宽的电荷迁移。

　　与其他荧光材料制备方法基本相同，硅酸盐发光材料的制备方法有固相合成法、溶胶-凝胶法、燃烧法等。实际应用中多采用固相合成法，制备步骤主要包括混合原材料、灼烧，之后对灼烧的材料进行各种工艺处理，包括磨碎、分级和干燥等。

　　2) 硅酸盐基质白光 LED 用发光材料

　　硅酸盐基质发光材料是一类最有可能超越 YAG 的全新发光材料体系，因而引起国内外的广泛关注。其主要包括二元硅酸盐体系、三元硅酸盐体系及其他硅酸盐体系。

A. 二元硅酸盐体系发光材料

从图 5-19 相图可知，二元硅酸盐化合物主要有 M_3SiO_5、M_2SiO_4、$M_3Si_2O_7$、$MSiO_3$、$M_2Si_3O_8$、$M_5Si_8O_{21}$、$M_3Si_5O_{13}$ 和 MSi_2O_5(M=Mg、Ca、Sr、Ba、Zn)等。偏硅酸盐 $MSiO_3$:Eu^{2+} 虽然具有较宽的激发带，但其温度特性不佳，发光猝灭温度较低，因而它们不适合作为 pcW-LED 发光材料，因此，碱土金属正硅酸盐基质最先被关注，并取得了很大进展。

碱土金属离子与 Eu^{2+} 的离子半径相似，如 Eu^{2+} 为 0.112nm、Ca^{2+} 为 0.099nm、Sr^+ 为 0.112nm、Ba^{2+} 为 0.134nm，从而使 Eu^{2+} 在碱土硅酸盐基质中更加稳定，也更容易进入晶体格位。Thomas L. Barry 仔细研究了 Eu^{2+} 激活的碱土金属正硅酸盐组成和发射光谱的关系，并得出如下研究成果。在 Sr_2SiO_4:Eu^{2+} 和 Ba_2SiO_4:Eu^{2+} 体系中，Ba_2SiO_4:Eu^{2+} 的化学稳定性不如 Sr_2SiO_4:Eu^{2+}，水洗过程能导致 Ba_2SiO_4:Eu^{2+} 基本不发光，而 Sr_2SiO_4:Eu^{2+} 的发光基本不受水洗的影响。$Sr_xBa_{2-x}SiO_4$:Eu^{2+} 的发光光谱峰值可在 505～575nm 连续变化，其激发光谱是宽带，Sr_2SiO_4:Eu^{2+} 和 Ca_2SiO_4:Eu^{2+} 体系中，β-Ca_2SiO_4 和 Sr_2SiO_4 在 1200℃能形成无限固溶体，其发光光谱峰值可在 510～598nm 变化，发射光谱比 Sr_2SiO_4:Eu^{2+}- Ba_2SiO_4:Eu^{2+} 体系更宽，光谱的对称性也更差，其发光效率比不上 Sr_2SiO_4:Eu^{2+}- Ba_2SiO_4:Eu^{2+} 体系；Ca_2SiO_4:Eu^{2+} 和 Ba_2SiO_4:Eu^{2+} 体系中，Eu^{2+} 在该基质中的发光效率也很低，其发光光谱峰值可在 508～546nm 变化，值得注意的是，在组成为 30%Ca_2SiO_4-70%Ba_2SiO_4 附近，发光谱峰值有一个急剧减少，它对应的中间相为 $Ba_5Ca_3Si_4O_{16}$。

Eu^{2+} 的吸收光谱和发射光谱通常是宽带，这是由 $4f^65d$ 的激发态到基态 $^8S_{7/2}(4f^7)$ 的跃迁产生的。其发射可由紫外线变化到红光，这主要取决于基质晶格，如共价键、阳离子尺寸及晶体场强度等。S. H. M. Poort 等研究了 Eu^{2+} 在 Ba_2SiO_4、$Sr_{1.95}Ba_{0.05}SiO_4$ 中的发光性能，详细数据见表 5.1。Ba_2SiO_4:Eu^{2+} 的发射光谱为宽带，在 4.2K 时，发光光谱峰值为 505nm，室温为 500K。但其发光光谱不对称，可以分解为两个高斯峰(4.2K)，峰值分别为 19800cm^{-1} 和 19200cm^{-1}，其强度基本相等。与 4.2K 时的发光强度相比，发光强度下降一半的温度为 430K，而在 550K 时，其发光强度下降 90%。其发光光谱与激发波长无关。$Sr_{1.95}Ba_{0.05}SiO_4$:$0.01Eu^{2+}$ 的发光光谱(4.2K)与激发波长紧密相关。其发光光谱有两个发射带，用较短的波长激发时，发光光谱峰值位于 493nm；而用较长的波长激发时，发光光谱峰值位于 570nm。$Sr_{2-x}Ba_xSiO_4$:Eu^{2+} 中 Sr 含量增加，使发射光谱波长红移(从 Ba_2SiO_4:Eu^{2+} 的 500nm 红移到 Sr_2SiO_4:Eu^{2+} 的 570nm)，而且发光带的宽度也增加。因此 Eu^{2+} 激活的硅酸盐发光材料具有很宽的激发光谱，在紫外区至蓝区有很强的激发性能，其发射光谱峰值也可以在很大范围内调节。它们已被应用于蓝光 LED 芯片，已经实现白光的输出，性能已经达到实用水平。

表 5.1　Eu^{2+}在 Ba$_2$SiO$_4$、Sr$_{1.95}$Ba$_{0.05}$SiO$_4$ 中的发光性能

组成	发射峰波长(4.2K)/nm	$T_{1/2}$/K	T_q/K	斯托克斯位移/cm^{-1}
Ba$_2$SiO$_4$:Eu^{2+}	505	430	>550	5000
	520	430	>550	5500
Sr$_{1.95}$Ba$_{0.05}$SiO$_4$:Eu^{2+}	495	520	>550	5500
	570	420	>550	6000

J. K. Park 等研究发现，Sr$_2$SiO$_4$: Eu^{2+}与 400nm GaN 的芯片封装后呈现白色光，其发光效率比 460nm 的 InGaN 芯片和商业 YAG: Ce 封装后的白光 LED 更高。他们采用的合成方法是柠檬酸和乙二醇的高分子配合法。Sr(NO$_3$)$_2$、Eu(NO$_3$)$_2$ 和 TEOS 溶于水中，然后加入柠檬酸和乙二醇的混合溶液，加热到 120℃变成透明溶胶，再加热到 200℃开始缩聚反应，得到黏性聚合物，于 350℃再次热处理，得到多孔泡沫，研磨后于 1350℃灼烧 3h，气氛 80%N$_2$/20%H$_2$，产物为单一的 α'-Sr$_2$SiO$_4$。所得到的 Sr$_{2-x}$SiO$_4$:xEu^{2+}的发射光谱为宽发射带，最佳 Eu^{2+}浓度为 0.03mol，发射光谱峰值为 531nm，并随 Eu^{2+}浓度增加而红移，例如[Eu^{2+}]= 0.005mol，λ_{em}=531nm；[Eu^{2+}]=0.05mol，λ_{em}=536nm；[Eu^{2+}]=0.1mol，λ_{em}=543nm。根据文献，随着 Eu^{2+}浓度的增加，Eu^{2+}之间的距离缩短，Eu^{2+}之间的能量传递概率增大。Eu^{2+}之间的非辐射能量传递方式有交换作用、辐射再吸收或多极-多极作用。对 Eu^{2+}来说，4f^7→4f^{6}5d 跃迁是允许跃迁，而交换作用仅对禁带跃迁起作用，临界距离大约为 5Å。这说明交换作用对 Eu^{2+}之间的能量传递不起作用。说明该体系中，Eu^{2+}之间的能量传递方式只可能是电子多极作用。也就是说，Eu^{2+}位于 5d 较高能级的概率会随着 Eu^{2+}浓度增加而增加，从而使发射光谱随 Eu^{2+}浓度增加而红移。

采用其他方法也可以提高 Sr$_2$SiO$_4$:Eu^{2+}的激发性能，使其能应用于蓝光 LED 芯片。J. K. Park 等采用固相合成法合成了 Ba 和 Mg 共掺杂的 Sr$_2$SiO$_4$:Eu^{2+}。随着 Eu^{2+}含量的增加，Sr$_2$SiO$_4$:Eu^{2+}的发射波长峰值由 520nm 移向长波，这可能是晶体场变化引起的。尽管 Eu^{2+}的 4f 电子由于有外层保护，对晶格环境不敏感，但 5d 组态能被晶体场劈裂。另外，共掺杂的碱土金属离子半径增大，会使发射波长蓝移(图 5-21)，添加适量的 Ba、Mg 能增加 Sr$_2$SiO$_4$:Eu^{2+}在 450～470nm 波长的激发效率，从而增加发光效率。在 Eu^{2+}含量为 0.05mol 时，在 460nm 蓝光激发下，通过计算发射光谱积分强度，其发射效率达到商业 YAG:Ce 的 95%。Ba 和 Mg 共掺杂的 Sr$_2$SiO$_4$:Eu^{2+}的斯托克斯位移为 3404cm^{-1}，Ba 掺杂的 Sr$_2$SiO$_4$:Eu^{2+}的斯托克斯位移为 3984cm^{-1}，而纯 Sr$_2$SiO$_4$:Eu^{2+}的斯托克斯位移为 5639cm^{-1}时，这可能是发光效率提高的原因。

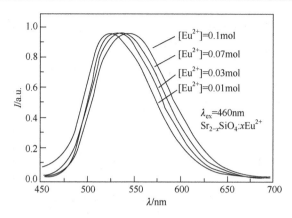

图 5-21 波长 460nm 激发 $Sr_{2-x}SiO_4:xEu^{2+}$ 所得的发射光谱

J. K. Park 等采用组合化学法对硅酸盐基质 LED 发光材料进行了研究，发现了数种在 450～470nm 蓝光激发下有较高发光效率的材料，可应用于白光 LED 照明。研究表明，(Sr、Ba、Mg、Ca)$_2$SiO$_4$:0.03Eu^{2+}中，富 Sr 相的发光效率更高些(405nm 激发)，而且与纯 Sr$_2$SiO$_4$相比，共掺杂其他碱土金属激发效率就急剧下降，对 450～470nm 蓝光吸收很差。适量共掺杂其他碱土金属离子能使 Sr$_2$SiO$_4$:0.03Eu^{2+}对 450～470nm 蓝光吸收很强，从而提高在 450～470nm 蓝光激发下的发光效率。

J. K. Kim 等研究了 M$_2$SiO$_4$:0.01Eu^{2+} (M=Ba、Sr、Ca)发射光谱的温度依赖特性。随着温度升高，Sr$_2$SiO$_4$:Eu^{2+}的两个发射带表现出正常的发射峰红移、发射光谱变化及发光强度下降，而 Ca$_2$SiO$_4$:Eu^{2+}和 Ba$_2$SiO$_4$:Eu^{2+}则表现出反常的发射峰蓝移。前期研究工作表明，Ca$_2$SiO$_4$:Eu^{2+}、Sr$_2$SiO$_4$:Eu^{2+}和 Ba$_2$SiO$_4$:Eu^{2+}的结构相同，晶格常数按 Ca、Sr、Ba 的顺序增大，EPR 研究表明，基质晶格中存在 Eu^{2+}两个离子格位，其最强的激发峰位于 370nm。图 5-22 给出了 Ca$_2$SiO$_4$:Eu^{2+}、Sr$_2$SiO$_4$:Eu^{2+}和 Ba$_2$SiO$_4$:Eu^{2+}的发射光谱。在 M$_2$SiO$_4$:Eu^{2+}中，由于 Eu^{2+}存在两种格位，因而有 Eu(Ⅰ)和 Eu(Ⅱ)两个发光带。在 Sr$_2$SiO$_4$:Eu^{2+}中，Eu(Ⅰ)发光带位于短波区(蓝区)，Eu(Ⅱ)发光带位于长波区(绿区)；而对于 Ca$_2$SiO$_4$:Eu^{2+}和 Ba$_2$SiO$_4$:Eu^{2+}来说，这两个发光峰在 500nm 左右重叠。从 Sr$_2$SiO$_4$:Eu^{2+}到 Ca$_2$SiO$_4$:Eu^{2+}发射带蓝移，而从 Ba$_2$SiO$_4$:Eu^{2+}到 Sr$_2$SiO$_4$:Eu^{2+}发射带红移，可用晶体场和共价键来解释。

J. S. Yoo 等在 2003 年曾报道了一种在 400nm 波长激发下的高效蓝色硅酸盐发光材料，其激发波长还不够长，随后，他们又研究了硅酸盐基质中碱土金属离子的变化对激发光谱和发射光谱的影响。研究发现，在 380～465nm 波长，Sr$_2$SiO$_4$:Eu^{2+}-Ba$_2$SiO$_4$:Eu^{2+}是一种优秀的白光 LED 发光材料。特别是(Sr、Ba)$_2$SiO$_4$:Eu^{2+}，用 465nm 波长蓝光激发，其黄色发光效率可与 YAG:Ce 相媲美，通过改变基质中 Sr/Ba 比例，调整激发光谱峰值波长。另外，还发现(Sr、Mg)$_2$SiO$_4$:Eu^{2+}在 405nm 激发下，具有很高的蓝色发光效率。

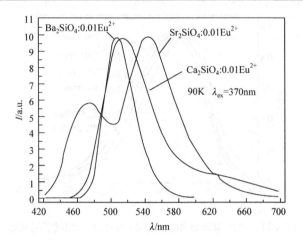

图 5-22　Ca$_2$SiO$_4$:0.01Eu^{2+}、Sr$_2$SiO$_4$:0.01Eu^{2+}和 Ba$_2$SiO$_4$:0.01Eu^{2+}的发射光谱

Kang 等采用喷雾热解法合成(Sr、Ba)$_2$SiO$_4$:Eu^{2+}发光材料。研究发现，添加 5%的 NH$_4$Cl，会使 Ba$_{1.488}$Sr$_{0.5}$SiO$_4$:0.012Eu^{2+}在长波(410nm)紫外线激发下的发光亮度提高 50%以上。NH$_4$Cl 的加入，通过降低热处理温度影响颗粒形貌，使 Ba$_{1.488}$Sr$_{0.5}$SiO$_4$:0.012Eu^{2+}的粒径增大，平均粒径不大于 5μm，还促进了 Ba$_{1.488}$Sr$_{0.5}$SiO$_4$:0.012Eu^{2+}的晶化，同时使 Ba$_{1.488}$Sr$_{0.5}$SiO$_4$:0.012Eu^{2+}的最佳晶化温度降低。加入 5%的 NH$_4$Cl，最佳晶化温度为 1100℃。图 5-23 给出了 Ba$_{1.488}$Sr$_{0.5}$SiO$_4$:0.012Eu^{2+}荧光颗粒相对于 NH$_4$Cl 含量的激发光谱和发射光谱。在 410nm 激发下，发射光谱范围为 460~560nm，峰值 508nm，激发光谱范围为 220~430nm。

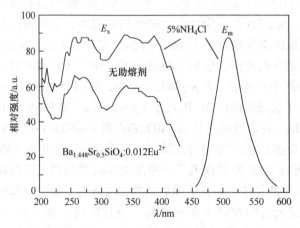

图 5-23　Ba$_{1.488}$Sr$_{0.5}$SiO$_4$:0.012Eu^{2+}荧光颗粒相对于 NH$_4$Cl 含量的激发光谱和发射光谱

另一种受重视的基质是 M$_3$SiO$_5$，Ba$_3$SiO$_5$ 和 Sr$_3$SiO$_5$ 的结构为四方相，M 离

子存在两种格位且数量相等。由于 Eu^{2+} 在 Ba_3SiO_5 晶格中占据两个不同的格位，Ba_3SiO_5:Eu^{2+} 发光材料有两个发射带，分别位于 504nm 和 566nm，且 566nm 的发射峰强得多。与 Ba_3SiO_5:Eu^{2+} 相反，随着 Eu^{2+} 浓度增加，Ba_3SiO_5:Eu^{2+} 呈现不同的发光特性，Ba_3SiO_5:0.01Eu^{2+} 为一个主峰位于 568nm 的宽峰；随着 Eu^{2+} 浓度增加，Ba_3SiO_5:0.15Eu^{2+} 的发射带劈裂为主峰 504nm 及次峰 568nm 的两个峰。Sr_3SiO_5:Eu^{2+} 是一种在 450～470nm 波长范围内能被激发的黄色发光材料，其激发光谱比 Sr_2SiO_4:Eu^{2+} 更宽，激发效率更高。当 Eu^{2+} 浓度不高于 0.15mol 时，Sr_3SiO_5:Eu^{2+} 的发射光谱为宽带，峰值为 570nm。Sr_3SiO_5:$Eu_{0.07}$ 在 460nm 的激发效率达到 365nm 激发效率的 93%。Sr_3SiO_5:Eu^{2+} 的量子效率可达 82%，比 Zn_2SiO_4:Mn^{2+} 的高 70%。同样，Sr_3SiO_5:Eu^{2+} 的发射光谱峰值还随 SiO_2 含量的增加而红移。当 Sr/Si 比从 3/0.8 依次改变为 3/0.9、3/1.0、3/1.1 时，发射光谱峰值从 559nm 逐渐红移到 564nm、568nm、570nm，Stokes 位移和 CFS 均增大。采取在 Sr_3SiO_5 中添加 Ba^{2+} 的方法，可使 Sr_3SiO_5:Eu^{2+} 在 450～470nm 蓝光激发下的发射光谱红移，随 Ba^{2+} 含量从 0 增加到 0.2mol，发射光谱峰值由 570nm 红移到 585nm(与 Sr_2SiO_4:Eu^{2+} 相反)。在 $Sr_{2.93-x}Ba_xSiO_5$:0.07Eu^{2+} 中，Ba^{2+} 和 Sr^{2+} 的离子半径不同，Ba^{2+} 含量增加时其晶格常数增大，Ba^{2+} 取代部分 Sr^{2+} 会导致 c 轴变长，Eu^{2+} 的 d 轨道的优先取向效应减少，同时，Ba^{2+} 含量增加也会导致 Sr^{2+} 周围的八面体对称性降低，因此，Eu^{2+} 的发射光谱红移。Ba^{2+} 含量超过 0.5mol 时，会形成 $BaSi_4O_9$ 杂相。Eu^{2+} 在 Sr_3SiO_5 中的大致固溶限度因此能被确定。同时，Ba^{2+} 含量增加也会导致晶体对称性降低，光谱测试表明，Ba^{2+} 含量超过 0.5mol 后不会对发射光谱产生大的影响，而发光强度则逐步下降。图 5-24 为不同 Ba^{2+} 含量的 $Sr_{2.93}SiO_5$:$Eu_{0.07}$ 的发射光谱。

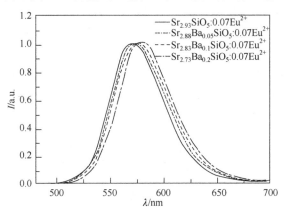

图 5-24 不同 Ba^{2+} 含量的 $Sr_{2.93}SiO_5$:0.07Eu^{2+} 的发射光谱

$Sr_{3-x}Ba_xSiO_5$:Eu^{2+} 的另一个优势是在 $Sr_{2-x}Ba_xSiO_5$:Eu^{2+} 组成中，发光效率最高时的发射光谱峰值约为 530nm，位于绿区，显色性能并不好(Ra：70～76)。而在

$Sr_{3-x}Ba_xSiO_5:Eu^{2+}$组成中，发光效率最高时的发射光谱峰值约为 570nm，这对提高显色性尤其有好处。采取单一的 $Sr_2SiO_4:Eu^{2+}$(缺少橙红色)和$(BaSr)_3SiO_5:Eu^{2+}$(缺少绿色)发光材料能得到高效的白光 LED，但显色指数不高。采用黄色发光材料 $Sr_2SiO_4:Eu^{2+}$和橙黄色发光材料$(BaSr)_3SiO_5:Eu^{2+}$双组分发光材料,使光谱中的红色成分增强，得到了显色指数大于 85 的白光 LED，发光颜色为暖白色，色温为 2500～5000K(图 5-25)。而对比样品 InGaN 芯片与 YAG:Ce 封装后白光 LED 的色温为 6500K。

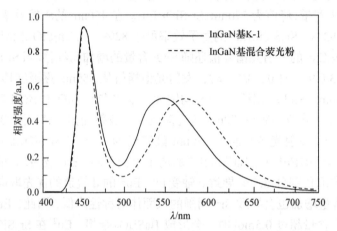

图 5-25　20mA 驱动下,InGaN 基 K-1($Sr_2SiO_4:Eu^{2+}$)与 InGaN 基混合荧光粉($Sr_2SiO_4:Eu^{2+}$与 Ba^{2+}掺杂 $Sr_3SiO_5:Eu^{2+}$)白光 LED 的发射光谱

　　除了 Eu^{2+}激活的碱土金属正硅酸盐外，李盼来等通过 Bi^{3+}激活 Sr_2SiO_4 基质，获得用于白光 LED 的蓝色荧光粉，为白光 LED 的发展提供了帮助。同时采用高温固相法制备了 $Sr_2SiO_4:Dy^{3+}$发光材料。结果表明，在 365nm 紫外线激发下，测得 $Sr_2SiO_4:Dy^{3+}$材料的发射光谱为一个多峰宽谱，主峰分别为 486nm、575nm 和 665nm[图 5-26(b)]，监测 575nm 的发射峰，所得材料的激发光谱为一个多峰宽谱，主峰分别为 331nm、361nm、371nm、397nm、435nm、461nm 和 478nm[图 5-26(a)]。

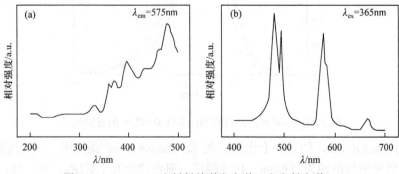

图 5-26　$Sr_2SiO_4:Dy^{3+}$材料的激发光谱(a)和发射光谱(b)

　　周鑫荣等研究 M_2SiO_4:Dy^{3+}(M=Ca、Sr、Ba)样品的结构和发光特性。结果表明：M_2SiO_4:Dy^{3+}在 325nm、350nm、365nm 和 386nm 附近有比较强烈的吸收峰，分别对应 Dy^{3+} 的 $^6H_{15/2}\rightarrow{}^6P_{3/2}$、$^6H_{15/2}\rightarrow{}^6P_{7/2}$、$^6H_{15/2}\rightarrow{}^6P_{5/2}$、$^6H_{15/2}\rightarrow{}^6M_{21/2}$ 的跃迁(图 5-27)。在 386nm 激发下，样品在 480nm、492nm 及 574nm 处有较强的发射峰。

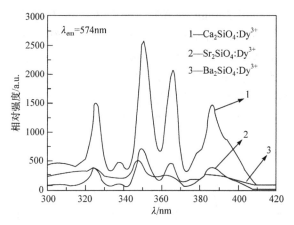

图 5-27　室温下 M_2SiO_4:Dy^{3+}(Dy^{3+}1%)的激发光谱

　　杨志平等用高温固相法合成了 Sr_2SiO_4:Sm^{3+}红色荧光粉，并研究了粉体的发光性质。激发光谱表现为从 350nm 到 420nm 的宽带[图 5-28(a)]，可以被近紫外辐射二极管(near-ultraviolet light-emitting diodes, UVLED)管芯产生的 350~410nm 辐射有效激发。而发射光谱由位于红橙区的三个主要荧光发射峰组成[图 5-28(b)]，峰值分别位于 570nm、606nm 和 653nm，对应了 Sm^{3+} 的 $^4G_{5/2}\rightarrow{}^6H_{5/2}$，$^4G_{5/2}\rightarrow{}^6H_{7/2}$ 和 $^4G_{5/2}\rightarrow{}^6H_{9/2}$ 特征跃迁发射，606nm 的发射最强，是一种适用于白光 LED 的红色荧光粉。

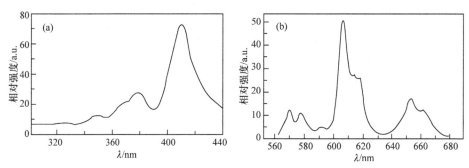

图 5-28　Sr_2SiO_4:Sm^{3+}红色荧光粉的激发光谱(a)和发射光谱(b)

B. 三元硅酸盐体系发光材料

总体作为发光材料的三元硅酸盐体系的研究主要集中在焦硅酸盐和含镁正硅酸盐,许多高效发光材料是 Eu^{2+} 激活的碱土金属三元硅酸盐体系化合物(图 5-19),Mg 较 Zn 更容易与碱土金属形成三元硅酸盐化合物。

$BaMgSiO_4$:$0.001Eu^{2+}$ 在 4.2K 的发光光谱由位于 440nm 的窄带和 560nm 的宽带组成。在室温下,位于 560nm 的宽带减弱为 440nm 发射带的尾峰。激发光谱和发射光谱如图 5-29 所示。$CaMgSiO_4$ 属于一个橄榄石结构家族,只有一个 6 氧配位的 Ca^{2+} 位置。$CaMgSiO_4$:$0.001Eu^{2+}$ 在 4.2K 的激发光谱和发射光谱如图 5-30 所示,发光光谱峰值为 470nm,在 550nm 处有一尾峰,其发光强度随温度升高减弱不明显。其 550nm 发射的激发光谱很宽,是一种潜在的 WLED 用发光材料。

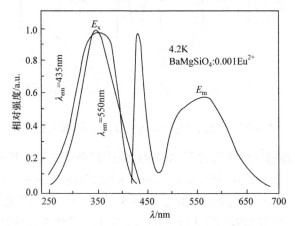

图 5-29　$BaMgSiO_4$:$0.001Eu^{2+}$在 4.2K 的激发光谱和发射光谱

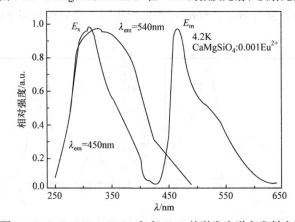

图 5-30　$CaMgSiO_4$:$0.001Eu^{2+}$在 4.2K 的激发光谱和发射光谱

S. H. M. Poort 等研究表明,Eu^{2+} 在(Ca、Sr)$_2$MgSi$_2$O$_7$,$BaMgSiO_4$,$CaMgSiO_4$ 等基质材料中存在碱土金属离子链,由于 d 轨道的优先取向,在该链中的 Eu^{2+} 呈

现长波发射特性。因而可以利用该特点将其应用于 pcW-LED。$Ca_2MgSi_2O_7:Eu^{2+}$ 和 $Sr_2MgSi_2O_7:Eu^{2+}$ 的发射光谱峰值分别为 535nm 和 470nm。其激发光谱为一宽带,已经延伸到了蓝绿光区(≤480nm)。而在 $(Ca、Sr)_2MgSi_2O_7:Eu^{2+}$ 中,用部分 Sr 取代 Ca 时,晶格常数增加,在该链方向 d 轨道的优先取向效应削弱,使 Eu^{2+} 的发射蓝移。因而,它们可以作为 pcW-LED 用发光材料。

乔彬等研究了以碱土镁硅酸盐$(R_3MgSi_2O_8,R=Ba、Sr、Ca)$为基质,以一定量的 Eu、Mn 为激活剂的硅酸盐发光材料。由于晶体场环境不同,发光强度、发射峰产生相应变化。研究了以 $(Ba、Sr)_3MgSi_2O_8$ 为基质的荧光粉中 Ba、Sr 相对量,以及 Eu^{2+}、Mn^{2+} 浓度对发光性质的影响,并探讨了 Eu^{2+}、Mn^{2+} 在基质中所处的格位。结果表明,红光是由基质中处于九配位 Eu^{2+} 将能量传递给八面体六配位的 Mn^{2+},而由 Mn^{2+} 所发射的。图 5-31(a)为不同 $R_3MgSi_2O_8$ 基质试样的激发光谱。按照 $Ba_3MgSi_2O_8$、$Sr_3MgSi_2O_8$ 及 $Ca_3MgSi_2O_8$ 的顺序,激发强度逐渐下降。图 5-31(b)为不同 $R_3MgSi_2O_8$ 基质试样的发射光谱,从图中可知,$Ba_3MgSi_2O_8$、$Sr_3MgSi_2O_8$ 存在两个发射峰,430～500nm 的为 Eu^{2+} 发射峰,630～700nm 的为 Mn^{2+} 发射峰。$Ba_3MgSi_2O_8$ 发射峰强度较大,且 Mn^{2+} 在红色光谱区的发射峰值稍强于 Eu^{2+} 的绿色发射峰,两峰叠加后的亮度及色度都较好。$Sr_3MgSi_2O_8$ 发射峰强度较弱,尤其 Mn^{2+} 红色发射峰明显减弱。$Ca_3MgSi_2O_8$ 中只观察到了 Eu^{2+} 在绿色光谱区的发射峰,且发射强度相当弱。可见发射强度与激发强度的变化规律一致。

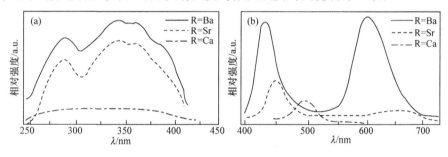

图 5-31　不同 $R_3MgSi_2O_8$ 基质试样的激发光谱(a)和发射光谱(b)

C. 其他硅酸盐基质发光材料

山田健一找到一种含有 Eu^{3+} 的 $CaEu_4Si_3O_{13}$ 红色发光材料。研究中发现一些 La^{3+} 代替 $CaEu_4Si_3O_{13}$ 中的 Eu^{3+} 作为催化剂而得到的新的红色荧光粉 $Ca(Eu_{1-x}La_x)Si_3O_{13}$ 有很好的性能。而且在三基色白光 LED 中,用 $Ca(Eu_{1-x}La_x)Si_3O_{13}$ 作为红色荧光粉将会比 $Y_2O_2S:Eu^{2+}$ 红色荧光粉有更高的转换效率,在理论计算上得到更高的平均显色指数 Ra,因此 $Ca(Eu_{1-x}La_x)Si_3O_{13}$ 红色荧光粉在三基色白光 LED 应用中有更大的应用优势。

H. He 等采用 Pechini 溶胶-凝胶法和固相反应法制备出 Eu^{2+} 掺杂 Li_2SrSiO_4 的

荧光粉，并研究了产物的相结构及发光性能。图 5-32 为 $Li_2SrSiO_4:Eu^{2+}$的荧光粉的激发光谱和发射光谱，$Li_2SrSiO_4:Eu^{2+}$的荧光粉的激发光谱为一宽带，光谱分布在 390～480nm，而发射光谱分布在 500～700nm 黄橙色光谱区(图 5-32)。利用 Pechini 溶胶-凝胶法制备荧光粉的发光效率优于使用固相反应法所制备的荧光粉，并且研究了掺杂 $Li_2SrSiO_4:Eu^{2+}$的荧光粉在白光 LED 中的应用(图 5-33)。

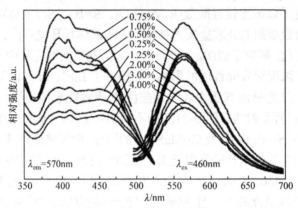

图 5-32　$Li_2SrSiO_4:Eu^{2+}$的荧光粉的激发光谱和发射光谱

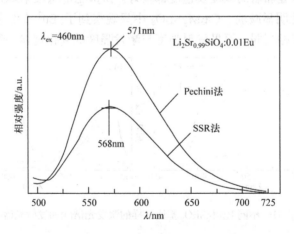

图 5-33　Pechini 溶胶-凝胶法和固相反应法制备掺杂 $Li_2Sr_{0.99}SiO_4:0.01Eu^{2+}$的荧光粉的激发光谱

另外，除了正硅酸盐体系外，想从基质材料上进行一些改进，以提高发光性能的研究还需要在许多方面开展。Liu 等采用高温固相反应法合成了 $Li_2Ca_{0.99}SiO_4:0.01Eu^{2+}$，其激发光是 220～470nm 的宽带，这是 Eu^{2+}的 5d 能级的晶体场劈裂所致。

2. 氮化物

氮化物材料的化学和热稳定性高，且在可见光区范围内有较强的吸收光谱，表现出优异的光致发光性质,已发展成为很有前景的发光材料。它们是制备白光LED 较适合的基质材料,吸引了越来越多的关注。

1) 氮化物简介

氮化物一般以 $Me_xN_y(Me=$金属元素)表示氮的化合物。氮化物陶瓷在某些方面弥补了氧化物陶瓷的弱点,因而成为备受关注的特殊陶瓷材料。氮化物种类繁多,但都不是天然矿物,而是人工合成材料。以共价键结合的高强度氮化物陶瓷材料作为工程陶瓷材料十分引人瞩目。氮化硅陶瓷晶体结构通常有α和β两种晶型,其中α为颗粒状晶体,β为针状或长柱状晶体。高温烧结后α相通常向β相转变,β相是热力学稳定相,存在液相时,α相通过固溶-析出过程可转变为β相,从而制备出高性能的氮化硅陶瓷。1999 年,德国研究者 Zerr 等首次发现氮化硅的第三种晶型——c-Si_3N_4,它具有立方尖晶石结构,理论上计算,此相的硬度比另外两相(α相和 β 相)要高出许多。由于氮化硅是强共价键化合物,其自扩散系数很小,难以纯固相烧结,因此要使烧结氮化硅具有实际的工业意义,必须加入合适的添加剂(如 MgO、Al_2O_3、Y_2O_3、Lu_2O_3、La_2O_3 等)使之发生液相烧结。氮化硅陶瓷的电学、热学和机械性能十分优良。它具有坚硬、耐热、耐磨、耐腐蚀的优点,又具备了抗热震性好、耐高温蠕变、自润滑性好、化学稳定性高等特性,广泛应用于化工、环保、生物等行业。

20 世纪 70 年代初,日本的 Oyama 和英国的 Jack 等最初报道了在 Si-Al-O-N 体系中,z 个 Al—O 键同时代替 z 个 Si—N 键,这样既可以保证价态平衡又没有任何外在缺陷形成。这样的固溶体通常被认为是β-sialon,它的结构是以β-Si_3N_4为基础的,其通式为:$Si_{6-z}Al_zO_zN_{8-z}$,z 值对应于 Al—O 键溶入 Si_3N_4 结构中的量,一般 $0 \leqslant z \leqslant 4.2$。以 Al—O 键取代氧氮化硅中的部分 Si—N 键,则可形成 O'-sialon固溶体。在β-sialon 发现后不久,Jack 和 Wilson 就报道了关于α-Si_3N_4的固溶体α-sialon 的形成,它的结构是以α-Si_3N_4为基础的。α-sialon 的形成需要两种机制同时起作用,一种机制是 n(Al—O)键替代 n(Si—N)键,这种替代将不会引起任何价态的不平衡,另一种机制是 m(Al—N)键替代 m(Si—N)键,这种替代引起的价态不平衡则由金属离子固溶进入α-Si_3N_4 的大间隙位置得到补偿,而且这种金属离子的填隙同时起到了稳定α-sialon 结构的作用。α-sialon 的通式为 $M_xSi_{12-(m+n)}Al_{m+n}O_nN_{16-n}$,其中 $x=m/v$,v 是金属阳离子的化合价。sialon 具有显著的力学性能和稳定性,且发光性能好,颗粒形貌佳,而对于发光性能的研究主要集中于α-sialon。

氧氮化硅(Si_2N_2O)是 SiO_2-Si_3N_4 系统中仅有的一个化合物,Washburn 在 1967年首先用反应烧结法合成 Si_2N_2O,随后对 Si_2N_2O 材料进行了一系列的研究。作为工程陶瓷材料,由于它具有优良的抗热震性、抗氧化性和高温强度,因此具有很大的应用前景。氧氮化硅一般由氧化硅和氮化硅反应合成。Eu^{2+}等激活离子往往在这些硅氮氧化物中具有宽激发性能。

2) 氮化物基质白光 LED 用发光材料

氮化物基质白光 LED 用发光材料包括纯硅氮化物基质发光材料、硅氮氧化物基质发光材料及 sialon 基质发光材料。

A. 纯硅氮化物基质发光材料

以 Si_3N_4 为基本单元,它可以与 $M_3'N$、M_3N_2、ReN 和 AlN 反应,生成一系列的纯氮化物基质发光材料,如 $M'Si_2N_3$、$MSiN_2$、$M_2Si_5N_8$、MSi_2N_5、$ReSi_3N_5$ $(Si_3N_4·ReN)$、$Re_2Si_3N_6(Si_3N_4·2ReN)$等。相对来说,$M_2Si_5N_8$:$Eu^{2+}$(M=Ca、Sr、Ba)是比较成熟的红色 pcW-LED 发光材料。

V. Krevel 报道了 $M_2Si_5N_8$:Eu^{2+}(M=Ca, Sr, Ba)在可见光范围内有一个不寻常的 Eu^{2+}长波发射(620~660nm),且吸收带位于可见光区。存在的氮配位导致共价键增强和晶体场劈裂效应,影响 Eu^{2+}5d 能级,从而产生长波发射。随后,Höppe 等研究了 $Ba_2Eu_xSi_5N_8$ 系列化合物的发光特性,证实在 600nm 处存在两个发射峰,这对应于 $Ba_2Si_5N_8$ 基质晶格中两个 Ba(Eu)格点,由于 Eu^{2+} 的再吸收过程,随着 Eu 浓度的增加,发射峰值波长向长波长方向移动。

X. Q. Piao 等利用一种新的合成方法制备了 $Sr_2Si_5N_8$:Eu^{2+}荧光粉,其利用醋酸锶作为还原剂及锶源。图 5-34 为 $Sr_2Si_5N_8$:Eu^{2+}[2%(原子分数)]和 YAG:Ce^{3+}的激发光谱和发射光谱,插图中为 $Sr_2Si_5N_8$:Eu^{2+}[2%(原子分数)]漫反射光谱。从图中可知,激发光谱中呈现一个宽的 300~500nm 的发光带,正好与蓝光发光二极管的峰值波长一致(400nm/460nm)。发射光谱(峰值 619nm)的强度为 YAG 强度的 155%。

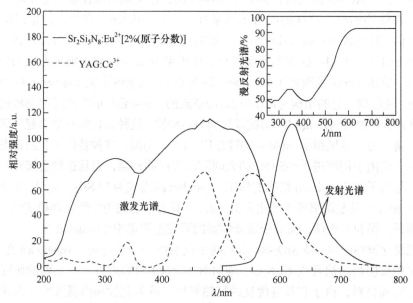

图 5-34　$Sr_2Si_5N_8$:Eu^{2+}[2%(原子分数)]和 YAG:Ce^{3+}的激发光谱和发射光谱

插图中为 $Sr_2Si_5N_8$:Eu^{2+}[2%(原子分数)]漫反射光谱

Y. Q. Li 等通过高温固相反应制备了 $M_{2-x}Eu_xSi_5N_8$ 多晶粉末,研究了碱土金属离子的类型和 Eu^{2+} 浓度对 $M_2Si_5N_8$:Eu^{2+}(M=Ca、Sr、Ba)的发光性能的影响。$Ca_2Si_5N_8$:Eu^{2+} 为单斜结构,形成最大溶解度为 7%(摩尔分数)的有限固溶体,而 Eu^{2+} 掺杂 $Sr_2Si_5N_8$、$Ba_2Si_5N_8$ 为斜方晶系,能形成无限固溶体。$M_2Si_5N_8$:Eu^{2+}(M=Ca、Sr、Ba)荧光体可以有效地被 NUV-蓝绿光激发,高效发射黄光-橙光-红光,其宽的发射光谱覆盖 550～750nm,这取决于 M 离子的类型和 Eu 离子浓度。随着 Eu^{2+} 浓度的增加,$Ba_2Si_5N_8$:Eu^{2+} 的发射峰从 580nm 增加到 680nm,发光颜色从黄色变为红色。长波长激发和发射是由于在 N_2 下,高的共价性和大的晶体场劈裂对 Eu^{2+} 的 5d 能级的影响所致。由于 Eu^{2+} 改变了斯托克斯位移和再吸收,所以 $M_2Si_5N_8$ 发射光谱和发射峰值都随 Eu^{2+} 浓度的增加而逐步向长波移动,发生红移。$Sr_2Si_5N_8$:Eu^{2+} 氮化物是一种性能优良的红色荧光体。$M_2Si_5N_8$:Eu 氮化物在 465nm 激发下的量子效率 HQ 按 Ca-Ba-Sr 顺序增加。$Sr_2Si_5N_8$:Eu^{2+} 的 HQ 达到 75%～80%,且温度猝灭特性良好,在 150℃仅有百分之几,是应用于白光 LED 合适的红光发光材料。而 $Ca_2Si_5N_8$:Eu^{2+} 的 HQ 则下降到室温的 40%。$Ca_2Si_5N_8$:Eu^{2+} 较强的热猝灭是由于它的斯托克斯位移比 $M_2Si_5N_8$:Eu^{2+}(M=Sr、Ba)稍大,这与 Blasse 报道的高的热猝灭温度与大的碱土离子的关系是一致的。$Sr_2Si_5N_8$:Eu^{2+} 在应用 LED 器件红光发射转换发光材料方面已经得到了证实。

Y. Q. Li 等研究了 M 型阳离子对 Ce^{3+} 在 $M_2Si_5N_8$(M=Ca、Sr、Ba)中溶解性的影响及室温下 Ce^{3+}、Li^+ 或 Na^+ 共掺杂的 $M_2Si_5N_8$(M=Ca、Sr、Ba、$M_{2-2x}Ce_xLi_xSi_5N_8$)的发光特性。Ce^{3+} 在 $Ca_2Si_5N_8$ 与 $Sr_2Si_5N_8$ 中的最大溶解度都是 2.5%(摩尔分数)($x≈0.05$),对 $Ba_2Si_5N_8$ 为 1.0%(摩尔分数)($x≤0.02$)。由于 Ce^{3+} 的 5d→4f 跃迁,M=Ca、Sr、Ba 时,Ce^{3+} 激活 $M_2Si_5N_8$ 的发光材料分别在 470nm、553nm 与 451nm 呈现出宽发射峰,另外,$M_2Si_5N_8$:Ce^{3+},Li^+(M=Sr、Ba)呈现双 Ce^{3+} 发光中心,这是由于 Ce^{3+} 占据两个 M 格位。随着 Ce^{3+} 浓度的增加,吸收与发射强度增加而且发射带的位置产生了轻微的红移(<10nm)。用 Na^+ 代替 Li^+ 作为电荷补偿剂对发射或激发特性的影响虽然小,但由于 Ce^{3+} 在 $M_2Si_5N_8$(M=Ca、Sr)中的溶解度较大,Na^+ 使发射强度得以增强。$M_2Si_5N_8$:Ce, Li(Na)(M=Ca、Sr)在蓝光范围(370～450nm)内的强的吸收带与激发带表明它们是白光 LED 合适的光转换发光材料。图 5-35 为 Ce^{3+} 激活 $M_2Si_5N_8$(M=Ca)的激发光谱与发射光谱,其中 x=0.02、0.05、0.1 时 $Ca_{2-2x}Ce_xLi_xSi_5N_8$ 在 250nm、329nm 与 397nm 附近有三个不同的激发峰,一个为位于 288nm 的弱峰,以及分别位于 261nm 与 370nm 的两个肩峰。很明显,在 250nm 最短的激发峰由基质晶激发产生,其余的激发峰是 Ce^{3+} 的 4f→5d 跃迁。发射光谱为一个 400～640nm 的宽峰(EWHM=95nm,x=0.05),峰值位于 470nm,且与激发波长无关。

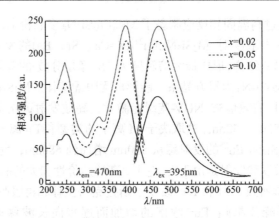

图 5-35　$Ca_{2-2x}Ce_xLi_xSi_5N_8$的激发光谱与发射光谱($x=0.02$、0.05、0.10)

$Ba_2Si_5N_8$:Ce, Li 的激发峰有两个特殊的宽峰, 峰值分别位于 250nm 和 405~415nm(图 5-36)。发射光谱为位于 425~700nm 的三个宽峰, 峰值分别位于 451nm、497nm 与 560nm。Ce^{3+}在具有相同晶体结构的 $Sr_2Si_5N_8$ 与 $Ba_2Si_5N_8$ 中有两个格位, 对于两个 Ce 格位, $Sr_2Si_5N_8$ 中的斯托克斯位移比 $Ba_2Si_5N_8$ 中的大。通过对 Ce、Li 或 Ce、Na 共掺杂与 Ce 单掺杂 $M_2Si_5N_8$ 的对比, 发现 Li 或 Na 对发光行为的影响较小。单 Na^+能明显促进 Ce^{3+}在 $M_2Si_5N_8$ 中的溶解, 如 $Sr_2Si_5N_8$:Ce, Na, $Sr_2Si_5N_8$ 晶格至少可结合 5%(摩尔分数)Ce^{3+}。值得一提的是 $Ca_2Si_5N_8$:Ce, Li 与 $Sr_2Si_5N_8$:Ce, Li 的吸收峰和发射峰与基于(In, Ga)N 的蓝光 LED 光源在 370~450nm 完美匹配, 因此与其他发光材料结合, 这些材料可产生白光。

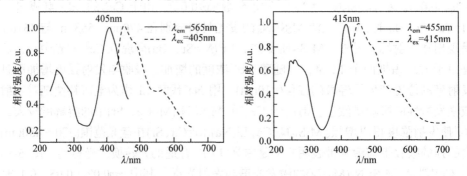

图 5-36　$Ba_{2-2x}Ce_xLi_xSi_5N_8$ 的激发峰光谱与发射光谱($x=0.02$)

B. 硅氮氧化物基质发光材料

以 SiO_2、Si_2N_2O、Si_3N_4 为基本反应单元, 它可以与 M_2'(M′=碱金属)、MO(M=碱土金属及 Zn 等)、Re_2O_3(Re=稀土)、Al_2O_3 等氧化物反应, 也可以与 $M_3'N$、M_3N_2、ReN 和 AlN(含 BN)等氮化物反应, 生成一系列的硅氮氧化物基质发光材料, 如

$MSi_2N_2O_2(Si_2N_2O \cdot MO)$、$M_3Si_2N_2O_4(Si_2N_2O \cdot 3MO)$、$Y_2Si_2N_2O_4(Si_2N_2O \cdot Y_2O_3)$、$M_2Si_3N_2O_4(Si_3N_4 \cdot 2MO)$、$Y_2Si_3O_3N_4 (Si_3N_4 \cdot Y_2O_3)$、$ReSiO_2N(SiO_2 \cdot ReN)$等。当然 Si 还可以被 Ge 取代，它们可作为发光材料基质，Eu^{2+}等激活离子往往在这些硅氮氧化物中具有宽激发性能。

$MSi_2O_2N_2$ 是一种单层硅氮氧化物，亚结构$[Si_2O_2N_2]^{2-}$中的物质的量之比 $n(Si):n(O/N)=1:2$。Eu^{2+} 掺杂样品的吸收带延伸到了可见光范围，如 $MSi_2O_{2-\delta}N_{2+(2/3)\delta}:Eu^{2+}$(M=Ca、Sr、Ba；$\delta$为 N 取代 O 的摩尔分数，$\delta=0\sim1$)，可以被蓝紫光(370~460nm)有效激发，阳离子种类(M=Ca、Sr、Ba)对激发带的位置的影响不大。

Y. Q. Li 等通过固相反应合成了 $MSi_2O_{2-\delta}N_{2+(2/3)\delta}:Eu^{2+}$(M=Ca、Sr、Ba)，并研究了 Eu^{2+} 激活的碱土硅氮氧化物的发光特性。10%(摩尔分数)Eu^{2+} 的 $M_{0.9}Si_2O_{2-\delta}N_{2+(2/3)\delta}$(M=Ca、Sr、Ba)的激发光谱为宽带(图 5-37)。详细情况见表 5.2。阳离子种类对激发带的位置影响非常小，这就证实晶体场劈裂和 Eu^{2+}重心受不同晶体结构的影响不大，但看上去 $SrSi_2O_2N_2$ 的网状结构固定。Eu^{2+} 掺杂 $MSi_2O_{2-\delta}N_{2+(2/3)\delta}$(M=Ca、Sr、Ba)的发射光谱为典型的由 Eu^{2+}的 5d→4f 跃迁引起的宽带发射。在紫外线到蓝光范围(370~450nm)的激发，$MSi_2O_{2-\delta}N_{2+(2/3)\delta}$(M=Ca、Sr、Ba)在蓝绿光到黄光光谱带有很高的发射效率。$Ba_2Si_2O_2$ 与 $N_{2+(2/3)\delta}:Eu$ 的发射峰大约在 499nm，为蓝绿光发射，其发射带比较窄(FWHM 约 35nm)；$CaSi_2O_{2-\delta}N_{2+(2/3)\delta}:Eu$

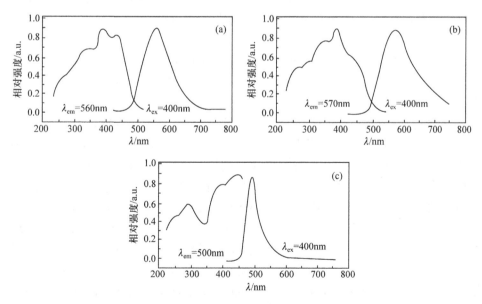

图 5-37 $M_{0.9}Si_2O_{2-\delta}N_{2+(2/3)\delta}$的激发光谱和发射光谱

(a) M=Ca；(b) M=Sr；(c) M=Ba

表 5.2　$M_{0.9}Si_2O_{2-\delta}N_{2+(2/3)\delta}$的激发带和发射带、晶体劈裂、能级中心和斯托克斯位移 $MSi_2O_{2-\delta}N_{2+(2/3)\delta}$(M=Ca、Sr、Ba)的吸收边

M	激发带/nm	发射带/nm	吸收边/nm	晶体场劈裂/cm^{-1}	能级重心/cm^{-1}	斯托克斯位移/cm^{-1}
Ca	259, 341, 395, 436	560	280	15700	29000	5100
Sr	260,341, 387, 440	530~570	270	15700	29100	3900~5200
Ba	264, 327, 406, 460	499	240	16100	28700	1700

的发射峰在 560nm，而 $SrSi_2O_{2-\delta}N_{2+(2/3)\delta}$:Eu 包含一个峰值 530~570nm 宽发射带，发射光谱峰值随着 Eu 浓度和 O/N 比的变化而变化，O/N 比降低，发射带红移。与纯氮化物 $M_2Si_5N_8$:Eu(M=Ca、Sr、Ba；λ_{em}>600nm)相比较，Eu^{2+}在 $MSi_2O_{2-\delta}N_{2+(2/3)\delta}$ (M=Ca、Sr、Ba；λ_{em}<570nm)中的发射明显蓝移，这说明在 $MSi_2O_{2-\delta}N_{2+(2/3)\delta}$中 Eu 主要与氧离子配位。$MSi_2O_{2-\delta}N_{2+(2/3)\delta}$ (M=Ca、Sr)与蓝光光源可以产生白光，而 $BaSi_2O_2N_2$:Eu^{2+}(蓝-绿)和 $Sr_2Si_5N_8$:Eu^{2+} (橘红-红)与蓝光光源的结合在 RGB(红-绿-蓝)模式下也可产生白光，并且其显色指数更高，颜色范围更广，颜色更稳定。

3. Li-α-SiAlON 基质

Li-α-SiAlON:Eu^{2+}则更适于制备冷白光或日光色白光 LED。R. J. Xie 等介绍利用黄绿光发光材料 Li-α-SiAlON:Eu^{2+}[组成为$(Ca_{1-0.5x}Li_x)_{0.93}Si_9Al_3ON_{15}$:$Eu_{0.07}$(0⩽x⩽1.0，m=2，n=1)和 $Li_{0.87}Si_{12-m-n}Al_{m+n}O_nN_{16-n}$:$Eu_{0.067}$(0.5⩽m⩽2.25，n=0.5m)，制备冷白光或日光色白光 LED。Li-α-SiAlON:Eu^{2+}发光材料在 460nm 激发下，在 573~577nm 处有短波发射，并与 Ca-α-SiAlON:Eu^{2+}在 460nm 激发下所产生的发射相比，表现出更小的斯托克斯位移。

组成为 $(Ca_{1-0.5x}Li_x)_{0.93}Si_9Al_3ON_{15}$:$Eu_{0.07}$(0⩽x⩽1.0)和 $Li_{0.87}Si_{12-m-n}Al_{m+n}O_nN_{16-n}$:$Eu_{0.067}$，制备方法：由α-$Si_3N_4$、AlN、$CaCO_3$ 和 Eu_2O_3 经充分混合后，在 0.5MPa N_2 下，经 1700℃，2h 灼烧制成。

通常改变化合物的组分便会引起发光材料发射波长的改变。当 Ca-α-SiAlON:Eu^{2+} 中的部分 Ca^{2+}被 Li^+取代后，发射光谱的对称性便发生了改变。对$(Ca_{1-0.5x}Li_x)_{0.93}Si_9Al_3ON_{15}$:$Eu_{0.07}$ 来说(图 5-38)，随 Li 含量的增加，发射峰逐渐向短波方向移动。如 x=0 时，发射峰值在 588nm 处，x=1.0 时，发射峰值在 577nm 处。这种发射峰的蓝移现象，可能是电荷补偿或单价 Li 离子取代 Ca^{2+}所产生的缺陷引起的。这种电荷补偿和缺陷会降低激活剂离子周围的对称性。此外，发射强度也随 Li 含量的增加而增强，x=0.5 时，发射强度最大。这种发射强度随 Li 含量的增加而增强的现象可归纳如下：①由于粉体颗粒的结晶度和形貌的改变；②氧空位和氮空位的形成(Li→Li$'_{Ca}$+ Vö 或 Li→Li$'_{Ca}$+V_N)。所形成的空穴，在由电荷迁移态强混合而引起的有效能量传递过程中，起到了相当于敏化剂的作用。

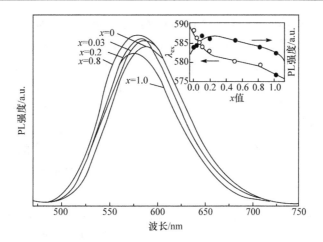

图 5-38 $(Ca_{1-0.5x}Li_x)_{0.93}Si_9Al_3ON_{15}:Eu_{0.07}(0 \leqslant x \leqslant 1.0)$ 的发射光谱 $(\lambda_{ex}=460nm)$

继续改变 Li 含量，可使发射波长继续向短波方向移动，如 Li-α-SiAlON:Eu^{2+} (Li$_{0.87}$Si$_{12-m-n}$Al$_{m+n}$O$_n$N$_{16-n}$:Eu$_{0.067}$)(图 5-39)。当 $1.0 \leqslant m \leqslant 2.0$ 时，Li-α-SiAlON 为单一相，而 $m=2.25$ 时，形成了少许二次相 AlN 多型。其激发光谱有两个明显的激发峰：300nm 和 435~449nm，峰位与 Ca-α-SiAlON:Eu^{2+} 的激发光谱一致。不过，与 Ca-α-SiAlON:Eu^{2+} 相比，位于 435~449nm 处的强度要强于 300nm 处。这表明 Ca-α-SiAlON:Eu^{2+} 在蓝区有更强烈的吸收，这种吸收正好与蓝光二极管相匹配。在 $1.0 \leqslant m \leqslant 2.25$ 时，Li-α-SiAlON:Eu^{2+} 的发光谱为一个峰值在 573~575nm 的宽带发射。由此可以看出发光材料 Li-α-SiAlON:Eu^{2+} 的发射波长要比 Ca-α-SiAlON:Eu^{2+}

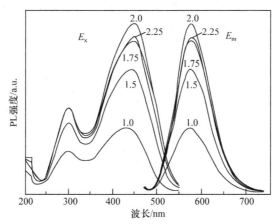

图 5-39 Li$_{0.87}$Si$_{12-m-n}$Al$_{m+n}$O$_n$N$_{16-n}$:Eu$_{0.067}$)$(0.5 \leqslant m \leqslant 2.25, n=0.5)$ 发光材料的发射光谱(460nm 激发)
和激发光谱(573nm 发射)

的发射波长短 15～30nm，为此 Li-α-SiAlON:Eu^{2+}的发光为黄绿色。不仅如此，Li-α-SiAlON:Eu^{2+} 的斯托克斯位移 (4900～5500cm^{-1}) 也比 Ca-α-SiAlON:Eu^{2+}

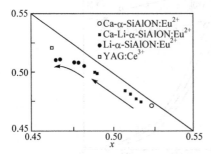

图 5-40 α-SiAlON:Eu^{2+}发光材料的 CIE 色坐标图

(7000～8000cm^{-1})要小。这就意味着，Li-α-SiAlON:Eu^{2+}有着更高的转化率以及更好的热猝灭性能。除此之外，与 Ca-α-SiAlON:Eu^{2+}相似，Li-α-SiAlON:Eu^{2+}的发射强度也随 m 值的变化而变化。在 m=2.0，发光强度(λ_{em}=573nm)为最大。Li-α-SiAlON:Eu^{2+}发光材料的发光为黄绿色，这与商业上 YAG:Ce^{3+}十分相似(图 5-40)。

选取最佳的 Li-α-SiAlON:Eu^{2+} (Li$_{1.74}$Si$_9$Al$_3$ON$_{15}$:Eu$_{0.13}$)，与 460nm InGaN 基蓝光 LED 芯片制备 pc-LED(图 5-41)。通过控制 Li-α-SiAlON:Eu^{2+}发光材料的浓度，可以得到宽色度范围的白光。pc-LED 的色温(CCT)变化在 4000～8000K 范围内。CRI 从 63 变化到 74，发光效率也由 40lm/W 变化到 44lm/W。与 Ca-α-SiAlON:Eu^{2+}发光材料制备的 pc-LED 相比，由 Li-α-SiAlON:Eu^{2+}发光材料制备的白光 LED，表现出高 CCT 值和高 CRI 值。这些结果再一次证明：使用单波长的短波发射的发光材料 Li-α-SiAlON:Eu^{2+}可制备出高效日光发射的 LED。这种 LED 具有与 YAG:Ce^{3+}基白光 LED 相似的发光效率，但它的 CRI 值却比 YAG:Ce^{3+}基白光 LED 的要低。造成其 CRI 值低的原因可能是 Li-α-SiAlON:Eu^{2+}的发射带比较窄，缺少绿光和红光发射。实际上，虽然 CRI 值并不是很理想，但也可以用于背景灯、闪光灯和汽车内灯的制备。通过加入其他一些红光和绿光发射的发光材料，使发射带的范围变得更

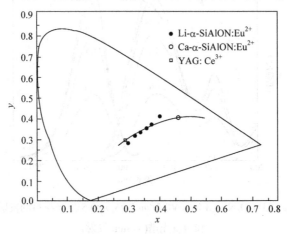

图 5-41 Li-α-SiAlON:Eu^{2+}制备的白光 LED CIE 色坐标图

广一些，3-pc-LED 的 CRI 值可以提升到 80 以上。

5.3.4 高亮度材料体系

由Ⅲ族阳离子 Al、Ga、In 和 V 族阴离子 As、P、N 中的一种阴离子组成的三元或四元合金是当前高亮度 LED 的基础。有关的三种体系 AlGaAs，AlInGaP 和 AlInGaN 具有组分范围宽、可分别制备 P 型和 N 型掺杂的合金、能制成高注入效率的异质结构和制备技术相对成熟的特点，已发展成为当前主流的高亮度 LED 材料体系。

1. AlGaAs 材料体系

GaAs、AlAs 以及它们的合金结晶为立方闪锌矿型晶格。每个 m 族原子以正四面体形式键合 4 个最近邻的 V 族原子(反过来也是这样)，形成密堆积的晶体结构。AlGaAs 材料是较早的高亮度 LED 材料，AlGaAs 晶格中每个Ⅲ族元素原子以正四面体的方式键合 4 个近邻的 As 原子，对于不同比例的 Al、Ga 合金组分，可以表示为 $Al_xGa_{1-x}As$，其中 x 表示 Al 在合金中的摩尔比，$Al_xGa_{1-x}As$ 这种三元系晶体结构的基本特点是在 Al 摩尔比为 0~1 的整个取值范围内都有几乎理想的晶格匹配。其晶格常数与 x 呈线性关系

$$a(nm)=0.5633+0.00078x \tag{5-9}$$

这意味着可以在 GaAs 衬底上按照任意顺序外延生长组分不同的 $Al_xGa_{1-x}As$ 合金，其异质界面上的缺陷很少。正因为如此，AlGaAs 成为最早被广泛应用的高亮度 LED 异质结构材料系，AlGaAs 异质结构红色 LED 也成为第一种发光效率超过加滤光片白炽灯泡的 LED。

AlGaAs 体系的物理性质已为人熟知，当 Al 组分摩尔比 z 在 0~1 变化时，其所对应的带隙能量在 1.424(GaAs)～2.168eV(AlAs)变化；当 $x<0.45$ 时，其跃迁以直接带隙为主，因此具有较高的内量子效率，如下式：

$$E_r(eV)=1.424+1.247x \tag{5-10}$$

而当 $0.45<x<1$ 时，其跃迁向间接带隙转变，内量子效率迅速降低

$$E_x(eV)=1.9+1.25x+0.143x^2 \tag{5-11}$$

直接带隙材料到间接带隙材料的转变点出现在带隙能量 1.985eV 处，对应的发射波长为 642nm。在纯 GaAs 中，内量子效率可能超过 99%。但在接近直接带隙和间接带隙转变点时，由于间接能谷中占据数增加，内量子效率迅速降低。

由于这个因素以及视觉的灵敏度，最佳发光效率在 640～660nm 的红区中达到，相应地，x=0.34～0.4。在这个区域中，内量子效率在 50%左右。

对于 $x<0.41$，电子有效质量随组分而变化

$$m_{\Gamma} = (0.063 + 0.083x)m_o \tag{5-12}$$

式中，m_o 是自由电子质量。Levinshtein 等给出了重空穴和轻空穴的有效质量

$$m_{hh} = (0.51 + 0.25x)m_o \tag{5-13}$$

$$m_{ih} = (0.082 + 0.068x)m_o \tag{5-14}$$

异质界面上直接-直接带隙间断在导带和价带间以接近 3：2 的比例分配。对于直接-间接带隙的间断，价带所占的比例更大一些。这个性质对于阻止空穴越过异质界面注入是很重要的(图 5-42)。

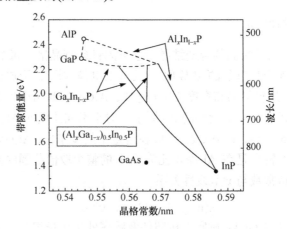

图 5-42　AlGaInP 体系带隙能量与晶格常数的关系

实点和实线代表直接带隙，空心点和虚线代表间接带隙

AlGaAs LED N 型导电层中所用的典型施主是 Sn 和 Te。Zn 和 Mg 用作 P 型导电层中的受主；Zn 也用于有源层掺杂，引起由导带到受主能级辐射跃迁而产生的发射。

室温下的辐射复合系数 B 为 $1.3 \times 10^{-10}\text{cm}^3/s$。无辐射损耗主要是由于电子落入间接的 X 能谷，然后与深中心复合。无辐射寿命的典型值是 100ns 左右。但是，它并不具有多声子过程典型的指数式温度依赖关系，无辐射陷阱的本质尚未完全清楚。

Aspnes 等进行了组分范围在 $x=0.00\sim0.80$ 间 $Al_xGa_{1-x}As$ 合金光学性质的研究，x 值以 0.1 为间隔变化。$x=0.3\sim0.4$ 的材料在光子能量相应于带隙能量处典型的折射率值约为 3.6。$x=0.6\sim0.7$ 的包覆材料在相应透明的区域折射率在 $3.3\sim3.4$。直接带隙和间接带隙边的吸收系数分别约为 $1\times10^4\text{cm}^{-1}$ 和 10cm^{-1}。

AlGaAs 材料体系的一个优点是廉价的 LPE 生产技术。但这种技术不能保证充分消除氧污染。LPE 技术生产的 AlGaAs 还有一个严重问题是合金的环境退化

(environmental degradation)，由于 Al 有通过水解生成富氧化合物的趋势，这种退化随铝含量的增加变得严重。这个问题限制了 AlGaAs LED 在高温高湿环境中的应用，解决方案之一是生成一层稳定的氯化物钝化层。

综合考虑内量子效率和视觉灵敏度，AlGaAs LED 在 640～660nm 的红区中有最佳光效，对应的 x=0.34～0.40，在这个区域，内量子效率在 50%左右。AlGaAs 半导体的 N 型和 P 型材料可方便地分别通过掺杂施主 Sn，Te，受主 Zn，Mg 来实现。AlGaAs 作为一种异质结构，其生长技术要求能够对组分、掺杂量和层厚进行精确、可重复的控制。目前，AlGaAs 外延层采用 LPE 生长技术制备，具有工艺相对简单的优点。AlGaAs 材料曾在 20 世纪 80 年代后期到 90 年代初大量应用，但是它在高温、高湿环境下应用时暴露出比较突出的缺点，这是因为 AlGaAs 材料中的 Al 组分易与水反应生成氧化物，造成合金的退化。因而，发展新材料成为当前的迫切任务。

2. AlInGaP 材料体系

Ⅲ族元素的磷化物材料也具有闪锌矿型立方晶格，比Ⅲ族元素的砷化物有更宽的带隙能量，能用于可见光区中波长比红光更短的电致发光器件。但是，AlP 和 GaP 以及它们的三元系合金都具有间接带隙。好在 AlP、GaP 和直接带隙的 InP 组成合金时能产生直接带隙的四元系 AlGaInP 单晶。AlGaInP 材料可发射红光 (625nm)、橙光(611nm)和黄光(590nm)，是当今在这些波段内的高亮度发光二极管的主要材料，与Ⅲ族元素的砷化物材料相比其带隙能量更宽，因此可制出波长更短的电致发光器件，AlInGaP 四元化合物合金组分的比例可以表示为：$(Al_xGa_{1-x})_yIn_{1-y}P$，其中 x,y 分别为合金组分的摩尔比，当 y 约为 0.5 时，该材料晶格与衬底材料 GaAs 能很好地匹配，且具有十分接近的热膨胀系数，改变 Al 的摩尔比 x，能在可见光谱红到绿区中改变直接带隙能量。在 GaAs 上生长的高质量外延材料 $(Al_xGa_{1-x})_yIn_{1-y}P$，是当前最重要的异质结构体系之一。

在某些外延生长条件下，AlGaInP 表现出原子有序(形成 m 族原子平面序列)，这是制作 LED 所不希望出现的(例如，带隙能量会因此而降低)。因此，对于 AlGaInP 体系的多数研究工作都是对无序子晶格进行的。但对带隙能量以及直接带-间接带隙转变点的准确数据仍有争议。无序 $(Al_xGa_{1-x})_{0.5}In_{0.5}P$ 带隙能量最早的估计基于低温光致发光谱。光谱椭圆偏振法得到室温下更准确的数据。结果表明，与 GaAs 匹配的无序 AlGaInP 晶格的直接带隙随组分而变化

$$E_\Gamma(\text{eV})=1.899 + 0.543x + 0.12x^2 \qquad (5\text{-}15)$$

对于间接带隙

$$E_x(\text{eV})=2.20+0.16x \qquad (5\text{-}16)$$

式(5-15)和式(5-16)表明，直接带隙到间接带隙的转变出现在 $x\approx0.65$，对应于带隙能量 2.3eV。这意味着当 $x<0.65$ 时，其跃迁以直接带隙为主，具有较高的内量子效率。当 x 在此范围内变化时，其带隙能量的变化范围为 $1.899\sim2.3$eV，对应的波长为 656nm(红)～540nm(绿)。因此，能够得到 656nm(红)～540nm(绿)范围内的发射。当 Al 组分摩尔比在 0 到 1 之间变化时，所对应的带隙能量在 1.899(GaInP)～2.562eV(AlInP)变化，对其直接带隙与间接带隙转变点处的 x 值，目前尚有争议。

另一个估计得到的转变点 x 的值为 0.53，临界波长为 555nm。

Ozaki 等得到了 $(Al_xGa_{1-x})_yIn_{1-y}P$ 和 GaAs 晶格匹配的准确条件

$$y = \frac{0.516}{1-0.027x} \tag{5-17}$$

对于直接带隙合金，式(5-17)给出 y 值为 $0.516\sim0.525$，与 Al/Ga 摩尔比有关。

价带最低能谷(Γ 能谷)中电子的有效值为

$$m_\Gamma = (0.11+0.00915x-0.0024x^2)m_0 \tag{5-18}$$

重空穴和轻空穴的有效质量由下式给出：

$$m_{hh} = (0.62+0.05x)\,m_0 \tag{5-19}$$

$$m_{lh} = (0.11+0.03x)\,m_0 \tag{5-20}$$

Kish 和 Fletcher 平均了 7 个研究组得到的 $(Al_xGa_{1-x})_{0.5}In_{0.5}P$ 中导带和价带偏移的数据。导带不连续为

$$\Delta E_c(eV) = \begin{cases} 0.369x, & x\leqslant0.53 \\ 0.285-0.157x, & x>0.53 \end{cases} \tag{5-21}$$

价带不连续为

$$\Delta E_c(eV)=0.241x$$

Chen 等评述了 AlGaInP 的掺杂问题。通常，N 型掺杂可以很容易地用 Te 或 Si 作为施主而实现。P 型掺杂的典型受主是 Zn 和 Mg。但是，P 型掺杂伴随着一些困难，Al 含量增加使问题更为严重。首先，宽禁带材料固有的困难是杂质电离能增加。受主的电离能比施主高，在更大程度上受到这种效应影响。结果，受主电离度小，难以实现高空穴浓度。第二个困难是由受主杂质具有被补偿的趋势而产生的。氧是含铝化合物中典型的污染，它产生深能级，补偿浅受主。受主补偿也是生长过程中非故意掺杂进入材料的氢的特性。所幸生长过程中减少氧背底和生长前退火为补偿问题提供了非常好的补救措施。

当波长小于 590nm 时，发光强度迅速下降，这是间接能带极小处电子占据数增加的自然结果。室温下，AlGaInP 异质结构中的无辐射复合可能是由于异质界

面俘获载流子，典型的无辐射寿命为 10ns 量级。对于 $x=0$，辐射复合系数的估计值为 $1.3 \times 10^{-10} \mathrm{cm}^3/\mathrm{s}$。

AlGaInP 的光学性质已为人们熟知。$(\mathrm{Al}_x\mathrm{Ga}_{1-x})_{0.5}\mathrm{In}_{0.5}\mathrm{P}$ 在光子能量对应于导带和价带极值间跃迁处的折射率典型值约为 3.6。在包覆层透明的区域，折射率在 $3.2 \sim 3.5$，与波长以及 Al 的摩尔比有关。在相关的不透明区域吸收系数为 $5 \times 10^4 \mathrm{cm}^{-1}$ 左右。

当发光波长小于 5 nm 时，发光强度迅速下降，这是间接能带最小处电子占据数增加的必然结果。目前，采用透明基底、倒梯形芯片技术制成的 AlInGaP LED 器件保持着半导体光源光效的最高纪录，在橙色区域(611nm)，其最高光效超过 102 lm/W。

AlInGaP 半导体的 N 型材料可以方便地通过掺入施主 Te 或 Si 来实现。P 型材料的受主是 Zn 和 Mg，但是其掺杂曾经遇到受主电离度低导致的电导率低的问题，直到 1991 年才通过材料的退火工艺来解决。由于 AlP 和 InP 的热学稳定性差别很大，其组分控制困难，因此 AlGaInP 半导体材料不适合用 LPE 方法制备。与 AlGaAs 不同，AlGaInP 材料不能用 LPE 生长。目前，生长 AlInGaP 外延层的成熟技术是 MOCVD，这种方法能够对组分和掺杂进行精确的控制，且能把杂质污染控制到最小。

3. AlInGaN 材料体系

AlInGaN 作为一种可以产生蓝光发射宽禁带半导体的材料，于 20 世纪 60 年代末就开始为人们所研究，但在研究早期，有两大难点一直阻碍着研究的进展。一是由于没有合适的单晶衬底材料(蓝宝石衬底与 GaN 的晶格失配度高达 16%)，生产较高质量的 GaN 材料十分困难，二是 Mg、Zn 掺杂的 P 型层呈现出高阻态特性。直到 20 世纪 80 年代末，两步法 GaN 生长工艺和实现低阻的 P-GaN 外延片的 P 型层退火工艺的发展，GaN 材料和器件制备工艺才取得突破性进展。20 世纪的最后 10 年，AlInGaN 材料体系经历了一个不寻常的发展，开创了蓝色、绿色、黄色和近紫外高亮度 LED。Ⅲ族元素氮化物材料制备的突破对于固体照明技术是至关重要的，因为它导致整个可见光区甚至近紫外区高效电致发光器件的生产。AlInGaN 材料体系的性质在很多书和评述文章中都有叙述。然而，和 AlGaAs 以及 AlGaInP 材料体系相反，AlInGaN 是一种更复杂的、为人们了解比较少的材料。这个材料体系的性质与高亮度 LED 技术的关系紧密，将在下面进行简要讨论。

AlInGaN 材料是一种更为复杂的发光材料，其四元合金通常呈现纤锌矿结构，其四元化合物在整个摩尔比范围内都有直接带隙。二元化合物 InN、GaN、AlN 和它们的三元和四元合金的热力学稳定相是纤锌矿结构，在一定条件下也可能生成闪锌矿甚至岩盐结构。和闪锌矿结构相似，纤锌矿型晶体的每个原子键合在它的 4 个最近邻构成的正四面体上。但是，互相贯穿的四面体相对取向不同，纤锌矿元胞具有六角对称性，有两个晶格常数 a(与晶轴垂直)和 c(沿晶轴方向)。纤锌矿型晶体在与 c 轴平行方向上的物理性质不同于与 c 轴垂直方向(表 5.3)。

表 5.3　纤锌矿型晶体的物理性质表

	GaN	AlN	InN
晶格常数 c/nm	0.5186	0.4982	0.5693
晶格常数 a/nm	0.3189	0.3112	0.3533
带隙能量 E_g/eV	3.439[①]	6.2	1.97
电子有效质量 m_e/m_0	0.19[②]($/\!/$) 0.17[②]($\perp$)	0.33[③]($/\!/$) 0.25[③]($\perp$)	0.11[②]($/\!/$) 0.10[②]($\perp$)
重空穴有效质量 m_{hh}/m_0	1.76[③]($/\!/$) 1.61[③]($\perp$)	3.35[③]($/\!/$) 10.42[③]($\perp$)	1.56[②]($/\!/$) 1.68[②]($\perp$)
轻空穴有效质量 m_{lh}/m_0	1.76($/\!/$) 0.14($\perp$)	3.53($/\!/$) 0.24($\perp$)	1.56($/\!/$) 0.11($\perp$)
压电常数 e_{31}/(C/m²)	−0.33	−0.48	−0.57
压电常数 e_{33}/(C/m²)	0.65	1.55	0.97
自发激化强度 P_s[④]/(C/m²)	−0.029	−0.081	−0.032
辐射复合系数[⑤] /($\times10^{-11}$cm³/s)	4.7	1.8	5.2
555nm 处的折射率	2.4	2.1	2.8
光子能量 $h\nu{=}E_g$ 处的吸收系数/($\times10^5$cm⁻¹)	1	3	0.4

注：① 由无应变 GaN 的激发位置得到(Korona et al., 1996)；

② Yeo 和 Chong(1998)；

③ Suzuki 等(1995)；

④ Bernardini 等(1997)；

⑤ Dmitriev 和 Oruzheinikov(1999)；

除①~⑤外，数据均取自文献 Levinshtein(2001)。

　　通过控制 AlInGaN 材料的合金组分，其禁带宽度可在 1.9~6.2eV 连续变化。这大大扩展了 LED 的发光范围，使发光二极管的颜色覆盖了整个可见光区，直到紫外区；白光 LED 的开发也成为可能，大大拓展了 LED 的应用领域。因此，AlInGaN 材料成为当今最重要的半导体发光材料体系之一。

　　AlInGaN 材料最令人惊讶的成功，在于在晶格失配的衬底生长的高位错材料仍有较高的内量子效率。这意味着，N-基 LED 与其他Ⅲ-Ⅴ族半导体 LED 不同，其效率可能不受位错的影响。在晶格失配的衬底上外延生长高质量 GaN 是通过引入低温生长的 AlN 和 AlGaN 缓冲层，Nakamura 引入 GaN 缓冲层而推动的。最广泛使用的衬底是蓝宝石(Al₂O₃)。与氮化物中Ⅲ族原子平面有外延关系的蓝宝石中氧的六方子晶格周期与 GaN 的晶格常数 a 相差了 16%。另一类广泛应用的衬底 6H-SiC 以及有应用潜力的衬底 ZnO 与 GaN 的失配分别为 3.5% 和 2%。其他应用于这类 LED 的衬底有尖晶石和硅。图 5-43 表示 AlInGaN 体系带隙能量与晶格常数的关系以及蓝宝石、6H-SiC 和 ZnO 的晶格常数数据。

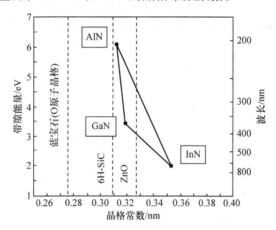

图 5-43　AlInGaN 体系带隙能量与晶格常数的关系

虚线表示最适用的衬底的晶格常数

$Al_xIn_yGa_{1-x-y}N$ 合金的晶格常数 $l(l=a$ 或 $l=c)$由 Vegard 定律给出

$$l = xl_{AlN} + yl_{InN} + (1-x-y)l_{GaN} \tag{5-22}$$

式中，l_{AlN}、l_{InN} 和 l_{GaN} 分别为 AlN、InN 和 GaN 相应的晶格常数(表 5.3)。由于在晶格失配的衬底上生长以及生长后冷却这些因素，外延层会受平面内应力的影响。此外，点缺陷的出现也可能引起静压应力。在异质结构中，附加的面内应力出现在形态上顺应了包覆层的薄过渡层中。这些应力导致应变(即导致晶格常数改变)。

AlInGaN 材料体系的二元、三元和四元化合物在整个摩尔比范围内都有直接带隙。间接极小远在直接极小之上(>0.7eV)，而且不同于 AlGaAs 以及 AlGaInP 晶体，在实际温度范围内，间接极小上的占据数都可忽略。

表 5.3 给出二元系Ⅲ族元素氮化物的带隙能量和载流子的有效质量。用与上式类似的方法在这些值之间线性插值粗略估计 AlInGaN 基三元和四元化合物的大多数参数。但通常线性插值对带隙能量不够精确。例如，A 和 B 两种二元化合物组成的三元合金的带隙可由下式给出：

$$E_g^{(AB)} = xE_g^{(A)} + (1-x)E_g^{(B)} - (1-x)b_{AB} \tag{5-23}$$

式中，b_{AB} 是弯曲参数，数值约为 1eV。应注意最终得到的带隙能量与应变有关。

应变以及组分不均匀性可能是所确定的弯曲参数数值分歧很大的原因。

　　Martin 等测量了各种纤锌矿型 GaN、AlN 和 InN 异质结的价带不连续。得到的数值为

$$\Delta E_v = \begin{cases} 1.05eV, & InN/GaN异质结 \\ 0.70eV, & GaN/AlN异质结 \\ 0.81eV, & InN/AlN异质结 \end{cases}$$

用式(5-23)，可按 $\Delta E_c = \Delta E_g - \Delta E_v$ 分别估计每种异质结的价带不连续。

　　AlInGaN 基异质结构的特征是能带图受内建极化场的影响很大。这个场是由纤锌矿型晶体中固有的自发极化 P_s 以及应变产生的压电极化 P_{pz} 引起的。后者由下式给出：

$$P_{pz} = 2e_{31}\varepsilon_a + e_{33}\varepsilon_c \tag{5-24}$$

式中，e_{31} 和 e_{33} 为压电常数；ε_a 和 ε_c 分别是异质界面中的应变和沿 c 轴的应变。电场的实际值依赖于结构和掺杂。

　　AlInGaN 中典型的 N 型杂质是 Si。最合适的 P 型杂质是 Mg。但 AlInGaN 材料体系中的 P 型掺杂遇到了比 AlGaInP 中更为严重的问题。由于 Mg-H 复合物的形成，Mg 掺杂的薄膜表现出高的电子导电性。Amano 等通过用低能电子束辐照活化掺杂剂成功地克服了这个问题。后来，Nakamura 等发展了一种热退火的活化过程。尽管这样，由于 Mg 受主的电离能高(约为 0.2eV)，室温下只有一小部分受主离化。这是Ⅲ族元素氮化物即使在可能的最高掺杂浓度下 P 型电导率仍然相对较低的原因。

　　直接带间跃迁的辐射复合系数在 $10^{-11} cm^3/s$ 数量级。但对于 LED 生产中广泛使用的 InGaN 合金，发射的机理还没有完全被了解，可能是受到了这种材料中特有的组分不均匀性的影响。

　　Ⅲ族氮化物中无辐射复合的来源也未被完全揭示。虽然由晶格失配的衬底引起的位错被认为是无辐射复合的中心，但也受到了载流子扩散长度可能短于位错间距这种观点的反驳。尽管如此，大批材料的无辐射寿命表现出依赖于生长所用的衬底的趋势。例如，在蓝宝石上生长的无掺杂 GaN 中，室温下载流子寿命接近 250ps，而在晶格匹配的衬底上生长的 GaN 薄膜中，载流子寿命可以长达 890ps。在厚的 InGaN 外延层中，载流子寿命也在 100ps 量级。在含铝的外延层中得到的无辐射寿命短得多，例如，室温下 $Al_xIn_yGa_{1-x-y}N(x=0.09)$ 中的寿命为 30～60ps。

　　在单量子阱和多量子阱中，典型的载流子寿命要长一些。这可能是由内建电场引起的电子和空穴空间分离以及薄膜的赝形态(psudomorphic)生长使材料结构质量更高所造成的。在 InGaN QW 中，载流子寿命与合金组分有关。例如，在 $Al_xGa_{1-x}N$ 单量子阱中测得的电致发光衰减时间对于 $x=0.45$(绿色 LED)是 10～

20ns，对于 $x=0.35$(蓝色 LED)是 2～2.5ns，对于 $x=0.15$(近紫外 LED)是 1.5ns。

多数商品化的氮化物基 LED 含由二元 InGaN 合金制成的有源层以及二元 GaN 或三元合金 AlGaN 制成的限制层。一种更通用的方法是用四元合金 $Al_xIn_yGa_{1-x-y}N$。改变 In 和 Al 的组分比，能够对应变(进而是内建场)和能隙偏移进行独立控制。这种方法称为应变能带工程，为应用于高亮度 LED 的 AlInGaN 材料的优化提供了一种重要工具。光学研究清楚地表明，与传统的 AlGaN 三元系薄膜相比，AlInGaN 系层改善了材料性能。在具有四元系势垒的 InGaN 量子阱中，已实现了高质量 PN 结和发光增强。

AlInGaN 材料的发射机理至今还没有被完全了解，材料 In 掺入有源层使内量子效率大大提高这一现象的原因目前仍待进一步研究。但较普遍的观点认为，该现象与 In 的组分不均匀性有关，这种不均匀性导致载流子被定域，减少了无辐射复合。

AlInGaN 的 P 型材料典型的掺杂杂质是 Si，最合适的 P 型杂质是 Mg，它采用了 MOCVD 外延生长技术。

思 考 题

(1) LED 的结构与工作原理是什么？

(2) LED 光源有哪些优势？

(3) 简述 LED 的主要参数特性？

(4) LED 用半导体材料需满足哪些条件？

(5) 什么是 LED 的发光效率?什么是 LED 的内量子效率？

(6) 什么是色温？什么是显色指数？

(7) 半导体照明芯片是如何制作的?常用来制造 LED 的半导体材料有哪些？

(8) 什么是"倒装芯片"？它有哪些优点？

(9) 简述几种硅酸盐基质白光 LED 用发光材料的研究进展。

(10) 简述几种氮化物基质白光 LED 用发光材料的研究进展。

参 考 文 献

Dmitriev A, Oruzheinikov A. 1999. The rate of radiative recombination in the nitride semiconductors and alloys. J. Appl. Phys. ,86(6):3241-3246.

Aitasalo T, Hölsä J, Kirm M, et al. 2007. Persistent luminescence and synchrotron radiation study of the Ca₂MgSi₂O₇:Eu²⁺,R³⁺ materials. Radiat. Meas., 42(4-5): 644-647.

Aitasalo T, Hölsä J, Laamanen T, et al. 2005. Luminescence properties of Eu²⁺ doped dibarium magnesium disilicate, $Ba_2MgSi_2O_7$: Eu^{2+}. Ceram-Silikáty, 49: 58-62.

Aitasalo T, Hreniak D, Hölsä J, et al. 2007. Persistent luminescence of $Ba_2MgSi_2O_7$:Eu^{2+}. J. Lumines, 122-123: 110-112.

Alvani A A S, Moztarzadeh F, Sarabi A A. 2005. Effects of dopant concentrations on phosphorescence properties of Eu/Dy-doped $Sr_3MgSi_2O_8$. J. Lumines. , 114(2): 131-136.

Andrei O, Sergey K. 2006. ZnO-Based Light Emitters. Zinc Oxide Bulk, America: Thin Films and Nanostructures: 525-554.

Barzowska J, Chruścińska A, Przegiętka K, et al. 2014. Dosimetric features of strontium orthosilicate (Sr_2SiO_4) doped with Eu^{2+}. Radiation Physics and Chemistry, 104:31-35.

Blasse G, Grabmaier B C. 1994. Luminescent Materials. Berlin: Springer.

Blasse G, Wanmaker W L. 1968. ter Vrugt J W, et al. Fluorescence of Eu^{2+}-activated silicates. Philips Res. Rep., 23: 189-200.

Buttar C M. 1997. GaAs detectors — A review. Nuclear Instruments and Methods in Physics Research, 395(1):1-8.

Carlson S, Hölsä J, Laamanen T, et al. 2009. X-ray absorption study of rare earth ions in $Sr_2MgSi_2O_7$: Eu^{2+},R^{3+} persistent luminescence materials. Opt. Mater., 31(12): 1877-1879.

Chin A, Lin H Y, Lin B C. 1996. Enhancement of the optical and electrical properties in InGaAlP/ InGaP PIN heterostructures by rapid thermal annealing on misoriented substrate. Solid-State Electronics, 39(7): 1005-1009 .

Dadgar A, Groh L, Metzner S, et al. 2013. Green to blue polarization compensated c-axis oriented multi-quantum wells by AlGaInN barrier layers. Applied Physics Letters, 102(6): 62110-1-4.

de Aníbal de A, Bruno S, Bertoldi P, et al. 2014. Solid state lighting review-potential and challenges in Europe. Renewable and Sustainable Energy Reviews, 34(34): 30-48.

Dorenbos P. 2010. Mechanism of persistent luminescence in $Sr_2MgSi_2O_7$: Eu^{2+};Dy^{3+}. Phys. Status Solidi B-Basic Solid State Phys., 242(1): R7-R9.

Bernardini F, Fiorentini V, Vanderbilt D. 1997. Spontaneous polarization and piezoelectric constants of III-V nitrides. Phys. Rev. B. 56(16): R10024-R10027.

Feezell D, Nakamura S. 2018. Invention, development, and status of the blue light-emitting diode, the enabler of solid-state lighting. Retour Au Numéro, 19(3): 113-133.

Gachovska T K, Hudgins J L. 2018. SiC and GaN power semiconductor devices. //Rashid M H. Power Electronics Handbook. 4th ed., Amsterdam: Elsevier Inc: 95-155.

Ge Y, Zhang J, Chen Y, et al. 2017. Composition-dependent properties of Ca-α-SiAlON:Eu^{2+} phosphors prepared by combustion synthesis. Ceramics International, 43 (3): 2933-2937.

Ha J M, Wang Z B, Novitskaya E, et al. 2016. An integrated first principles and experimental investigation of the relationship between structural rigidity and quantum efficiency in phosphors for solid state lighting. Journal of Luminescence, 179: 297-305.

Ha M G, Jeong J S, Han K R, et al. 2012. Characterizations and optical properties of Sm^{3+}-doped Sr_2SiO_4 phosphors. Ceramics International, 38(7): 5521-5526.

Hampshire S, Park H K, Thompson D P, et al. 1978. α'-sialon ceramics. Nature, 274(5674): 880-882.

Hao Y, Wang Y H. 2007. Synthesis and photoluminescence of new phosphors $M_2(Mg, Zn)Si_2O_7$:

Mn^{2+} (M = Ca, Sr, Ba). Materials Research Bulletin, 42(12):2219-2223.

Huang X X, Sun J C, Sheng X W, et al. 2017. Understanding the emission redshift in Sr$_2$Si$_5$N$_8$: Eu^{2+} with increasing Eu doping concentration from density functional calculations. Journal of Luminescence, 185: 187-191.

Ji H, Xie G, Lv Y, et al. 2007. A new phosphor with flower-like structure and luminescent properties of Sr$_2$MgSi$_2$O$_7$:Eu^{2+},Dy^{3+} long afterglow materials by sol-gel method. J. Sol-Gel Sci. Technol., 44(2): 133-137.

Jiang L, Chang C, Mao D, et al. 2004. Luminescent properties of Ca$_2$MgSi$_2$O$_7$ phosphor activated by Eu^{2+}, Dy^{3+} and Nd^{3+}. Opt. Mater., 27(1): 51-55.

Jiang L, Chang C, Mao D, et al. 2004. Luminescent properties of CaMgSi$_2$O$_6$-based phosphors co-doped with different rare earth ions. J. Alloy Compd. , 377(1-2): 1-215.

Jiang L, Chang C, Mao D. 2003. Luminescent properties of CaMgSi$_2$O$_6$ and Ca$_2$MgSi$_2$O$_7$ phosphors activated by Eu^{2+}, Dy^{3+} and Nd^{3+}. J. Alloy. Compd., 360(1-2): 193-197.

Korona K P,Wysmolek A, Pakula K, et al. 1996. Exciton region reflectance of homoepitaxial GaN layers. Appl. Phys. Lett., 69(6):788-790.

Kanchan M, Manam J. 2018. Investigation of photoluminescence properties, thermal stability, energy transfer mechanisms and quantum efficiency of Ca$_2$ZnSi$_2$O$_7$: Dy^{3+}, Eu^{3+} phosphors. Journal of Luminescence, 195:259-270.

Kane M H. 2014. Gallium nitride (GaN) on silicon substrates for LEDs. Nitride Semiconductor Light-Emitting Diodes (LEDs), 99-143.

Lakshminarasimhan N, Varadaraju U V. 2008. Luminescence and afterglow in Sr$_2$SiO$_4$: Eu^{2+},RE^{3+} [RE = Ce, Nd, Sm and Dy] phosphors—Role of co-dopants in search for afterglow. Mater. Res. Bull., 43(11): 2946-2953.

Li Y Q, De With G, Hintzen H T. 2006. Luminescence properties of Ce^{3+}-activated alkaline earth silicon nitride M$_2$Si$_5$N$_8$(M=Ca, Sr, Ba) materials. Journal of Luminescence, 116(1-2): 107-116.

Li Y Q, Delsing A C A, With G D, et al. 2005. Luminescence properties of Eu^{2+}-activated alkaline-earth silicon-oxynitride MSi$_2$O$_{2-\delta}$N$_{2+2/3\delta}$ (M = Ca, Sr, Ba): a Promising Class of Novel LED Conversion Phosphors. Chem. Mater., 17 (12): 3242-3248.

Li Y Q, van Steen J E J, van Krevel J W H, et al. 2006. Luminescence properties of red-emitting M$_2$Si$_5$N$_8$: Eu^{2+} (M = Ca, Sr, Ba) LED conversion phosphors. J. Alloy. Compd., 417(1-2): 273-279.

Li Y Q, With G D, Hintzen H T. 2005. Luminescence of a new class of UV-blue-emitting phosphors MSi$_2$O$_{2-\delta}$N$_{2+2/3\delta}$: Ce^{3+} (M = Ca, Sr, Ba). Journal of Materials Chemistry, 15 (42): 4492- 4496.

Lin Y H,Zhang Z T, Tang Z L, et al. 2001. Luminescent properties of a new long afterglow Eu^{2+} and Dy^{3+} activated Ca$_3$MgSi$_2$O$_8$ phosphor. J. Eur. Ceram. Soc. , 21(5): 683-685.

Lin Y, Nan C W, Zhou X, et al. 2003. Preparation and characterization of long after glow M$_2$MgSi$_2$O$_7$- based (M: Ca, Sr, Ba) photoluminescent phosphors. Mater. Chem. Phys., 82:860-863.

Lin Y, Tang Z, Zhang Z, et al. 2003. Luminescence of Eu^{2+} and Dy^{3+}activated R$_3$MgSi$_2$O$_8$-based (R = Ca, Sr, Ba) phosphors. J. Alloy. Compd. , 348(1-2): 76-79.

Lin Y, Tang Z, Zhang Z, et al. 2001. Preparation of a new long afterglow blue-emitting $Sr_2MgSi_2O_7$-based photoluminescent phosphor. J. Mater. Sci. Lett. , 20(16): 1505-1506.

Liu B, Shi C, Yin M, et al. 2005. The trap states in the $Sr_2MgSi_2O_7$ and $(Sr,Ca)MgSi_2O_7$ long afterglow phosphor activated by Eu^{2+} and Dy^{3+}. J. Alloy. Compd., 387(1-2): 1-69.

Suzuki M, Uenoyama T, Yanase A. 1995. First-principles calculations of effective-mass parameters of AlN and GaN. Phys. Rev. B, 52(11):8132-8139.

Levinshtein M E, Rumyantsev S L, Shur M S. 2001. Properties of Advanced Semiconductor Materials: GaN, AlN, InN, BN, SiC, SiGe.(Wiley, New York).

Mohammad S N, Morkoç H. 1996. Progress and prospects of group-III nitride semiconductors. Progress in Quantum Electronics, 20(5-6): 361-525.

Nakamura S, Mukai T, Senoh M. 1994. Candela‐class high‐brightness InGaN/AlGaN double-heterostructure blue-light-emitting diodes. Applied Physics Letters, 64(13): 1687-1689.

Nakamura S, Senoh M, Mukai T. 1993. High-power InGaN/GaN double‐heterostructure violet light emitting diodes. Applied Physics Letters, 62(19): 2390-2392.

Pan W, Ning G, Zhang X, et al. 2008. Enhanced luminescent properties of long-persistent $Sr_2MgSi_2O_7:Eu^{2+}$, Dy^{3+} phosphor prepared by the co-precipitation method. J.Lumines., 128(12): 1975-1979.

Pandharipande A, David C. 2015. Smart indoor lighting systems with luminaire-based sensing: a review of lighting control approaches. Energy and Buildings, 104: 369-377.

Pankove J I, Miller E A, Berkeyheiser J E. 1971. GaN electroluminescent diodes//1971 International Electron Devices Meeting, Washington, DC, USA, IEEE.

Piao X Q, Horikawa T, Hanzawa H, et al. 2006. Photoluminescence properties of $Ca_2Si_5N_8:Eu^{2+}$ nitride phosphor prepared by carbothermal reduction and nitridation method. Chemistry Letters, 35(3):334-335.

Piao X Q, Machida K, Takashi H, et al. 2008. Synthesis and luminescent properties of low oxygen contained Eu^{2+}-doped Ca-α-SiAlON phosphor from calcium cyanamide reduction. Journal of Rare Earths, 26(2): 198-202.

Qi Z, Shi C, Liu M, et al. 2004. The valence of rare earth ions in $R_2MgSi_2O_7:Eu$, Dy (R = Ca, Sr) long-after glow phosphors. Phys. Status Solidi, 201(14): 3109-3112.

Ryou J H. 2014. 3-Gallium nitride (GaN) on sapphire substrates for visible LEDs. Nitride Semiconductor Light-Emitting Diodes (LEDs), 66-98.

Santosh K G, Pathak N, Thulasidas S K, et al. 2016. Local site symmetry of Sm^{3+} in solgel derived α'-Sr_2SiO_4: probed by emission and fluorescence lifetime spectroscopy. Journal of Luminescence, 169, Part B: 669-673.

Schubert E F, Kim J K. 2005. Solid-state light sources getting smart. Science, 308(5726): 1274-1278.

Schubert E F. 2003. Light-emitting Diodes. Cambridge: Cambridge University Press.

Song F, DonghuaC, Yuan Y. 2008. Synthesis of $Sr_2MgSi_2O_7:Eu$, Dy and $Sr_2MgSi_2O_7:Eu$, Dy, Nd by a modified solid-state reaction and their luminescent properties. J. Alloy. Compd., 458(1-2): 564-568.

Suehiro T, Hirosaki N, Xie R J, et al. 2008. One-step preparation of Ca-α-SiAlON:Eu^{2+} fine powder phosphors for white light-emitting diodes. Applied Physics Letters, 92(19): 63-65.

Sun X Y, Zhang J H, Zhang X, et al. 2008. A green-yellow emitting β-Sr$_2$SiO$_4$:Eu^{2+} phosphor for near ultraviolet chip white-light-emitting diode. Journal of Rare Earths, 26(3):421-424.

Tian W Y, Song K X, Zhang F F, et al. 2015. Optical spectrum adjustment of yellow-green Sr$_{1.99}$SiO$_{4-3x/2}$N$_x$: 0.01Eu^{2+} phosphor powders for near ultraviolet-visible light application. Journal of Alloys and Compounds, 638: 249-253.

Tshabalala M A, Dejene F B, Shreyas S P, et al. 2014. Generation of white-light from Dy^{3+} doped Sr$_2$SiO$_4$ phosphor. Physica B: Condensed Matter, 439: 126-129.

van den Eeckhout K, Smet P F, Poelman D. 2009. Persistent luminescence in rare-earth codoped Ca$_2$Si$_5$N$_8$: Eu^{2+}. J. Lumines., 129(10):1140-1143.

Wang Z, Guo S Q, Li Q X, et al. 2013. Luminescent properties of Ba$_2$SiO$_4$:Eu^{3+} for white light emitting diodes. Physica B: Physics of Condensed Matter, 411: 110-113.

Xie R J, Hirosaki N, Mitomo M, et al. 2006. Wavelength-tunable and thermally stable Li -α- sialon : Eu^{2+} oxynitride phosphors for white light-emitting diodes. Applied Physics Letters, 89(24): 241103-241103-3.

Xie R J, Hirosaki N, Suehiro T, et al. 2006. A simple, efficient synthetic route to Sr$_2$Si$_5$N$_8$:Eu^{2+}-dased red phosphors for white light-emitting diodes. Chem. Mater. , 38(4):5578-5583.

Yeo Y C, Chong T C. 1998. Electronic band structures and effective mass parameters of wurtzite GaN and InN. J. Appl. Phys., 83(3):1429-1436.

Ye S, Zhang J, Zhang X, et al. 2007. Mn^{2+} activated red long persistent phosphors in BaMg$_2$Si$_2$O$_7$. J. Lumines., 122-123: 914-916.

Yeh N, Ding T J, Pulin Y. 2015. Light-emitting diodes' light qualities and their corresponding scientific applications. Renewable and Sustainable Energy Reviews, 51: 55-61.

You J H, Johnson H T. 2009. Effect of dislocations on electrical and optical properties in GaAs and GaN. Solid State Physics. Elsevler Science & Technology, 61: 143-261.

Zerr A, Miehe G , Serghiou G , et al. 1999. Synthesis of cubic silicon nitride. Nature, 400(6742): 340-342.

Zhang H C, Horikawa T, Machida K. 2006. Preparation, structure and luminescence properties of Y$_2$Si$_4$N$_6$C:Ce^{3+} and Y$_2$Si$_4$N$_6$C:Tb^{3+}. J. Electrochem Soc., 153(7): H151-H154.

Zhang Y F, Li L, Zhang X S, et al. 2008. Temperature effects on photoluminescence of YAG:Ce^{3+} phosphor and performance in white light-emitting diodes. Journal of Rare Earths, 26(3): 446-449.

Zhao H, Arif R, Ee Y, et al. 2008. Optical gain analysis of strain-compensated InGaN-AlGaN quantum well active regions for lasers emitting at 420~500nm. Optical and Quantum Electronics, 40(5-6): 301-306.

Zhmakin A I. 2011. Enhancement of light extraction from light emitting diodes. Physics Reports, 498(4-5): 189-241.